国家核安全局经验反馈平台的开发与使用

郑丽馨　赵　力　杨海峰　杨未东　车树伟　著

中国原子能出版社

图书在版编目(CIP)数据

国家核安全局经验反馈平台的开发与使用 / 郑丽馨等著.
—北京:中国原子能出版社,2016.11
ISBN 978-7-5022-7612-6

Ⅰ.①国… Ⅱ.①郑… Ⅲ.①核电厂-电力系统运行-运行经验-信息反馈-管理信息系统 Ⅳ.①TM623.7

中国版本图书馆 CIP 数据核字(2016)第 260313 号

国家核安全局经验反馈平台的开发与使用

出版发行	中国原子能出版社(北京市海淀区阜成路 43 号 100048)
责任编辑	付 凯
装帧设计	马世玉
责任校对	冯莲凤
责任印制	潘玉玲
印 刷	保定市中画美凯印刷有限公司
经 销	全国新华书店
开 本	787 mm×1092 mm 1/16
印 张	13
字 数	325 千字
版 次	2016 年 11 月第 1 版 2016 年 11 月第 1 次印刷
书 号	ISBN 978-7-5022-7612-6 **定 价 68.00 元**

网址:http://www.aep.com.cn **E-mail:atomep123@126.com**
发行电话:010-68452845

前　言

“前车之覆，后车之鉴”，经验反馈是保障核能及核技术利用安全的重要手段，及时深入地开展经验反馈工作，已经成为核安全工作中的一项基本安全原则。在 2014 年 10 月举行的国际原子能机构(IAEA)第三届核安全技术和科学支持机构(TSO)国际会议上，国家核安全局局长李干杰对全球核事业新一轮的发展形势进行了分析，把核安全监管比作现代大厦，既要有坚实的基础保障它屹立不倒，又要有牢固的支撑使之坚不可摧，对此提出了核安全监管大厦的四块基石、八项支撑，经验反馈即作为八项支撑之一被提出。

国家核安全局一贯高度重视核电厂的运行经验反馈工作，制定发布了一系列法规文件要求核电厂营运单位及时报告并分析运行事件、开展经验反馈活动。为了进一步推动我国核电厂营运单位、核安全监管机构以及技术支持单位之间的交流，互相学习与借鉴经验，充分利用好所有相关经验信息，国家核安全局着手建立了由国家核安全局组织管理、核与辐射安全中心技术支持、地区核与辐射安全监督站监督、核电厂营运单位为主体的核电厂经验反馈体系，以便系统化、常态化地开展经验反馈工作。

核电厂运行经验反馈体系主要由文件体系、经验反馈平台和经验反馈专家库三个方面组成，经验反馈平台是其重要的组成部分，于 2016 年 7 月正式上线运行。国家核安全局经验反馈平台利用网络技术(包括政府网和互联网)搭建了一个核电厂运行经验反馈体系运转的信息枢纽和工具平台，为核安全监管机构、核电厂营运单位、技术支持单位等多类用户的交流提供支持。通过该平台可有助于消除核电厂/集团间的信息壁垒，进一步推动我国各核电厂营运单位、核安全监管机构以及技术支持单位之间的经验交流。

《国家核安全局经验反馈平台的开发与使用》一书主要从设计、开发、使用、维护等方面介绍国家核安全局经验反馈平台，旨在为使用经验反馈平台的用户提供指导。本书共分 12 章。第 1 章由肖志、杨海峰编写；第 2 章由郑丽馨、刘时贤编写；第 3 章由焦峰、杨未东编写；第 4 章由周红、蔡汉坤编写；第 5 章由邹象、赵力编写；第 6 章杨未东、郑丽馨编写；第 7 章由张浩、吴彦农编写；第 8 章由赵力、刘时贤编写；第 9 章由夏雨齐、胡江编写；第 10 章由孙树海、马国强编写；第 11 章由杨海峰、段军编写；第 12 章由车树伟、丁珊珊编写。郑丽馨、赵力、杨海峰、杨未东和车树伟对全书进行了校审；孙国臣对全书的编制进行了指导。

本书在编写过程中得到了环境保护部(国家核安全局)、核与辐射安全中心领导的大力支持，在此表示衷心感谢！由于我们的学识水平有限，书中难免存在疏漏或不妥之处，深切希望关注核安全及经验反馈的社会各界人士、专家、学者以及对本书有兴趣的广大读者不吝赐教、批评指正。

作者

2016 年 8 月

目　　录

\\\ 第 1 章 \\\

概　述

1.1　经验反馈的意义

近些年，我国核电经过快速的发展，已经奠定了一定的产业基础，截至 2015 年 7 月共有商业运行核电机组 27 台，总装机容量突破 2 300 万千瓦；在建核电机组 29 台，装机容量 2 948 万千瓦，约占全球在建核电机组的 40%，核电总规模位居世界第四。核能在国民经济中的重要性越来越突出的同时，我们必须认识到核安全事关核能与核技术利用事业发展，事关环境安全，事关公众利益。福岛核事故的发生再一次为我们敲响了警钟，保障核安全是实现核能与核技术事业可持续发展的前提和基础。

2014 年 3 月 24 日，习近平主席在荷兰海牙举行的第三届全球核安全峰会上首次提出了理性、协调、并进的中国核安全观，强调要秉承“发展和安全并重、权利和义务并重、自主和协调并重、治标和治本并重”的理念加强核安全，并对加强政府核安全监管能力提出了明确要求。同时，在我国核与辐射安全监管机构成立的 30 周年大会上，环境保护部周生贤部长也表示，当前和今后一段时期，我国将在确保安全的前提下继续发展核电，切实发挥核能的基础性能源作用，以确保能源安全、优化能源结构、减少碳和污染物排放。

随后的 2014 年 10 月，在国际原子能机构（IAEA）第三届核安全技术和科学支持机构（TSO）国际会议上，国家核安全局局长李干杰对全球核事业新一轮的发展形势进行了分析，把核安全监管比作现代大厦，既要有坚实的基础保障它屹立不倒，又要有牢固的支撑使之坚不可摧。对此，提出了核安全监管大厦的四块基石、八项支撑，经验反馈即作为八项支撑之一被提出（“四块基石”即是法规制度、机构队伍、技术能力、精神文化，“八项支撑”是审评许可、监督执法、辐射监测、事故应急、经验反馈、技术研发、公众沟通和国际合作）。

“前车之覆，后车之鉴”，经验反馈是保障核能及核技术利用安全的重要手段。及时和深入地开展运行事件评价与经验反馈工作，已经成为核安全工作中的一项基本安全原则。收集、统计安全相关的运行事件，对事件的根本原因进行详细分析，正确认识事件的性质和根源，制定纠正措施，将分析处理的结果及时反馈到核电厂运行和核安全监管部门的工作过程中，有利于提前发现征兆，迅速采取纠正措施，解决核电厂存在的共性问题，最大限度地避免事件重发，从而保障核电厂安全运行，提升运行核电厂整体的安全水平。

举一个典型的例子，1979 年美国三哩岛事故引起了国际核电界的巨大震动，事故后调查表明，在操纵员失误、核电厂设计、维修以及运行经验反馈方面都存在诸多问题，尤其在运行经验反馈方面，调查发现同类型的核电厂在三哩岛事故之前发生过9次稳压器安全阀卡开故障，但没有得到重视和有效反馈，因此最终没有避免三哩岛事故的发生。从案例可以看出，开展有效的经验反馈，利用经验反馈信息"防微杜渐"，排查各核能及核技术利用设施自身的薄弱环节，积极采取防范和纠正措施，将事故或事件防患于未然，是保证核能及核技术利用设施安全、可靠、经济运行的重要举措之一，是经验反馈价值的真实体现。

1.2 国家核安全局核电厂运行经验反馈的沿革

国家核安全局一贯高度重视核电厂的运行经验反馈工作，要求核电厂始终坚持"安全第一、质量第一"的根本方针和纵深防御的安全理念，贯彻持续改进的原则，对于经验反馈中发现的重点问题及时要求电厂修改，以保持和不断提高电厂的安全水平。自成立以来，国家核安全局制定发布了一系列法规文件要求核电厂营运单位及时报告并分析运行事件、开展经验反馈活动；形成了由国家核安全局组织管理、核与辐射安全中心技术支持、地区核与辐射安全监督站监督、核电厂营运单位为主体的核电厂经验反馈体系。

1.2.1 经验反馈相关的法律法规

1.2.1.1 核安全法律体系

我国核安全法律法规按照法律效力分为三个层级，第一层为全国人大制定的核安全有关法律，第二层为国务院制定的核安全行政条例，第三层为国务院各部门发布的部门规章或重要国家标准，如图1-1所示。

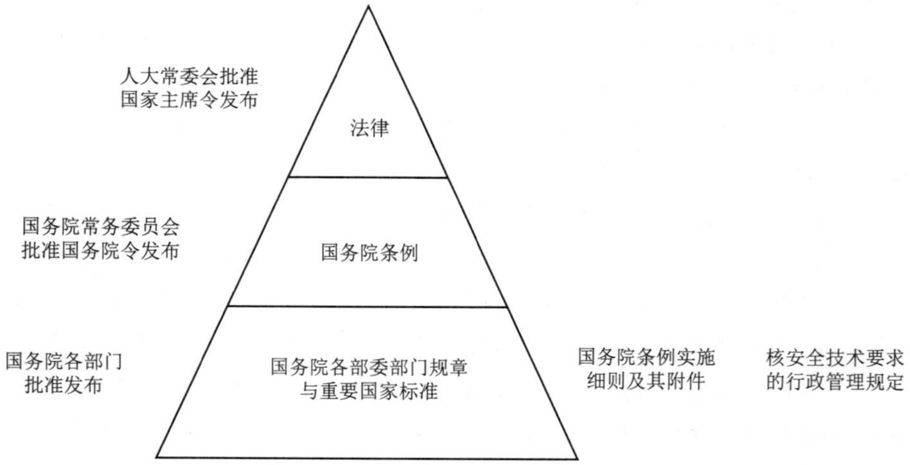

图1-1 我国核安全法律法规体系图

在我国现有核安全法律法规体系中，在第三层级中明确提出了对运行核电厂经验反馈的管理要求。首次提出则是在1991年7月27日国家核安全局令第1号发布的《核电厂运行安全规定》(HAF103)中的章节16"运行审查和经验反馈"，对核电厂营运单位的经验反馈活动提出了管理要求。随着核安全监管的不断完善，为使管理要求与我国实际管理需要相适应，国家核安全局于2004年4月18发布了修订的《核动力厂运行安全规定》(HAF103)。在新版核安全法规中，首次将经验反馈作为单独的章节"2.4运行经验反馈"进行阐述，在经验评价、经验研究、国内国际信息共享等方面对营运单位的运行事件分析及经验反馈工作提出了更明确、具体的要求，详细内容如下[1]：

(1) 营运单位必须系统地评价核动力厂的运行经验。必须调查研究安全重要的异常事件以确定其直接原因和根本原因。调查必须向核动力厂运行管理者提出明确的建议，核动力厂运行管理者必须及时地采取恰当的纠正行动。这些评价及调查所得的信息必须反馈给核动力厂工作人员。

(2) 营运单位必须获得并评价其他核动力厂的运行经验和教训，以作为借鉴。为此，应十分重视与国内和国际机构的经验交流及信息共享。

(3) 必须指定胜任的人员认真研究运行经验，以发现不利于安全的先兆，从而在出现严重情况之前采取必要的纠正行动。

(4) 必须要求所有的核动力厂工作人员报告所有的事件，并鼓励报告与核动力厂安全有关的"几乎要发生的事件"。

(5) 核动力厂运行管理者必须与设计有关单位(制造者、研究单位、设计者)保持适当联系，以向其反馈运行经验的信息及获得与处理设备故障或异常事件有关的建议。

(6) 必须收集和保存运行经验的数据，以用作核动力厂老化管理、核动力厂剩余寿期评价、概率安全评价和定期安全审查的输入数据。

除了HAF103中明确提出的经验反馈管理要求，国家核安全局还于1988年发布了《民用核设施安全监督管理条例实施细则之二：核电厂的安全监督》(HAF001/02)，其中制定了核电厂异常事件报告制度。1995年，国家核安全局于对法规进行了重新修订，发布了《中华人民共和国民用核设施安全监督管理条例实施细则之二：核设施的安全监督》[2](HAF001/02)，要求营运单位必须执行核设施营运单位报告制度，包括定期报告、重要活动通告、建造阶段事件报告、运行阶段事件报告、核事故应急报告。同时，国家核安全局还配套发布了《核电厂营运单位报告制度》(HAF001/02/01)，详细规定了上述报告或通告的报告准则、要求、内容和格式。

1.2.1.2 核安全导则和技术文件

由于核安全领域法律、国务院条例和核安全部门规章通常给出的仅仅是原则性要求，因此根据国际实践，国家核安全局制定了一些与核安全技术要求的行政管理规定相对应的支持性文件，即核安全导则，其层次低于部门规章。在该层次的文件中，对经验反馈有管理要求的文件如下：

(1) 核电厂营运单位的组织和安全运行管理(HAD103/06)(2006年6月5日发布)。

(2) 核电厂维修(HAD103/08)(1993年发布)。

(3) 核动力厂定期安全审查(HAD103/11)(2006年6月5日发布)。

(4) 核动力厂老化管理(HAD103/12)(2012年5月23日发布)。

需要指出的是，核安全导则不可能解决所有的技术问题，对于具体的核安全问题还需要大量的标准和技术文件作支持。典型的经验反馈方面的技术文件有国家核安全局于

1994 年发布的《核事件分级手册》(HAF J0043)。

1.2.1.3 核安全管理文件

除了法律体系、核安全导则和核安全技术文件，核安全管理文件在核安全监管实践中有着十分重要的作用，有法律约束力的核安全管理文件主要分为指导性文件、规范性文件、工作文件和许可申请文件。《核安全与放射性污染防止“十二五”规划及 2020 年远景目标》即属于指导性文件范畴，《福岛核事故后核电厂改进行动通用技术要求》则属于规范性文件范畴。

2011 年日本福岛核事故发生后，为了汲取事故的经验教训，进一步提高我国核电厂的安全水平，国家核安全局通过吸收和借鉴 IAEA 及其他核电国家对于福岛核事故的经验教训，编制了《福岛核事故后核电厂改进行动通用技术要求》。该文件是我国核电厂的实施后续改进行动的指导文件。

2011 年福岛核事故发生后，为进一步保障核安全与防治放射性污染，适应当前和未来一段时期内我国核电发展的需要，通过吸取福岛核事故的经验教训，结合全国核设施综合安全检查和日常持续开展的安全评价结果，深入分析当前核安全工作中存在的薄弱环节，环境保护部(国家核安全局)发布了《核安全与放射性污染防止“十二五”规划及 2020 年远景目标》，对新建核电厂提出了更高的安全目标和安全要求。该文件是指导我国“十二五”至 2020 年核安全与放射性污染防止工作的纲领性文件。

1.2.2 经验反馈相关的活动

国家核安全局自成立以来一直高度重视运行核电厂的经验反馈，除了建立经验反馈相关的法律法规外，还开展了大量卓有成效的活动。主要包括：① 在欧共体委员会的帮助下建立了异常事件数据库(AORS)，该数据库在运行经验收集、研究与反馈工作中发挥了重要作用。② 通过双边合作协议，获得了美国核管会(NRC)、法国原子能委员会的运行事件报告，这些主要核电国家的运行经验为后来秦山核电厂的运行管理提供了良好参照。③ 通过商务部开展欧盟的援助项目，主要用于增进和强化中国的核安全监管框架，按照通行国际标准和最佳实践提升中国国家核监管机构及其技术支持机构的能力，“核电厂运行经验反馈”即为四个专业领域之一。通过该项目，不但与欧盟建立了稳定长期运行经验反馈信息交流机制，实现及时、有效地进行信息交流，还为我国核安全监管当局的运行核电厂经验反馈体系的建立提供支持。④ 与韩国开展以“运行核电厂经验的信息交流”为主题的合作项目，其主要目的是进一步加强与韩国在运及在建核电厂经验的信息交流，促进运行核电厂运行事件、经验技术报告、重要技术改进、相关安全法规和技术标准等的信息共享。⑤ 通过中日韩高官会及信息交流合作机制，促使中日韩核安全监管当局高层间定期进行信息交流，实现经验分享。⑥ 获得国际原子能机构事件报告系统(IRS)数据库账号，可直接获取国外核电厂的典型事件。⑦ 组织编写《中国核电厂运行事件综合报告(2012)》[3]，对截至 2011 年底我国核电厂所发生的 662 起运行事件进行统计和趋势分析，对国内核电厂发生的典型事件进行分析和梳理，对国内热点和难点的技术问题进行专题分析，为核安全监管当局提供技术支持，为核电厂提供信息共享，为核电从业人员提供参考。⑧ 福岛核事故发生后，国家核安全局高度重视，组织开展了一系列有针对性的响应行动，如开展民用核设施综合安全大检查，对存在的薄弱环节提出改进要求，通过提供环境应急监测能力建设改进核事故应急保障工程等。此外，国家核安全局还在核电厂外部事件裕量评估、核电集团应急救援能力建设、公众沟通方式方法研究、后续新建核电厂安全要求的编写等方面开展了大量的工作。另外，国家核安全局还组织编写了《日本福岛核事故》[4]一书，该书从核安全角度全面系统的反映福岛核事故的相关情况，总结对福岛核事故的经验反馈。⑨ 定期召开信息筛选过滤会，就国内核电厂运行事件/异常、国外主要核电组织和国家（如 IRS、JRC、美国、法国、加拿大、德国、英国、日本、韩国）的运行事件、信息通告、专题报告等进行讨论、研究，反馈适用我国的重要信息。

1.3 国内外核电厂经验反馈平台的现状

核电厂经验反馈的关键在于信息的及时交流和共享，随着信息技术的进步，借助网络信息化的手段收集和共享成为一种快捷的方式。各核电国家和组织都十分重视核电厂运行经验反馈信息平台的建设，主要以搭建各类事件数据库系统为主，收集运行事件相关的信息。

美国 NRC 在网站主页上设置了经验反馈专栏，对外发布收到的运行事件和若干经验反馈专题，涉及的经验反馈信息包括：① 执照事件通告、报告（10CFR50.72，10CFR 50.73）、电厂状态日报告、早报（MRs）、安全相关的报告；② NRC 产生的报告，包括预先通告（Preliminary Notifications，PNs）、信息通告（Information Notice，IN）；③ 每日地区监督站的电话报告；④ 厂商信息（10CFR21 报告）、INPO 报告或从 INPO 周例会上获得的信息；⑤ 国外信息，包括 IRS、INES；⑥ 媒体报道。日本早期原子力基盘组织（JNES）在其网站内建立了事件库，除核电厂事件外，还包括核设施发生的事件；后期，随着监管机构体制改革，JNES 并入原子力规制委员会（NRA），相应的事件数据库也纳入 NRA 网站。韩国核安全监管机构建立了名为 R-TRACER 的经验反馈系统。R-TRACER 系统包含了纠正行动跟踪系统（CATS）、运行性能信息系统（OPIS）、事件及运行经验系统（DIOS）、安全监管发布管理系统（SIMS）、人因分析方法（HuRAM）等。

除了核电国家，一些国际性组织也建立了事件数据库。国际原子能机构（IAEA）与经济合作与发展组织核能署（OECD/NEA）联合管理的核电厂事件报告系统 IRS。世界核运营者协会（WANO）也建有类似的运行经验数据库，核电厂成员会每年报送一定数量的事件或异常，WANO 将对事件进行分析，编写 WANO 报告，向成员国进行经验反馈、提出推荐建议，这些 WANO 报告包括重要运行经验报告（SOER）、重大事件报告（SER）、运行经验速递（JIT）报告、热点话题和分析报告、WANO 良好实践和强项等。以上这类的事件库为经验反馈的交流和共享发挥了很大的作用。

目前，国内运行核电厂内部包括核电集团层面均已建立了包括组织机构、管理程序、导则以及基于计算机流程管理的运行经验反馈体系，实现对电厂状态报告、事件分析与反馈、纠正行动、外报事件等经验反馈工作和大量内外部信息的有效管理。为了促进经验反馈，运行核电厂内部包括核电集团还搭建了经验反馈信息平台，如中广核集团自1999年就开始投运经验反馈系统（EFS），该系统在对事件进行管理、对纠正行动进行跟踪的同时，还推动了经验反馈信息的传播，促使集团内各电厂之间充分的实施信息共享，便于更好地解决共性问题；中核核电运行管理有限公司自组织机构改革后，通过整合秦山一厂、二厂、三厂相关信息资源，建立了中核集团秦山核电经验反馈平台，通过该平台，电厂内部、之间可及时反馈经验信息，共享良好实践。

除了核电厂和核电集团，中国核能行业协会也开发了事件数据库和信息平台——中国核能行业协会核电运行信息网（CINNO）。CINNO网是一个内部网络，成员单位按照协会的要求，将核电厂发电信息、在建信息和事件信息通过这个网络进行汇报。CINNO网会根据成员单位提供的信息定期发布核电运行数据，包括事件的信息，实现核电厂业主层面的经验反馈交流。

为了促进全国范围内核电厂的经验反馈工作，国家核安全局组织建立了国家核安全局核电厂经验反馈平台，该平台是国家核安全局核电厂运行经验反馈体系的重要组成部分，是国内唯一涵盖核安全监管机构、核电厂营运单位、技术支持单位等用户的经验反馈平台。通过该平台可有助于消除电厂/集团间的信息壁垒，进一步推动我国各核电厂营运单位、核安全监管机构以及技术支持单位之间的经验交流。

\\\ 第 2 章 \\\

国家核安全局核电厂运行经验反馈体系

为了进一步推动我国核电厂营运单位、核安全监管机构以及技术支持单位之间的交流，互相学习与借鉴经验，充分利用好所有相关经验信息，国家核安全局于 2012 年开始着手建立一套运行核电厂经验反馈体系，以便系统化、常态化地开展经验反馈工作。

运行核电厂经验反馈体系建设工作分三个阶段进行：第一阶段为广泛开展调研、完成部分基础性工作程序和运行事件数据库系统；第二阶段为完成体系运行所必需的各项工作程序，并建立核电厂运行安全性能指标系统和经验反馈信息平台；第三阶段为完善和丰富经验反馈体系，进一步优化工作程序，增强系统功能，形成一套较为完备的、可有效应用于核电厂运行安全管理和核安全监管的运行核电厂经验反馈体系。目前，"国家核安全局核电厂运行经验反馈体系"（以下简称"核电厂运行经验反馈体系"）已建立。

2.1 体系成员及其职责

核电厂运行经验反馈体系由国家核安全局组织和管理，环境保护部核与辐射安全中心、环境保护部核与辐射安全地区监督站、核电厂营运单位及其他技术支持单位共同参与，流程如图 2-1 所示。各单位在体系中的职责如下：

2.1.1 国家核安全局

国家核安全局负责运行核电厂经验反馈工作的组织和管理，其主要职责包括：

- 组织制定、发布并进行修订运行核电厂经验反馈管理办法以及相关的管理和技术文件；
- 组织编制监管部门的运行核电厂经验反馈工作规划和计划，审查运行核电厂经验反馈工作报告等文件；
- 策划、组织和协调运行核电厂经验反馈各项活动，定期组织召开核电厂运行经验交流会议；
- 组织收集、分析、发布必要的经验反馈信息，并发布监管要求；
- 组织收集、分析核电厂运行安全性能指标数据，评价核电厂安全状况，并结合运行核

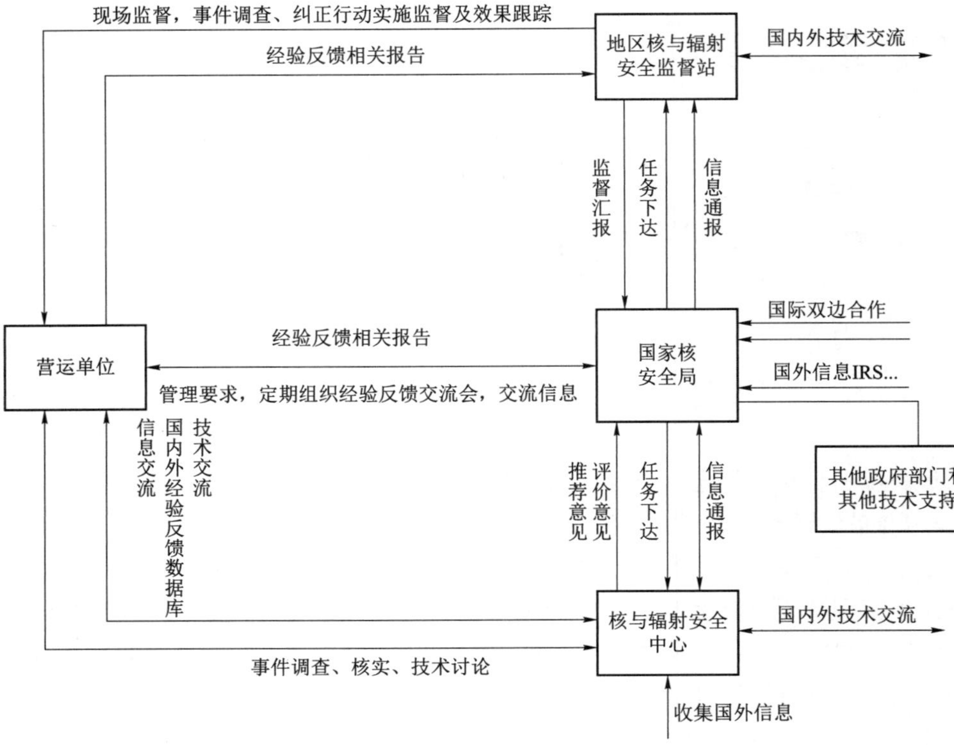

图 2-1 国家核安全局核电厂运行经验反馈体系流程图

电厂的运行状况，确定监管重点，发布监管要求；

• 组织对运行核电厂核与辐射安全相关重大事件及事故进行调查和评价；

• 组织运行核电厂经验反馈相关人员的培训工作；

• 对运行核电厂经验反馈活动进行专项检查，指导、监督运行核电厂经验反馈体系的有效运转。

2.1.2 环境保护部核与辐射安全中心

环境保护部核与辐射安全中心（以下简称“核与辐射安全中心”）作为国家核安全局技术后援单位，在经验反馈体系中的主要职责包括：

• 承担编写运行核电厂经验反馈相关管理和技术文件；

• 负责编制核与辐射安全中心运行核电厂经验反馈工作规划、计划和运行核电厂经验反馈工作报告；

• 承办运行核电厂经验反馈相关活动及运行核电厂经验反馈交流会议；

• 开发、管理和维护国内外核电厂运行事件数据库；

• 开发、管理和维护国内核电厂运行安全性能指标数据库；

• 开发、管理和维护国内运行国家核安全局经验反馈平台和网络系统，并根据国家核安全局授权，发布必要的经验反馈信息；

• 定期对国内外经验反馈信息以及性能指标数据进行综合分析和评价；

• 对运行核电厂事件进行筛选，为国家核安全局组织核与辐射重大事件调查和评价提供建议，参与事件调查和评价工作，并编写事件评价专题报告；

• 根据核电厂运行安全性能指标、运行状况和经验反馈分析结果，向国家核安全局提出相应的监管建议；

• 承担运行核电厂经验反馈相关人员的培训工作；

• 为国家核安全局实施运行核电厂经验反馈专项检查活动提供技术支持。

2.1.3 地区核与辐射安全监督站

地区核与辐射安全监督站是国家核安全局的派出机构，在经验反馈体系中的主要职责包括：

• 负责监督、核查运行核电厂经验反馈工作和活动；

• 负责对运行核电厂运行事件进行现场核查和确认；

• 负责对运行核电厂运行事件的纠正行动和监管要求的落实情况进行跟踪检查；

• 负责对核电厂运行安全性能指标数据进行现场监督和确认；

• 参与对运行核电厂核与辐射安全相关重大事件及事故进行调查和评价；

• 在监督报告中反映核电厂经验反馈相关活动。

2.1.4 核电厂营运单位

• 依据国家核安全局相关要求，制定并有效实施核电厂经验反馈大纲或管理程序；

• 及时响应国家核安全局提出的经验反馈管理要求，与监管部门在经验反馈方面保持良好的沟通与配合；

• 采用国家核安全局推荐的分析方法调查研究运行事件，并及时向国家核安全局报告；

• 定期向国家核安全局提交内部事件的清单和摘要，并根据国家核安全局要求提交相应的内部事件报告；

• 支持并参加国家核安全局组织的运行核电厂经验反馈相关活动。

2.1.5 其他技术支持单位职责

其他技术支持单位通过合作的方式向国家核安全局提供技术支持和咨询服务。

2.2 体系构架

核电厂运行经验反馈体系主要由文件体系、经验反馈平台和经验反馈专家库三个方面组成，体系的架构如图 2-2 所示。

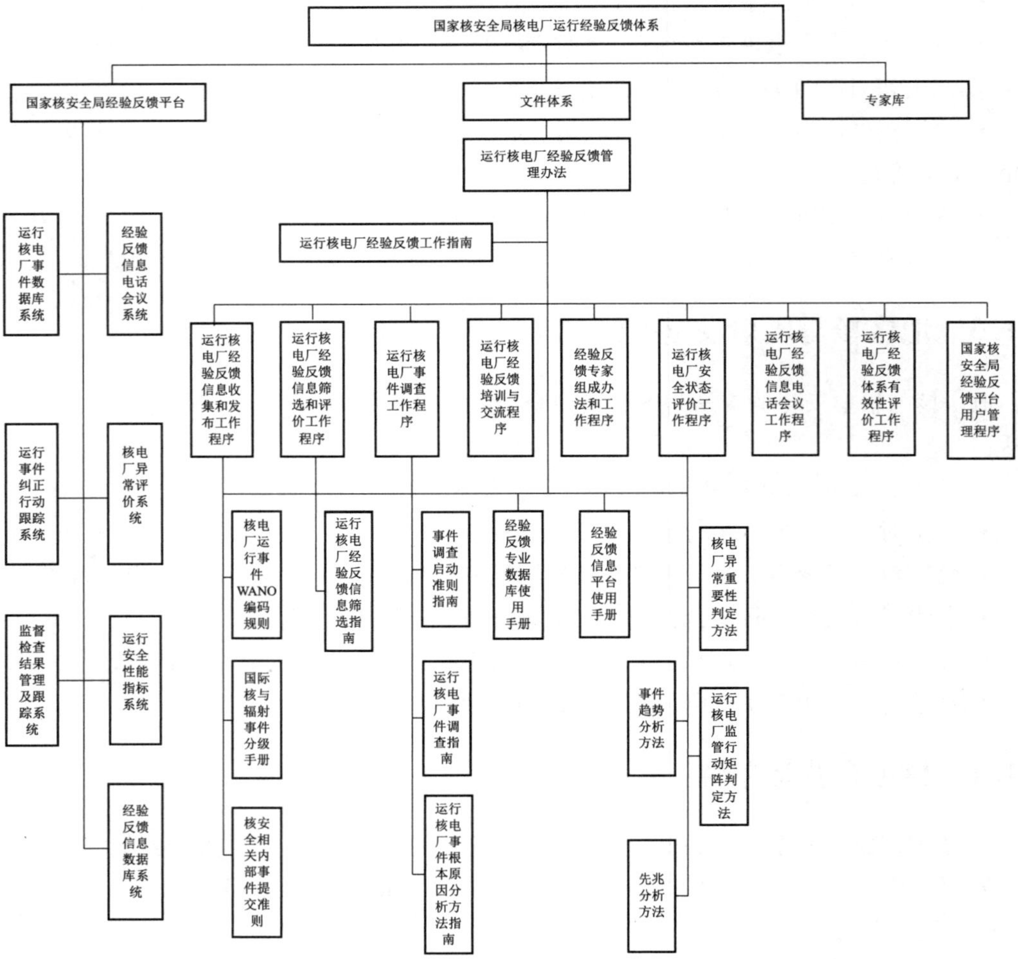

图 2-2　国家核安全局核电厂运行经验反馈体系

2.2.1　文件体系

为推进核电厂运行经验反馈体系的建立和有效运转，结合国家核安全局的监督管理模式、特点及多年的监管实践经验，核电厂运行经验反馈体系的文件体系包含三个层次的文件：管理文件、工作程序和其他相关技术文件。

1）管理文件（第一层次文件）

管理文件为最高层次文件，包括《运行核电厂经验反馈管理办法》和《运行核电厂经验反馈工作指南》。

《运行核电厂经验反馈管理办法》已由国家核安全局于 2012 年 4 月 25 日发布（国核安发【2012】65 号文件），它是国家核安全局核电厂运行经验反馈体系的纲领性文件，文中确立了核电厂运行经验反馈体系的构架，明确了参与经验反馈的各相关单位的职责，为经验反馈体系的建设和运转奠定了基础。

《运行核电厂经验反馈工作指南》是对《运行核电厂经验反馈管理办法》的细化，明确了运行核电厂经验反馈体系的工作机制和主要内容，指引出适用的下层工作程序，指导并促进经验反馈活动的有效开展。核电厂运行经验反馈体系的运转如图 2-3 所示。

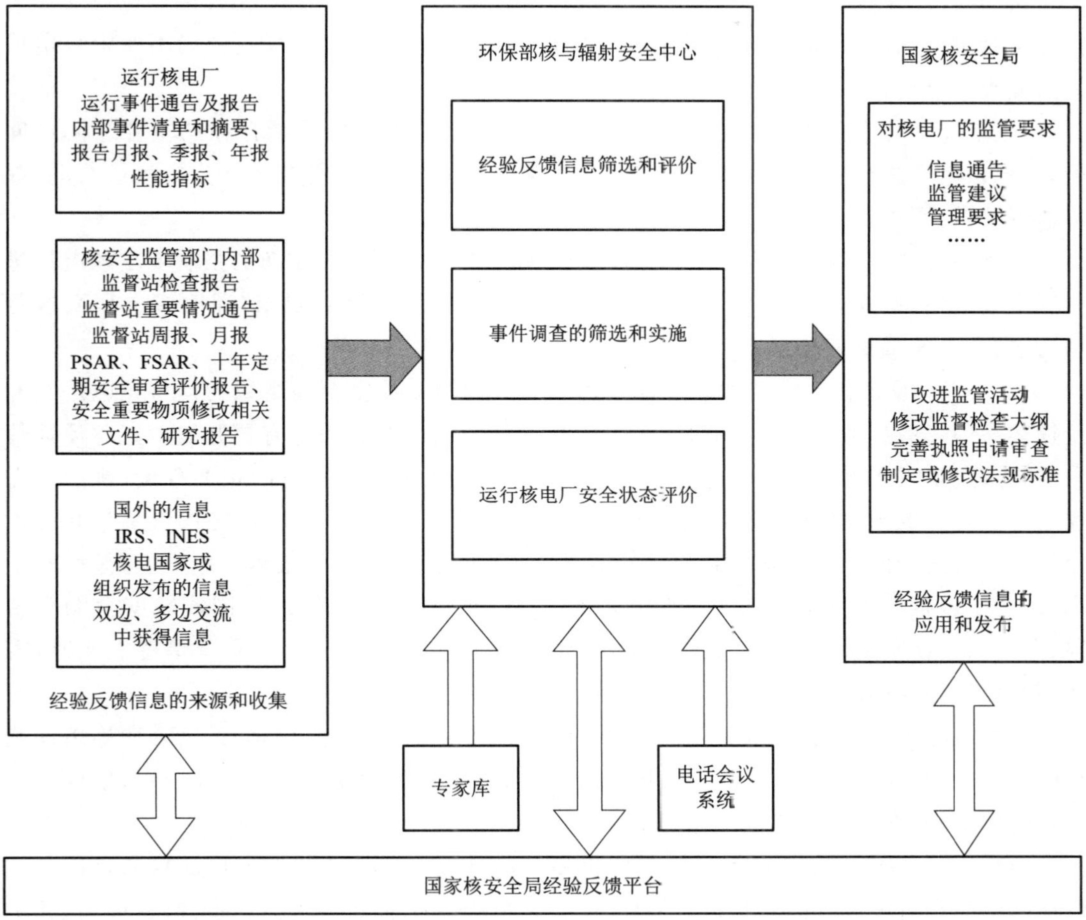

图 2-3　国家核安全局核电厂运行经验反馈体系的运转

2）工作程序(第二层次文件)

核电厂运行经验反馈体系中的工作主要分为四个方面，分别为经验反馈信息的收集、经验反馈信息的筛选与评价、运行核电厂安全状态评价以及经验反馈信息的应用与发布，工作程序即对这四个方面的工作进行了规定，涵盖运转流程、信息识别与填报、事件筛选和分级、调查与分析、趋势及共因分析、纠正行动的制定与实施、性能指标评价、专家库的组建和使用、经验反馈培训与交流、数据库和信息平台的使用等各个环节。

(1)《经验反馈信息收集与发布工作程序》：明确核电厂运行经验反馈体系中的单位在信息收集和发布方面的分工，制定经验反馈信息收集和发布的具体要求，规范经验反馈信息的收集和发布。经验反馈体系的主要信息来源有核电厂提交的定期报告、运行事件通告/报告/补充报告、内部事件报告等；核安全监管部门提供的监督检查报告、重要情况通报、周报/月报/年报、评价报告，以及研究报告和国际经验反馈信息等。国家核安全局负责经验反馈监管要求的发布，监管要求的形式包括信息通告、监管建议、管理要求三种，相应的重要度由低到高。

• 信息通告是指由国家核安全局发布的重要经验反馈信息，目的是提醒核电厂对相关信息进行关注，各电厂根据自身情况决定是否采取相应行动，国家核安全局不要求核电厂针对此类信息进行回应。

• 监管建议是指国家核安全局通过经验反馈过程，发现的可能存在的重要缺陷或问题，要求核电厂进行自查并提供自查报告，或提供相关信息，以便进一步分析改进行动，提出监管要求，要求核电厂对此类信息进行回应。

• 管理要求是指国家核安全局针对发现的重要缺陷或问题，发布的强制要求核电厂进行安全改进(包括安全重要物项、程序、组织管理等方面)的监管要求，即要求电厂采取行动，此类信息的重要度最高。

(2)《经验反馈信息筛选和评价工作程序》：明确国家核安全局组织的运行核电厂经验反馈体系中经验反馈信息筛选和评价的流程，指导经验反馈活动的有效开展。经验反馈信息的筛选主要采用经验反馈信息过滤会的形式进行，通过判定信息的重要程度，挑选出需要进一步评价的重要经验反馈信息，并制定专门人员进行评价，给出最终评价结果和应用建议。评价报告的形式包括监管建议或信息通告、编写专题/综合报告。原则上，按照安全意义，对于过程单一且清晰明了、国内外重大关切问题、需要尽快通知国家核安全局等情况，需向国家核安全局提出信息通告。对于国内运行核电厂核安全有重要借鉴意义时，需向国家核安全局提出监管建议。

(3)《运行核电厂事件调查工作程序》：指导国家核安全局的事件调查工作，明确事件调查的启动准则，并对参与调查的主要机构的工作职责、事件调查组的组成和职责、事件调查报告的要求、调查的工作流程等进行了规定。

(4)《运行核电厂安全状态评价工作程序》：运行核电厂安全状态评价的目的是通过性能指标数据和对核电厂的监督检查结果，综合判定核电厂的安全状态，提出监管行动，并指导核电厂制定下一步纠正行动或改进措施。本程序明确了我国运行核电厂安全状态评价的工作流程，指导并促进安全状态评价工作的有效开展。程序规定了运行核电厂安全状态评价工作的四个方面，包括安全性能指标评价、运行核电厂安全事项的重要度判定、基于核电厂状态的监管行动判定方法、事件趋势分析和先兆分析。

(5)《运行核电厂经验反馈培训与交流工作程序》：规定了核电厂运行经验反馈体系内应接受经验反馈专业知识培训和技能培训的人员范围、经验反馈培训活动中相关单位的职责；明确了经验反馈人员培训大纲和培训内容；并对培训教材的开发、教员的资质、培训活动的实施、培训工作的评价等提出了要求。另外，还规定了经验反馈内部交流会议、运行经验专题会议和全国运行核电厂年度经验交流会议的内容、形式以及会议的组织实施过程。该工作程序可提高运行核电厂经验反馈体系从业人员的经验反馈专业知识和技能水平，推动经验反馈培训工作以及经验反馈交流活动的有效开展，促进核安全管理水平的进一步提升。

(6)《经验反馈专家组成办法和工作程序》:用于核电厂运行经验反馈体系中专家库的组成和工作活动的管理。程序中对专家库人员的组成原则以及专家参与经验反馈工作的内容和方式进行了规定。

(7)《运行核电厂经验反馈信息电话会议工作程序》:经验反馈信息电话会议是核电厂运行经验反馈体系进行日常工作的重要方式和工具,程序规定了经验反馈信息电话会议的工作流程,明确了流程中各相关单位的职责。经验反馈信息电话会议系统的用户主要包括国家核安全局、地区核与辐射安全监督站、核与辐射安全中心、其他技术支持单位和经验反馈专家库中的专家。

(8)《核电厂运行经验反馈体系有效性评价工作程序》:国家核安全局开展经验反馈体系有效性评价的目的是通过对经验反馈体系运转的有效性进行客观评价,找出存在的问题,提出改进建议,促进经验反馈体系持续改进。本程序明确了核电厂运行经验反馈体系有效性评价的工作流程和职责,指导经验反馈体系有效性评价工作的有效开展。经验反馈体系有效性评价对象为参与经验反馈体系运转的单位,包括国家核安全局、地区核与辐射安全监督站、核与辐射安全中心和运行核电厂。

(9)《国家核安全局经验反馈平台用户管理程序》:规范国家核安全局经验反馈平台的用户和权限管理,确保平台安全、有序和稳定运行,其基本原则是:① 用户权限和密码管理必须作为使用平台的强制性要求;② 通过互联网登录经验反馈平台时必须使用 USB-KEY;③ 用户、权限、USB-KEY 和密码管理由国家核安全局委托单位负责;④ 用户、权限、USB-KEY 和密码管理采用实名制管理模式;⑤ 用户须严格管理自己用户名、密码和 USB-KEY,遵守保密原则,除获得授权或另有规定外,不得将收集的信息向无关人员泄露或公开。

(10)《核电厂运行安全性能指标工作程序》:规定了核电厂运行安全性能指标数据信息的报送、审查、评价以及由此产生的监管行动的流程,明确了流程中各相关单位的职责,并对核电厂运行安全性能指标系统的不断改进提出了要求。本程序规范了我国核电厂运行安全性能指标的管理工作,有助于不断加强对国内运行核电厂安全状态的评价。

3) 技术文件(第三层次文件)

技术文件主要是一些关键技术方法或指南,其目的是对经验反馈具体工作中需要使用的技术提供指导,这些关键技术主要包括事件趋势分析方法、事件根本原因分析方法、重要性判定方法、先兆分析方法、国际核与辐射事件分级和事件调查等。

(1)《核电厂异常重要性判定方法》:基于对美国核管会的重要性判定程序(SDP)进行研究,结合国内的应用经验,给出了对监督检查中发现的安全事项进行重要度确定的方法,主要对功率工况 SDP 和停堆工况 SDP 的实施流程和主要技术要素进行了介绍。SDP 是综合了电厂专用 PSA、电厂系统手册和其他相关文档中可以获得的信息,为监管人员制定出一套可以帮助他们对某监管事项的风险重要性进行快速分级的评估工具。

(2)《事件趋势分析方法》:事件趋势分析是进行运行核电厂安全状态评价的重要手段和依据,本文件旨在指导从事运行核电厂经验反馈的人员正确使用趋势分析方法,使其能够准确地对一段时间内的一组事件的某一特性进行统计,找出该特性的变化趋势,并进一步分析造成这种变化趋势的原因、提出纠正措施，以便通过趋势分析发现不良趋势和共性问题，避免事件的重复发生，为管理改进和决策提供依据，同时也可以对事件根本原因分析和纠正行动的有效性进行监督。

(3)《先兆分析方法》:使用概率论思维对核电厂发生的事件进行分析，可以发现核电厂性能或某些领域存在的不利趋势，发现重大事件发生的先兆，通过及时制定相应纠正措施避免重大事件的发生。该技术文件介绍了先兆分析的实施步骤。

(4)《运行核电厂事件调查启动准则指南》:该技术文件对事件调查启动准则进行了较为详细的解释和说明，并列举了相关实例，以帮助对启动准则的理解和使用。

(5)《运行核电厂经验反馈信息筛选指南》:该技术文件是用来指导对收集到的经验反馈信息进行筛选的具体技术指南，其中包含筛选的具体准则和判据，通过界定经验反馈信息的重要度和普遍适用性，过滤出需要进行评价的重要经验信息。

(6)《运行核电厂事件调查指南》:该技术文件对事件调查工作中使用的方法和手段进行了详细的说明，包括事件调查组的人员组成和职责、事件现场调查的实施流程、调查的方式、相关技术支持单位在调查中的职责和工作协调，以及调查报告的编写、批准和发布等。

(7)《运行核电厂事件根本原因分析方法指南》:通过对国内外现有常用的运行事件根本原因分析(RCA)方法的总结和分析，推荐几种常用有效的 RCA 分析方法，对这些方法进行了详细的讲解，通过对推荐的方法进行对比，明确了不同方法的优缺点。本技术文件有利于指导和规范国家核安全局和核电厂开展事件调查过程中的原因分析工作，保证事件根本原因分析的有效性。

(8)《核电厂运行事件 WANO 编码规则》:推荐一套统一的编码规则，便于我国核安全监管当局对运行事件的管理，包括对运行事件分析评价、查询、统计及趋势分析，有利于从运行事件中识别出电厂的共性问题和不利趋势，识别核安全监管重点。

(9)《核与辐射事件分级手册》:以 IAEA《国际核与辐射事件分级表》(2008 版)为蓝本，结合我国的实际情况和现有的核安全法规编制，旨在用作我国核事件分级的指导性文件。该手册是发生核与辐射事件时快速提供准确信息的重要工具。

核电厂运行经验反馈的文件体系是对核安全法律法规中经验反馈要求的进一步细化，确保经验反馈活动有法可依。另外，文件体系的建立不但使核安全监管部门、营运单位明确了在经验反馈中的职责，而且实现了对核电厂经验反馈全过程的规范指导，促进了整个经验反馈体系的良好运转。

2.2.2 经验反馈专家库

经验反馈专家库是核电厂运行经验反馈体系中的重要组成部分，为体系中经验反馈活动的实施提供额外的技术支持。专家库按照专业领域及工作需求进行划分，包括系统设备组、材料焊接组、电气仪控组、运行组、辐射防护组等。

为了向经验反馈体系内各项工作提供优质的人力资源保障，经验反馈专家库成员由在核与辐射安全领域具有较高学术水平和丰富实践经验的专家组成，经国家核安全局审核后聘任，并在其管理下开展工作。国家核安全局经验反馈平台可实现对专家库信息进行添加和分类管理。

专家库成员的主要职责包括：① 为经验反馈信息的筛选、评价及应用提供技术支持；② 为核电厂事件的调查与评价提供技术支持；③ 为核电厂的安全状态评价提供技术支持；④ 为经验反馈体系的有效性评价活动提供技术支持；⑤ 为经验反馈体系提供其他所需的额外技术支持。

2.2.3 国家核安全局经验反馈平台

2.2.3.1 平台简介

国家核安全局经验反馈平台是进行经验反馈信息收集和发布、体系中各单位共享交流信息等工作的必要工具和手段，是包括国家核安全局、地区核与辐射安全监督站、核与辐射安全中心在内的核安全监管系统内部交流经验反馈信息的主要门户窗口。平台利用网络技术（包括政府网和互联网）搭建了一个核电厂运行经验反馈体系运转的信息枢纽和工具平台，实现体系中各单位经验反馈信息的充分共享。该平台在国家核安全局的业务指导下已于 2014 年上线运行，各类用户根据权限通过互联网登录和访问（https://ef.nnsa.mep.gov.cn），登录页面如图 2-4 所示。

图 2-4　国家核安全局经验反馈平台登录页面

经验反馈平台的用户分为国家核安全局、地区核与辐射安全监督站、核与辐射安全中心、核电厂、技术支持单位五大类。各类用户按照《国家核安全局经验反馈平台用户管理程序》的规定具有不相同的用户权限和职责，各类用户权限见第 12 章的表 12-1。

经验反馈平台使用 U-KEY 进行用户管理，安装完成 U-KEY 驱动程序后正确输入用户名和密码即可登录平台。出于安全性考虑，经验反馈平台用户具有自己唯一的用户名和密码，初始密码由管理员给出。初次登录经验反馈平台成功后，系统会自动弹出修改密码窗口，用户需按要求修改密码，以保证平台数据、信息的安全。用户输入正确的用户名和密码之后，即进入平台首页（如图 2-5 所示）。

国家核安全局经验反馈平台由监管信息、经验反馈信息、行动跟踪、安全状态评价、培

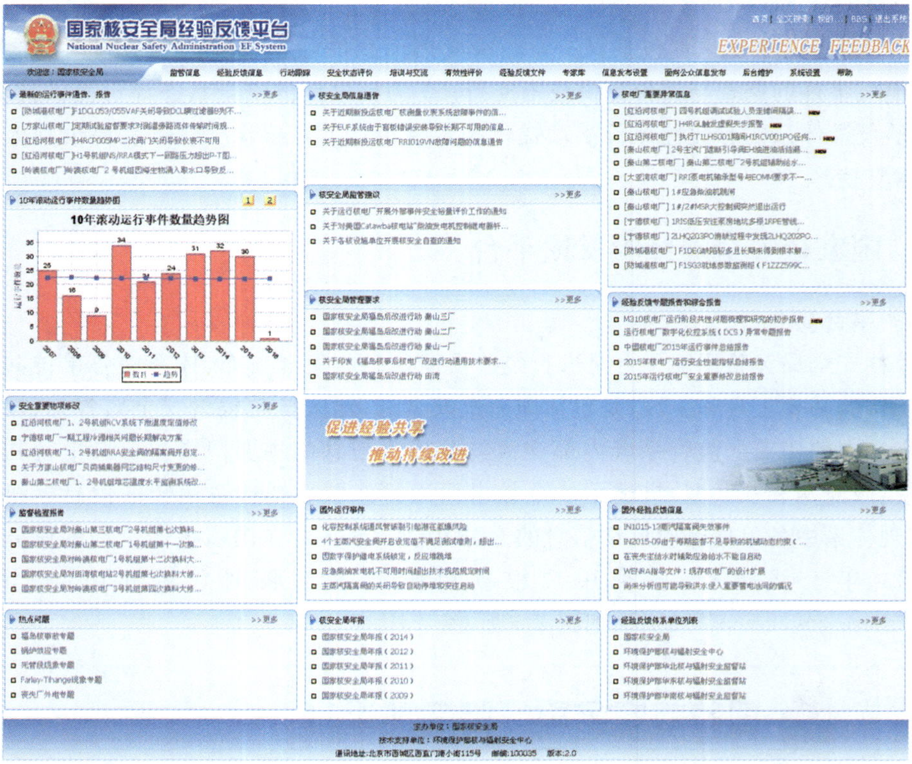

图 2-5 国家核安全局经验反馈平台首页

训与交流、有效性评价、经验反馈文件、专家库、信息发布设置、面向公众信息发布、后台维护、系统设置、帮助和我的任务 14 个功能模块组成。平台首页主要展示主要功能模块的重要经验反馈信息，通过点击首页上部菜单栏选项即可进入相应模块。

国家核安全局经验反馈平台的后台集成了 7 个系统，包括运行核电厂事件数据库系统、经验反馈信息数据库系统、经验反馈信息电话会议系统、运行事件纠正行动跟踪系统、监督检查结果管理及跟踪系统、核电厂异常重要性判定系统和核电厂运行安全性能指标管理系统。这些系统可在平台的相应功能模块中被调用。

2.2.3.2 主要模块

1）监管信息模块

监管信息模块主要用于展示核安全监管机构的经验反馈信息成果，包括国家核安全局发布的信息通告、监管建议、管理要求，国家核安全局组织的监督检查报告，核安全局年报，以及地区监督站的监督周报、监督月报、监督年报、重要情况通报、例行检查报告、非例行检查报告等。

监管信息模块页面分为三个区，菜单栏区、左侧菜单栏区和监管信息区（如图 2-6 所示）。左侧菜单栏区划分为“新建”和“查询”两大功能子模块，每项功能子模块下分别包含国家核安全局和地区监督站的信息子项，点击即可进入相关页面。监管信息区展示了信息通告、监管建议、管理要求、监督检查报告、核安全局年报等子模块，点击右上角的“更多”即可进入查询页面。

图 2-6　监管信息模块页面

2）经验反馈信息模块

经验反馈信息模块涵盖了由核电厂、核与辐射安全中心提供的可能用于经验反馈的各类信息和成果，包括国内外运行事件、核电厂重要异常、核电厂报告、经验反馈专题报告和综合报告、国外经验反馈信息、安全分析报告评价报告、热点问题、安全重要物项修改等。

经验反馈信息模块页面分为三个区，菜单栏区、左侧菜单栏区和经验反馈信息区（如图 2-7所示）。左侧菜单栏区划分为“新建”“查询”“统计报表”“监测”“信息监测报表”五大功能子模块，“新建”和“查询”功能子模块分别包含事件、核电厂报告和其他经验反馈信息子项，点击即可进入相关页面；统计报表功能子模块可从不同的角度对国内运行事件进行统计，并生成统计分析报告；监测功能子模块实现经验反馈信息模块下的各类信息上传及时性的监测，并在信息监测报表子功能模块分用户形成监测报表。经验反馈信息区展示了国内运行事件报告、核电厂重要异常信息、国外运行事件等子模块，点击右上角的“更多”即可进入查询页面。

本模块功能通过调用后台集成的“运行核电厂事件数据库系统”和“经验反馈信息数据库系统”来实现。

（1）运行核电厂事件数据库

运行核电厂事件数据库系统（以下简称“事件库”）用于收集、存储国内核电厂运行事件、重要内部事件以及国外典型的运行事件，并具有相关统计功能（如图 2-8 所示）。截至目前，事件库中共收集国内核电厂运行事件 783 起，内部事件 210 起，国外核电厂事件 128 起。事件库实现了对大量的核电厂运行事件信息的电子化管理，具有运行事件、内部事件、国外事件的存储、查询、统计和趋势分析等功能，可有效促进体系中的用户开展运行事件相关的经验反馈和信息交流，同时亦可为核电厂运行安全的有效、及时监管提供便利。

图 2-7 经验反馈信息模块页面

图 2-8 运行核电厂事件数据库

(2) 经验反馈信息数据库系统

经验反馈信息数据库系统用于收集、储存和共享国内外运行核电厂经验反馈信息，具体包含以下几类：① 国内核电厂运行阶段月度报告、年度报告和良好实践；② 经验反馈审评相关信息，如国家核安全局初步安全分析报告评价报告、最终安全分析报告评价报告、十年定期安全审查报告评价报告等；③ 核电厂重要异常信息、安全重要物项修改、其他重要审评信息；④ 经验反馈专题报告和综合报告、研究成果、国外经验反馈信息、经验反馈信息过滤会纪要以及热点问题。该系统为我国运行核电厂经验反馈工作提供了一个良好的展示平台，通过经验反馈信息的交流与共享，提升我国经验反馈工作水平。

3）行动跟踪模块

行动跟踪模块用于运行事件纠正行动和监督检查结果的管理及跟踪，相应地分为纠正行动功能子模块和监督检查结果管理及跟踪功能子模块。核电厂运行事件能够反映出核电厂在设计、运行、管理上的薄弱环节，对核安全具有重要意义，因此在完成运行事件的分析和评价之后，必须制定和实施具有针对性的纠正行动，只有在纠正行动完成之后，整个运行事件的处理才形成闭环。运行事件纠正行动跟踪功能子模块的目的就是让相关方及时了解到事件纠正行动的落实情况，确保事件的处理满足要求。监督检查结果管理及跟踪功能子模块主要对国家核安全局、地区监督站组织的各类检查中提出的整改要求，以及国家核安全局通过经验反馈体系提出的监管建议和管理要求的落实情况进行跟踪，确保相关要求得以落实。此外，行动跟踪模块还具有统计功能，统计角度分为责任单位、跟踪来源和状态。

行动跟踪模块页面分为三个区，菜单栏区、左侧菜单栏区和纠正行动跟踪区（如图 2-9 所示）。左侧菜单栏区分为“纠正行动”和“监督检查结果管理及跟踪”功能子模块，下设相应子项完成填写、查询、统计功能。纠正行动跟踪区分别展示了各核电厂现有纠正行动状态的统计数据，以及现有监督检查整改要求和经验反馈行动状态的统计数据。

图 2-9　行动跟踪模块页面

本模块功能需调用后台集成的“运行事件纠正行动跟踪系统”和“监督检查结果管理及跟踪系统”来实现。“运行事件纠正行动跟踪系统”是国家核安全局、地区监督站对核电厂运行事件发生后所采取的纠正行动进行跟踪和管理的网络化数据库系统，该系统由各地区监督站负责管理和维护。“监督检查结果管理系统”是国家核安全局、地区监督站对核电厂监督检查结果和整改行动进行管理的网络化数据库系统，该系统由各地区监督站负责管理和维护。

4）安全状态评价模块

安全状态评价模块包含趋势分析、异常重性判定和运行安全性能指标三大功能子模块。安全状态评价模块页面分为三个区，菜单栏区、左侧菜单栏区和趋势图分析区（如图 2-10 所示），其中趋势图分析区展示了国内运行事件的趋势分析图。

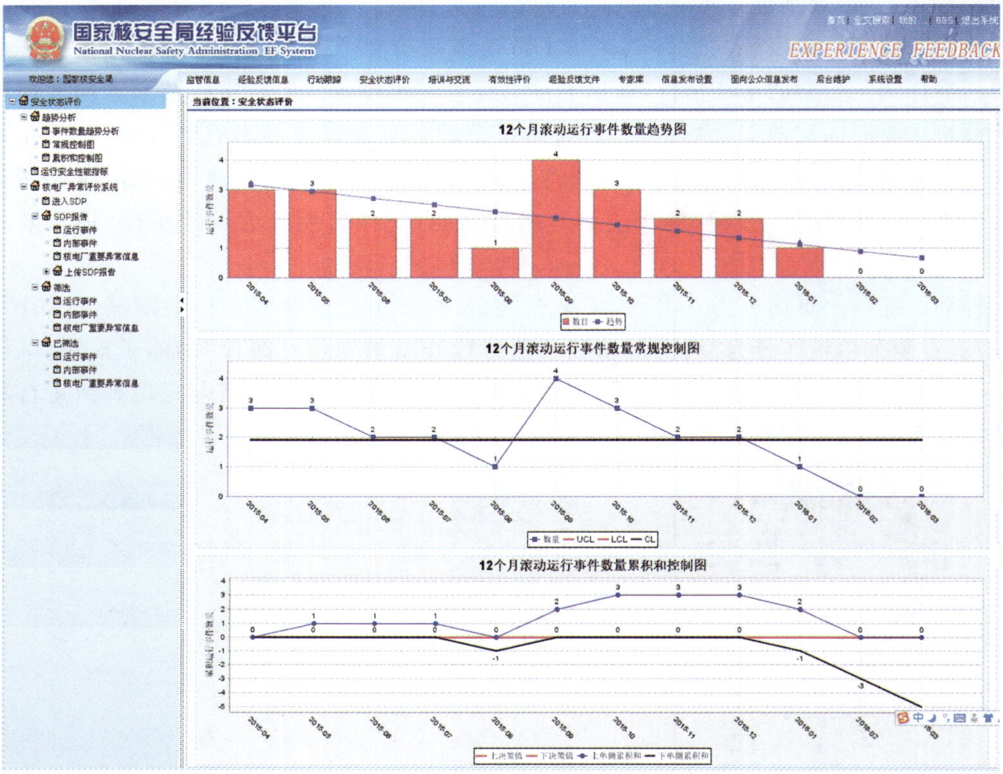

图 2-10 安全状态评价模块页面

趋势分析模块用于对核电厂发生的运行事件进行趋势分析，以发现核电厂在核安全方面存在的劣化趋势，为国家核安全局加强对运行核电厂的监管提供帮助。该模块下又分为事件数量趋势子项、常规控制图子项以及累积和控制图子项，详见第 9 章。

异常重要性判定模块主要用于评价核电厂运行过程中发生的事件或异常，通过模型判定最终以定量的方式给出事件或异常的风险重要度。该功能需调用平台集成的“核电厂异常重要性判定系统”来实现。“核电厂异常重要性判定系统”基于以概率安全分析（PSA）为理论基础的重要性判定方法（SDP）搭建，内置多种机型的判定模型，具有重要度判定模型集成化和判定方法流程化的特点，详见第 10 章。

运行安全性能指标模块以已经建立的核电厂运行安全性能指标体系为基础，通过色块的形式向用户展示各核电厂的运行安全状态，并具有一定的查询功能。该模块功能的实现需调用平台集成的“核电厂运行安全性能指标管理系统”，该系统是收集、存储和计算核电厂运行安全性能指标的网络化平台系统，详见第 11 章。

5）培训与交流模块

培训与交流模块用于展示经验反馈相关的培训与交流，包括培训教材、交流会材料、专题讨论会资料等。培训与交流模块页面分为三个区，菜单栏区、左侧菜单栏区和培训与交流区（如图 2-11 所示）。左侧菜单栏区分为“新建”和“查询”功能子模块，用于不同用户实现相应功能。培训与交流区展示了培训计划、培训教材、会议和专题讨论四个子模块，点击右上角的“更多”即可进入查询页面。

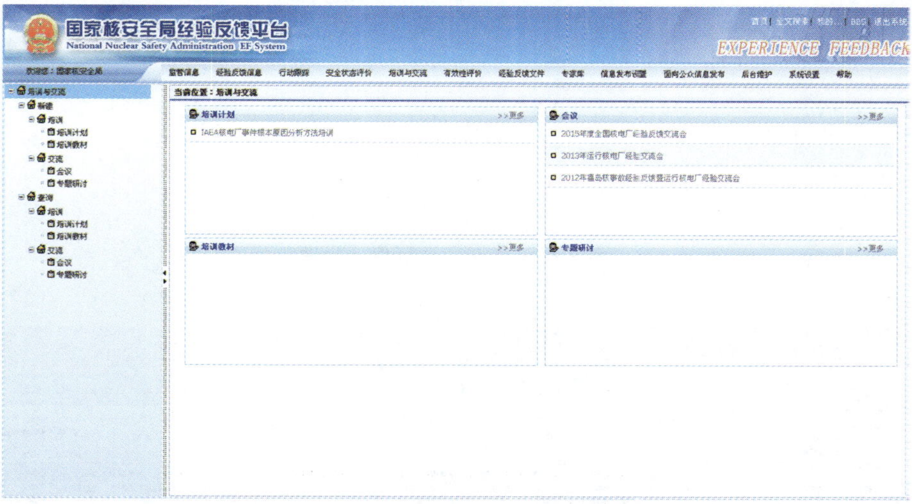

图 2-11　培训与交流模块页面

6）有效性评价模块

有效性评价模块用于实现对经验反馈体系的有效性进行评价，以保证运行核电厂经验反馈体系的有效运作和不断改进。该模块包含自我评估报告和最终评估报告两个子功能模块，各用户可根据权限实现有效性评价报告的上传、查询、浏览和管理功能。有效性评价模块页面见图 2-12 所示。

7）经验反馈文件模块

经验反馈文件模块用于经验反馈相关文件的管理、查询和浏览。该模块包含运行核电厂经验反馈体系文件和其他经验反馈文件两个子功能模块，各用户可根据权限实现文件的新建、修改、删除、查询和浏览功能。经验反馈文件模块页面见图 2-13 所示。

8）专家库模块

专家库模块用于实现对经验反馈专家库的维护和查看。该模块包含专家库维护和专家库查询两个子功能模块，内置专家信息表格样式（详见第 12 章图 12-18），用户可根据权限实现新建、修改、删除和查看专家信息的功能。专家库模块页面见图 2-14 所示。

9）基础数据维护

维护管理包含信息发布设置、后台维护、系统设置四个功能模块。信息发布设置模块可将具有时效性的重要经验反馈信息发布和/或置顶至首页和二级页面上；后台维护模块可实现数据的修改、删除等管理；系统设置模块可实现系统管理员对系统功能、组织机构、

图 2-12　有效性评价模块页面

图 2-13　经验反馈文件模块页面

静态数据、电厂机组、WANO 代码、用户和系统权限、密码、推送信息等项目的设置和管理。其中，推送功能主要用于向平台用户强制发送一些重要的经验反馈信息，如运行事件报告、信息通告、监管建议、管理要求等。通过设置推送内容、推送频率、纬度筛选等选项，可为不同经验反馈信息设置推送方式，如图 2-15 所示。一旦推送内容有信息更新，用户将会收到信息提醒，达到经验反馈的及时性。

10）帮助

帮助模块内置用户手册，除对系统总体功能进行介绍外，亦可帮助平台用户解决使用过程中产生的问题。同时，帮助中对查看平台版本变更信息的方法进行了说明。

11）我的任务

图 2-15 右上角的“我的任务”模块用于实现用户职责内的任务管理和用户的个性化设

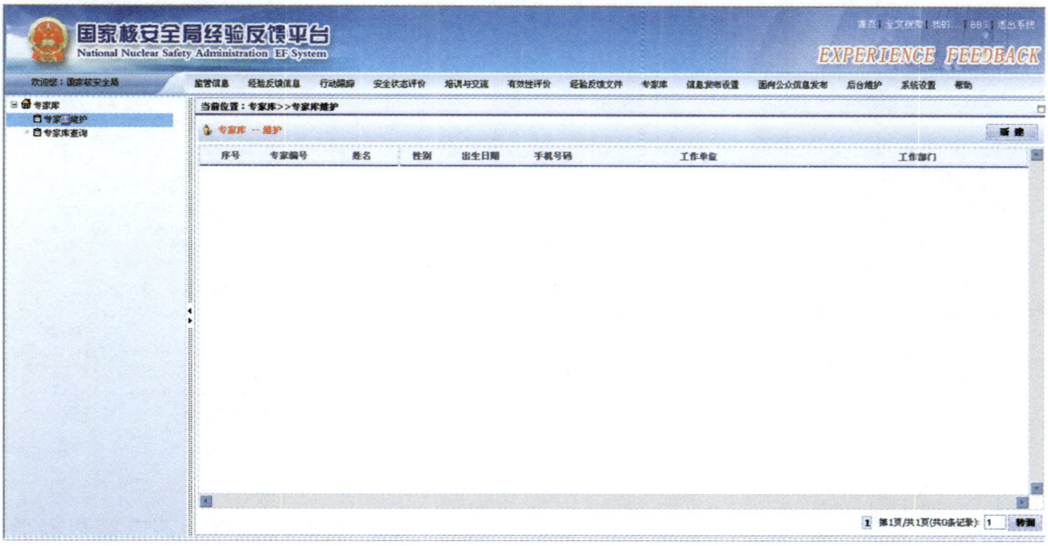

图 2-14　专家库模块页面

图 2-15　信息推送

置,包含“我的任务”“我的通知”“我的提醒”和“我的推送”四个功能子模块。在“我的任务”功能子模块下,用户可清晰的管理以“我”为中心的各类任务,并可将未处理任务以“提醒框”的形式悬浮至首页,有效提醒任务负责人及时处理任务,快速推进相关业务的进展,如图 2-16 所示。在“我的推送”功能子模块下,用户可根据工作需要和个人兴趣,个性化地选取平台强制推送范围外的经验反馈信息作为推送内容,以及时了解关注领域的最新动态。

12) 经验反馈信息电话会议系统

经验反馈信息电话会议系统是经验反馈体系中各单位和相关专家参与日常经验反馈

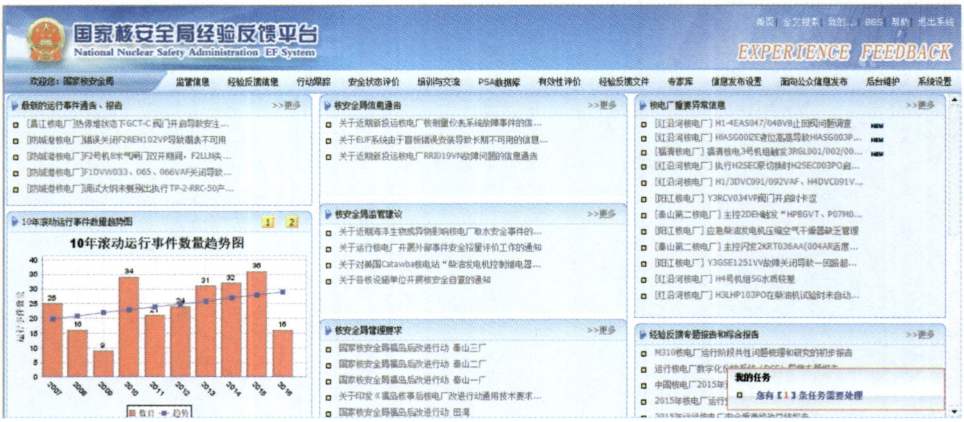

图 2-16　我的任务

工作的重要方式和手段，如经验信息的沟通、核实、筛选、评价和应用等。该系统以经验反馈网络平台为基础，可通过快速创建会议实现多方、多地点同时在线视频交流。该系统具有节省时间、实时性强、不受地域限制等优点，是经验反馈常态化交流机制的重要手段，对推进经验反馈和核安全监管具有重要意义。

2.3　国家核安全局经验反馈体系的意义

国家核安全局经验反馈体系开发了一套经验反馈文件，其是对核安全法规有关经验反馈条款的进一步细化和解释，不仅可以有效指导国家核安全局核电厂运行经验反馈体系有序开展经验反馈工作，还可指导核电厂营运单位完善其经验反馈体系。其中，向全国核电厂提出了推荐性的事件根本原因分析方法，促进了事件调查与原因分析工作向规范化和深入化方向的发展；将风险指引型安全管理引入到核安全监管经验反馈中，开发了以概率安全分析(PSA)方法为基础的重要性判定方法、先兆分析方法，帮助监管人员对事件和异常进行量化计算，改变了以往仅凭经验和工程实践进行判定，提高了核安全监管的效率。

国家核安全局经验反馈平台，是国家核安全局核电厂运行经验反馈体系运转的信息枢纽和工具保障，所有经验反馈体系内的单位按照职责分工，依托和应用平台开展经验反馈工作，是目前国内运行经验反馈信息应用最广的经验反馈一体化管理平台。该平台的使用，不但大幅提高了国家核安全局对各核电厂经验反馈信息的获取能力，而且加大了信息反馈的及时性和广泛性。国家核安全局经验反馈平台具有如下优点：

• 涉及领域广：平台涵盖了核电厂运行事件、安全重要物项修改、安全审评等多个专业领域。

• 指导性强：平台中提供了国家核安全监管机构发布的正式信息通告、监管建议、管理要求等文件及专题报告等各类经验反馈信息，具有较强的权威性及指导性，可有效指导核电厂工作。

• 应用性广：平台用户涵盖监管机构、运行核电厂、技术支持单位等多类单位，用户可通过平台及时了解相关经验反馈信息，以开展运行核电厂的安全监管、核电厂设计应用等多个领域。

• 信息量大：平台开发了核电厂运行事件数据库、经验反馈信息数据库等，涵盖了大量来自国内监管机构和电厂的监管信息、运行事件、改造信息、经验反馈信息及成果等，而且还包括了国际核事件分级组织(INES)和其他主要核电国家或组织发布的事件信息，以及通过双边或多边交流合作中取得的相关信息等。其中，运行核电厂事件数据库系统更是迄今为止我国最为完整的运行事件数据库，同时还收录了国际上其他核安全监管当局和组织的运行事件信息。

• 信息渠道多：平台共享的经验反馈信息不但包含国内监管机构和运行电厂发布的各类经验反馈信息及成果等，还包括国际组织和其他主要核电国家发布的事件信息和其他经验反馈信息，以及通过双边或多边交流合作中取得的相关信息等。较之国内同类数据库更为丰富、全面和完整。

• 集成度高：平台集成了运行核电厂事件数据库系统、监督检查结果管理及跟踪系统、核电厂运行事件纠正行动跟踪系统专业数据库或系统，用户可通过平台实现集中访问。其中，核电厂运行事件纠正行动跟踪系统和核安全监督检查结果跟踪系统，更是首次实现了核安全监管机构对电厂纠正行动、监督检查结果管理和整改行动落实情况的跟踪，管理运行核电厂向国家核安全局上报的纠正行动的最新进展情况。同时，平台还嵌入了核电厂异常重要性判定系统、运行趋势分析等工具，为监管机构及早发现核电厂核安全弱化的征兆提供支持。其中，异常重要性判定系统可在线对事件和异常进行安全风险估算，提高了监管人员使用的便捷性。

• 实用性强：平台中对一些业务进行了相应的流程设计，确保系统实用有效；专业系统中使用的表单严格遵照法规设计，方便用户填报，不造成重复编辑和修改的问题。另外，针对运行事件，平台还设计了“XML 导入”和“Excel 导出”功能，可方便电厂用户实现对运行事件的上传。

• 时效性强：体系中各单位按照其职责将相关信息按时上传至平台，有效保证了经验反馈信息的及时共享。

除了上述优点，作为信息网络交互平台，国家核安全局经验反馈平台还具有如下特点：

• 可维护性强：平台中的各系统均设计了基础数据维护模块，该设计确保系统内的所有数据均可进行维护管理。

• 安全性高：平台中各系统安全均满足《信息安全技术信息系统安全等级保护基本要求》中“第三级基本要求”的“应用安全”的相关规定。各系统均采用基于JAVA的Browser/Server结构开发，引入继承和封装思想，具有强大的代码安全性，防止数据被他人非法修改或盗用；同时通过数据备份恢复、容错处理等技术，保证数据不易丢失或被破坏，确保主体数据安全；通过严格的统一授权体系、数据传输安全管理、系统资源保护管理和系统应用权限管理，以及严密的计算机病毒防范措施等，来实现整个系统的高度安全及保密；此外，经验反馈平台用户、权限和密码管理均有强制性要求，登录必须使用U-KEY。

• 可靠性强:平台和各系统满足多人并发使用;正常情况下服务器稳定可靠运行,不出现宕机情况。

• 标准化和良好扩展性:系统均基于 SOA 理念的 J2EE 平台架构,可以概括的分为应用系统及数据层、服务组件层、数据交换层、流程层以及前端展现层;在不同的系统层级都提供了符合业界规范的标准相关数据整合接口,可以比较方便地整合第三方应用系统和其他的外部业务规则引擎,保证系统模块的可组合性和可互换性特征,确保系统在未来可能的扩展,使系统具有一定的扩展性能。

第3章

国家核安全局经验反馈平台的设计

3.1 总体设计

核电厂运行经验反馈信息平台(以下简称“平台”)设计是平台开发的关键环节和基础，对于平台内容、形式、安全性和管理等诸多方面的考虑是否充分，决定着平台开发的成败。平台必须能够满足经验反馈的需求，全面覆盖国家核安全局运行经验反馈工作涉及的各类信息，实现信息的快速收集和发布。同时平台要便于用户使用和操作，尽量降低用户上传信息操作的工作量，并使用户能够容易接收和浏览到重要的和感兴趣的信息。要嵌入经验反馈相关的软件工具，帮助对大量信息的统计、分析和计算，甚至能够自动生成总结报告。集成与经验反馈相关的应用系统，国家核安全局的经验反馈体系较以往扩展了对电厂安全状态的评价，其中性能指标系统是一个重要的应用系统，可将性能指标系统集成到平台实现统一登陆。设计相关流程实现网上对信息和相关事务的处理，减少事务性沟通环节花费的时间。

按照上述原则，考虑到信息的来源和面向的对象，以及各项独立的功能，平台被分为监管信息模块、经验反馈信息模块、纠正行动跟踪模块、安全状态评价模块、培训与交流模块、有效性评价模块、经验反馈文件模块、专家库模块、后台维护模块，以及系统设置模块等。集成了趋势分析、重要性判定、性能指标等应用系统和软件工具。通过对业务过程、信息流、管理模式的分析，平台还考虑了内部事件筛选、监管信息发布、运行事件报告形式审查三项流程。同时设计了运行事件 xml 文件导入新建、定制信息推送、信息报送监测等功能。平台包含的模块、功能以及流程等内容较多，应从全局和整体出发，对技术战略、技术框架、技术标准进行分析和定义，以提高资源的重用性，提高系统的建设与运维效率，做好顶层总体设计，实现业务需求的目标。鉴于平台开发工作量非常大，应采取分步实施的方式，并充分考虑功能模块的扩展性。

3.2 监管信息模块

国家核安全局经验反馈体系的信息来源广泛，其中来自核安全监管系统内部的信息是非常重要的部分，国家核安全局、地区监督站都有上传信息的职责。同时，国家核安全局发布的信息通告、监管建议和管理要求是经验反馈最重要的输出成果，相关信息应该面向所有经验反馈用户，以便对相关问题进行关注，或开展自查、改造等活动。因此，监管信息模块必须实现以下的功能：收集国家核安全局组织的监督检查报告，核安全局年报，以及地区监督站的监督周报、监督月报、监督年报、重要情况通报、例行检查报告、非例行检查报告；发布国家核安全局的信息通告、监管建议和管理要求。

3.2.1 国家核安全局模块

国家核安全局发布的信息通告、监管建议、管理要求面向所有用户，因此可以在平台主页和监管信息模块的主页中做重点展示。按照国家核安全局制定的经验反馈信息收集和发布的相关规定，信息通告、监管建议、管理要求均须在国家核安全局批准后发布，而信息通告的时效性要求相对较高，因此设计了线上审批流程，即信息通告编制完成后，由审评技术支持单位相关人员（设置相关角色）发起发布流程，将相关报告发送给国家核安全局对口人（如项目官员，设置相关角色），由对口人负责组织相关审批工作，审批意见将返回技术支持单位以便进行后续操作。另外，由于监管建议和管理要求中提出的要求需要核电厂进行响应，平台设计了响应行动跟踪功能，以管理和跟踪要求的落实情况，针对该模块需要设计相关要求的录入功能。国家核安全局模块结构如图 3-1 所示。

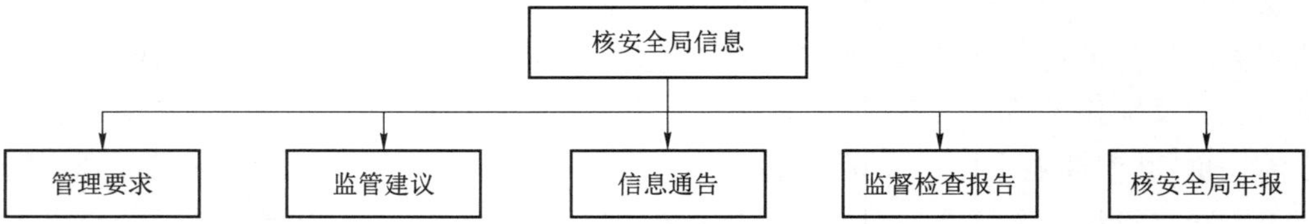

图 3-1 国家核安全局模块结构示意图

1）功能概述

该模块主要包含管理要求、监管建议、信息通告、监督检查报告、核安全局年报等信息的新建、查询、流程处理、行动跟踪。其他用户具有查询权限。管理要求、监管建议、信息通告、监督检查报告、核安全局年报表单设计参照国家核安全局相关公文规定样式设计。

2）管理要求、监管建议子模块

管理要求和监管建议子模块的数据需求类似，由于两者都需要核电厂进行响应，因此，均设有行动跟踪的流程，由于相关设计类似，现以管理要求为例进行介绍。

（1）数据设计

基本信息：

序号	字段名	备　注
1	年	4 位数字
2	文号	2 位数字
3	发布机关	字符串（数据字典）
4	生成日期	年月日

续表

序号	字段名	备　注
5	名称	字符串
6	主题词	多个字符串
7	核安全管理要求	字符串,可能有多条管理要求
8	附件	

管理要求列表：

序号	字段名	备　注
1	序号	2 位数字(系统自动生成)
2	要求编号	字符串(系统自动生成,方式为文号+CA+流水号)
3	状态	系统根据流程自动判断
4	责任单位	根据组织结构选取,可多选
5	要求完成时间	标准日历控件
6	要求描述	多个字符串
7	关闭日期	系统自动生成,输入时不可编辑
8	延期次数	系统自动生成,两位数字
9	编写人	取登录系统的用户名
10	日期	取服务器时间

(2) 流程设计

监管建议、管理要求以及监督检查所提出要求落实情况的跟踪流程类似,相关流程如图 3-2 所示：

现以管理要求跟踪流程为例介绍,流程主要分为以下四个步骤：

• 管理要求的填写:国家核安全局经验反馈用户在“管理要求——编写”页面输入管理要求；

• 管理要求的关闭申请:核电厂经验反馈用户在“管理要求——关闭申请”页面填写相关要求的关闭申请；

• 管理要求的关闭批准:国家核安全局经验反馈用户在“管理要求——关闭申请”页面批准相关要求的关闭申请；

• 管理要求的延期申请:核电厂经验反馈用户在“管理要求——延期申请”页面填写相关要求的延期申请；

• 管理要求的延期批准:国家核安全局经验反馈用户在“管理要求——延期申请”页面批准相关要求的延期。

备注说明：

• 暂时不考虑管理要求的变更。

• 不考虑管理要求的取消。取消通过直接关闭实现。关闭状态分为“完成关闭”“未完

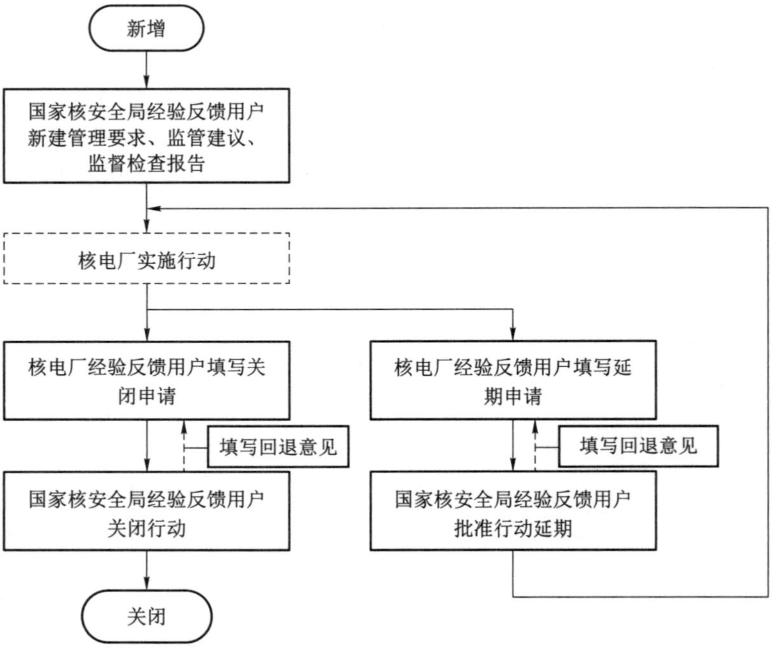

图 3-2　国家核安全局监管要求跟踪流程示意图

成关闭”。

• 对于已处于跟踪状态的长期执行的管理要求，核电厂经验反馈用户可在任何时候上传中间过程资料。在管理要求关闭申请表单内设计“提交中间过程资料”按钮，点击该按钮后，中间过程资料上传到数据库中。

• 国家核安全局经验反馈用户具有对其发起的管理要求“取消已经开始跟踪的管理要求”“直接关闭正在跟踪的管理要求”的功能。

3）信息通告子模块

（1）数据设计

序号	字段名	备　注
1	年	4 位数字
2	序号	2 位数字
3	主题	字符串
4	发布日期	年月日
5	接受者	字符串，与营运单位名称共用数据字典
6	概要	字符串
7	审核意见	字符串
8	附件	

（2）流程设计

信息通告的数量较多，为了增强发布的时效性，在进行纸板文件审批的同时，设置了线上审批的流程。信息通告的审批流程如图 3-3 所示。

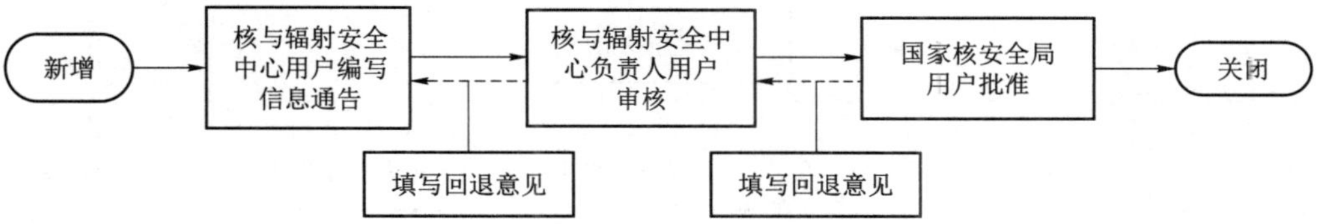

图 3-3 信息通告线上审批流程示意图

4）监督检查报告子模块

（1）数据设计

序号	字段名	备　注
1	年	4位数字
2	主题	字符串
3	监督/检查日期	年月日
4	受监督检查单位	字符串，与营运单位名称共用数据字典
5	附件	

（2）流程设计

监督检查中提出要求的落实情况同样需要进行跟踪，相关流程设计与管理要求类似，不再赘述。

5）核安全局年报

（1）数据设计

序号	字段名	备　注
1	年	4位数字
2	发布日期	年月日
3	主题	字符串
4	附件	

（2）输出设计

按年、主题作为查询条件，输出查询结果。

3.2.2 地区监督站模块

1）功能概述

该模块下包含监督周报、监督月报、重要情况通报、例行检查报告、非例行检查报告的新建、查询、行动跟踪。地区监督站模块结构如图3-4所示。

地区监督站具有上述信息的新建、查询和行动跟踪的权限。国家核安全局用户、核与辐射安全中心用户具有上述所有信息的查询权限。监督周报、监督月报以及重要情况通报属于核安全监管部门的内部文件，因此核电厂用户只具有例行检查报告和非例行检查报告

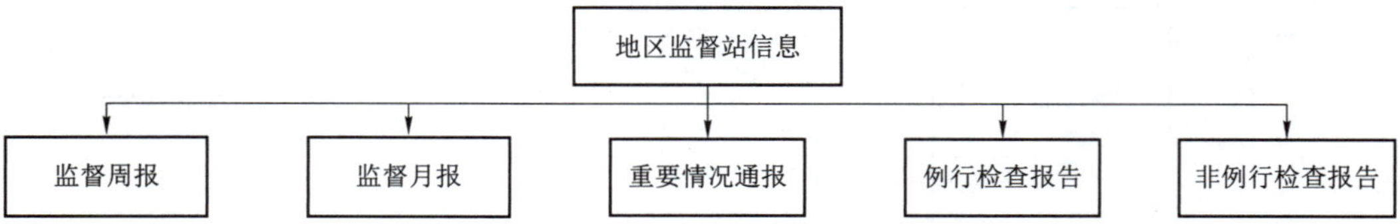

图 3-4　地区监督站模块结构示意图

的查询权限。

表单设计采取了尽量与实际文件格式一致的原则，目前，国内地区监督站周报的格式已经统一，该模块的具体设计依据了周报的标准格式。同时表单相关字段的设计考虑了查询和报送信息监测功能的需要。例行检查报告、非例行检查报告相关要求的跟踪流程设计与管理要求类似，在此不再赘述。

2）监督周报子模块

根据地区监督站监督周报标准格式和内容，监督周报的表单需设计为监督周报综述（如图 3-5）、机组监督报告两个页面（如图 3-6）。监督周报综述页面包括的字段有：报告编号、报告周期起始日期、报告周期截止日期、监督站的名称、周报的编审批信息、上传人信息、综述、运行核电机组的情况、在建核电机组的情况以及其他信息，同时在此页面设置有上传附件和预览功能。机组监督报告页面用于各机组情况的上传，具体包括的信息有：机组的运行情况、事件、异常及其处理情况、重要试验、维修、在役检查活动、监督活动、大修进展。为了实现按机组分别录入信息，设计了“新增机组”按钮，可通过该按钮显示出所有运行机组列表，从中选择出相关电厂进行录入，如发现操作有误，可以通过“删除机组”按钮，删除相应电厂的录入信息，运行机组的列表系统管理员可以从数据字典中定义添加。具体设计如图所示。输出要求为可以按年、周、监督单位名称、事件、异常及其处理情况作为查询条件，输出查询结果。

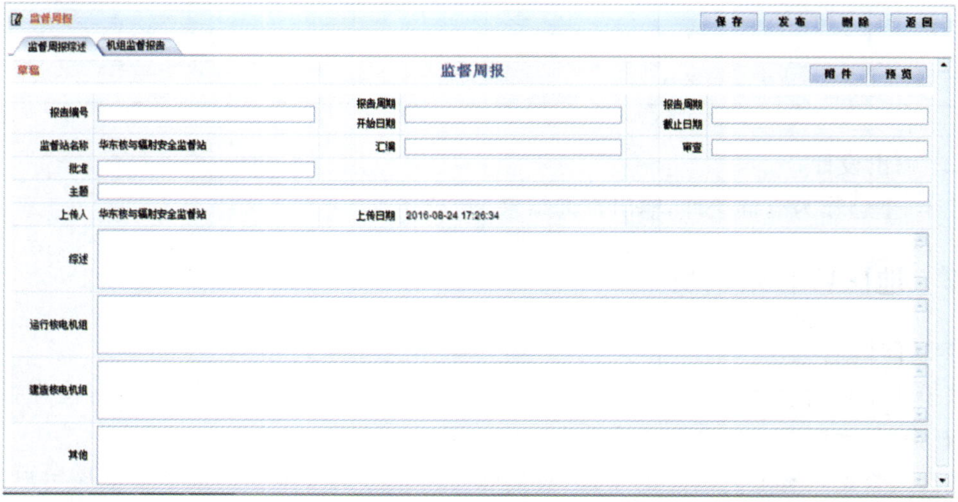

图 3-5　监督周报综述页面

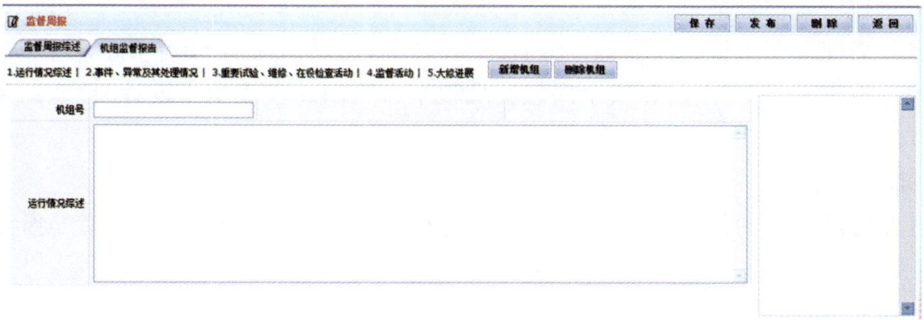

图 3-6　监督周报机组监督报告页面

3）监督月报子模块

（1）数据设计

序号	字段名	备　　注
1	年	4 位数字
2	月	2 位数字
3	主题	字符串
4	受监督核电厂	字符串（数据字典）
5	编号	2 位数字
6	编写人	字符串
7	监督月报上传日期	年月日
8	附件	

（2）输出设计

按年、月、监督单位名称作为查询条件，输出查询结果。

4）重要情况通报、例行检查报告、非例行检查报告子模块

（1）数据设计

序号	字段名	备　　注
1	年	4 位数字
2	文号	2 位数字
3	监督单位名称	字符串（数据字典）
4	营运单位名称	字符串（数据字典）
5	主题	字符串
6	检查开始日期	年月日
7	检查结束日期	年月日
8	附件	
9	机组号	字符串

其中单独设置检查结束日期是为了信息报送及时性监测之用，根据《运行核电厂经验反馈信息收集和发布工作程序》，地区监督站需在检查活动结束后30个工作日内将例行和非例行检查报告上传至"国家核安全局经验反馈平台"，因此在表单中设计"检查结束日期"的字段。

(2) 流程设计

地区监督站发起的例行检查报告和非例行检查报告中相关要求的跟踪流程如图3-7所示。

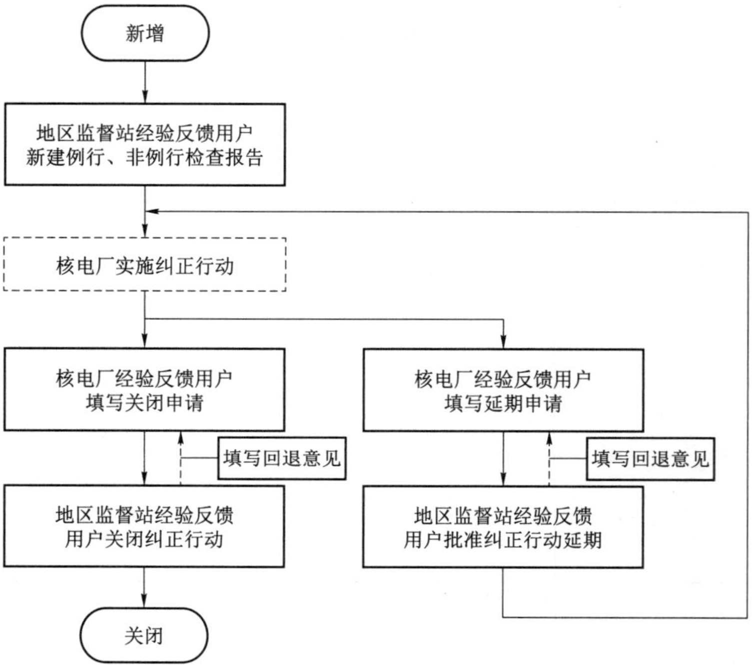

图3-7 例行检查报告和非例行检查相关要求跟踪流程示意图

本流程主要分为以下四个步骤：

• 监督检查相关要求填写：地区监督站经验反馈用户在"例行检查报告——编写"页面、"非例行检查报告——编写"页面输入监督检查相关要求；

• 监督检查相关要求的关闭申请：核电厂经验反馈用户在"例行检查报告——关闭申请"页面、"非例行检查报告——关闭申请"页面填写监督检查相关要求的关闭申请；

• 监督检查相关要求的关闭批准：国家核安全局经验反馈用户在"例行检查报告——关闭申请"页面、"非例行检查报告——关闭申请"页面批准监督检查相关要求的关闭申请；

• 监督检查相关要求的延期申请：核电厂经验反馈用户在"例行检查报告——延期申请"页面、"非例行检查报告——延期申请"页面填写监督检查相关要求的延期申请；

• 监督检查相关要求的延期批准：国家核安全局经验反馈用户在"例行检查报告——延期申请"页面、"非例行检查报告——延期申请"页面批准监督检查相关要求的延期。

3.3　经验反馈信息模块

经验反馈信息模块包含事件、核电厂报告和其他经验反馈信息三大模块，内容涵盖了由核电厂、核与辐射安全中心提供的可能用于经验反馈的各类信息和成果。经验反馈信息模块结构如图 3-8 所示。

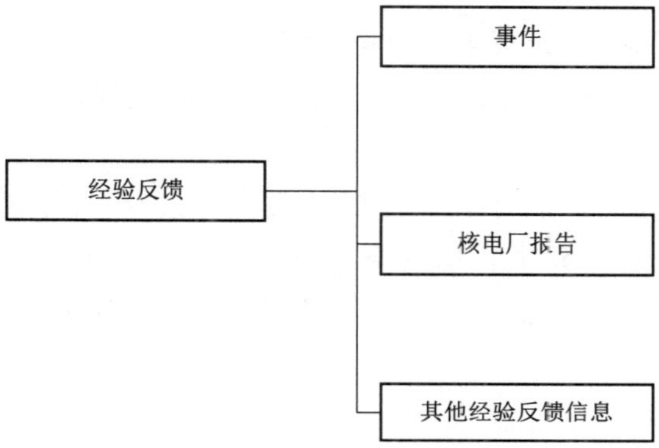

图 3-8　经验反馈信息模块结构示意图

3.3.1　事件模块

1）功能概述

事件的功能包括运行事件通告、运行事件报告、内部事件报告、内部事件清单、国外事件的填报、审核，统计报表、查询等功能。事件子模块结构如图 3-9 所示。

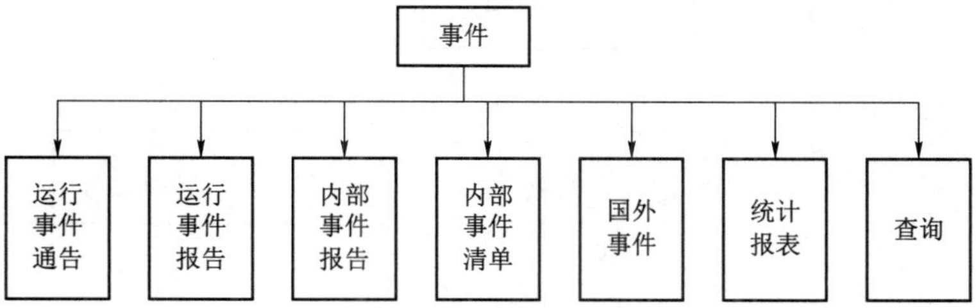

图 3-9　事件子模块结构示意图

2）权限控制

该模块权限控制如下：

(1) 国家核安全局用户

具有查看运行事件通告、运行事件报告、内部事件报告、内部事件清单、国外事件的功能；查看运行事件纠正行动完成情况；批准核与辐射安全中心用户筛选的内部事件清单；统计报表功能；查询功能。

(2) 核与辐射安全中心用户

具有查看运行事件通告、运行事件报告、内部事件报告、内部事件清单、国外事件的功能;对运行事件报告的形式审核;新增运行事件纠正行动,查看纠正行动完成情况;筛选内部事件清单;统计报表功能;查询功能。根据监管部门经验反馈的不同需求,在运行事件的表单中设置了一些核与辐射安全中心用户可以填写的字段,包括事件后果分类,事件原因分类、纠正行动分类等。

(3) 核与辐射地区监督站用户

具有查看运行事件通告、运行事件报告、内部事件报告、内部事件清单、国外事件的功能;查看运行事件纠正行动完成情况;统计报表功能;查询功能。

(4) 核电厂用户

具有查看运行事件通告、运行事件报告、内部事件报告、内部事件清单、国外事件的功能;上传运行事件通告、运行事件报告;上传内部事件报告清单;根据国家核安全局经验反馈用户的要求上传内部事件报告;填写运行事件纠正行动及完成情况;统计报表功能;查询功能。

3) 运行事件子模块

(1) 运行事件通告、报告模块实现核电厂用户上报运行事件通告、报告功能。运行事件通告的表单设计遵循 HAF001/02/01 的规定。为了使运行事件报告与运行事件通告相关联,必须在以上传的运行事件通告基础上才能新建运行事件报告。

(2) 为了保证提交运行事件信息的完整性和规范性,也考虑到为电厂用户可能的误操作等提供回退机制,设置了运行事件报告形式审查的流程(如图 3-10),在电厂提交报告后,核与辐射安全中心将对报告进行形式审查,如发现问题会回退给电厂用户进行修改或补充。

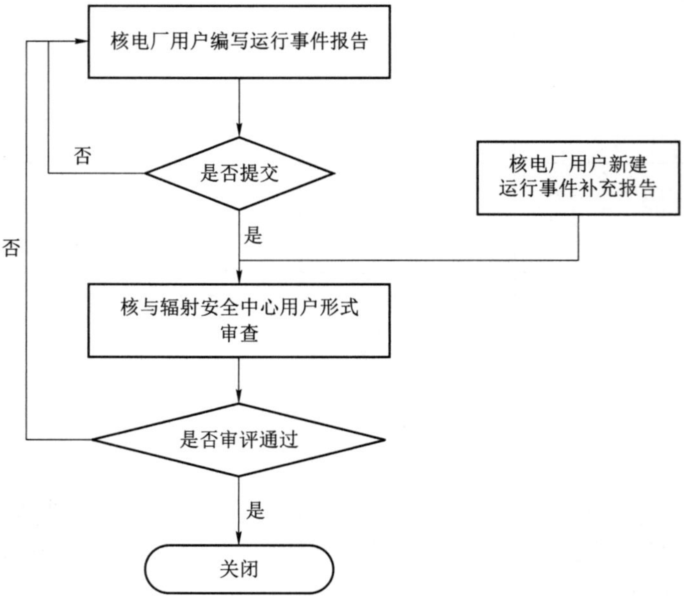

图 3-10 运行事件报告形式审查流程示意图

(3) 对于核电厂运行事件纠正行动跟踪流程，核电厂经验反馈用户在运行事件报告"纠正行动列表表单——填写"页面填写运行事件报告的纠正行动，在运行事件补充报告"纠正行动列表表单——填写"页面填写运行事件补充报告的纠正行动。纠正行动输入完毕之后，自动填入到运行事件报告/补充报告正文 Tab 页中的纠正行动字段中。运行事件报告/补充报告正文纠正行动字段保留但不允许编辑，即使是在后台维护界面也不允许，否则可能导致不一致性。

(4) XML 导入、导出

运行事件 XML 文件导入新建功能实现核电厂以 XML 文件格式导入运行事件，以减轻核电厂填报运行事件的负担，避免填报中出现的错误。

运行事件 XML 文件导入新建功能包括运行事件通告 XML 导入和运行事件报告 XML 导入。该模块设计了"XML 导入"子菜单，核电厂在导入前需将本电厂的运行事件通告或报告按照规范导成 XML 文件。

运行事件通告 XML 导入规范定义如下所示：

序号	中文名称	标签定义
1	核电厂名称	NPP. NAME
2	厂名代码	NPP. CODE
3	机组号	UNIT. NO
4	统一机组号	IAEA. UNIT. NO
5	年度	YEAR
6	序号	SER. NO
7	事件通告编号	LOEN. NO
8	事件发生时间	EVENT. TIME
9	口头通告时间	ORAL. RPT. TIME
10	事件名称	EVENT. TITLE
11	报告准则	EVENT. CRITERIA
12	报告准则	EVENT. CRITERIA. NOTE
13	事件发生前机组状态	PRE. EVENT. STATUS
14	机组状态备注	PRE. EVENT. STATUS. NOTE
15	事件对运行的影响	EVENT. AFFECT
16	事件对运行的影响备注	EVENT. AFFECT. NOTE
17	事件发生前电功率水平	PRE. EVENT. POWER
18	事件发生前电功率水平	POST. EVENT. POWER
19	放射性后果	RP. RESULT
20	人员照射	HUMAN. EXPOSE
21	环境污染	ENV. POL
22	出现问题的系统设备	SSC

续表

序号	中文名称	标签定义
23	事件进展	EVENT. PROGRESS
24	是否紧急	URGENT
25	摘要	ABSTRACT

运行事件报告 XML 导入规范定义如下所示：

序号	中文名称	标签定义
1	核电厂名称	NPP. NAME
2	厂名代码	NPP. CODE
3	机组号	UNIT. NO
4	统一机组号	IAEA. UNIT. NO
5	年度	YEAR
6	序号	SER. NO
7	事件报告编号	LOER. NO
8	事件名称	EVENT. TITLE
9	事件通告编号	LOEN. NO
10	始发事件	INIT. EVENT
11	事件发生时间	EVENT. TIME
12	事件结束时间	EVENT. END. TIME
13	报告日期	RPT. DATE
14	报告人	RPTR. NAME
15	报告人职务	RPTR. POS
16	电话	PHONE. NO
17	报告准则	EVENT. CRITERIA
18	INES	INES
19	是否有补充报告	SUP. RPT
20	补充报告编号	SUR. RPT. NO
21	补充报告预定提交日期	SUR. RPT. SUBMIT. DATE
22	事件发生前机组状态	PRE. EVENT. STATUS
23	机组状态备注	PRE. EVENT. STATUS. NOTE
24	事件对运行的影响	EVENT. AFFECT
25	事件对运行的影响备注	EVENT. AFFECT. NOTE
26	事件发生前电功率水平	PRE. EVENT. POWER
27	事件发生前电功率水平	POST. EVENT. POWER
28	放射性后果	RP. RESULT
29	人员照射	HUMAN. EXPOSE

续表

序号	中文名称	标签定义
30	环境污染	ENV. POL
31	安全评定	SAFETY. ASSESS
32	报告摘要	ABSTRACT
33	事件描述	EVENT. DESCRIPTION
34	主要的失效	MAIN. FAULT
35	人员、程序、设备可用性	HU. PROCE. COMP. AVAILABILITY
36	冗余系统和设备的可用性	RUND. SYS. COMP. AVAILABILITY
37	事件直接原因	DIRECT. CAUSE
38	事件根本原因	ROOT. CAUSE
39	事件后果	EVENT. RESULT
40	事件分级	INES. DESCRIPTION
41	纠正行动	CA
42	经验教训	LL
43	结论	CONCLUSION
44	需要说明的其他问题	OTHER
45	参考资料	REF
46	附件清单	ATTACH
47	事件后果(编码)	RESULT. CODE
48	受影响的系统(编码)	SYS. CODE
49	受影响的部件(编码)	COMP. CODE
50	事件发生时电厂状态(编码)	STATUS. CODE
51	事件发生时的活动(编码)	ACTIVITY. CODE
52	班组(编码)	GROUP. CODE
53	直接原因(编码)	DC. CODE
54	根本原因(编码)	RC. CODE
55	原因因素(编码)	CC. CODE

运行事件 EXCEL 文件导出新建功能使用户能够以 EXCEL 文件格式导出运行事件，导出的运行事件直接输入到用户的系统中，减轻了信息录入的工作量，也避免了录入出错的可能。EXCEL 文件导出新建功能包括运行事件通告 EXCEL 导出和运行事件报告 EXCEL 导出。运行事件通告和报告 EXCEL 导出规范定义同导入规范定义。

4）内部事件子模块

内部事件清单模块可实现核电厂用户上报内部事件清单及摘要；核与辐射安全中心用户对内部事件清单的筛选，筛选出需要核电厂提交内部事件报告的内部事件，筛选结果报送国家核安全局审批；国家核安全局用户进行审批，并向核电厂发布要求报送相关内部事件的报告。流程控制如图 3-11。

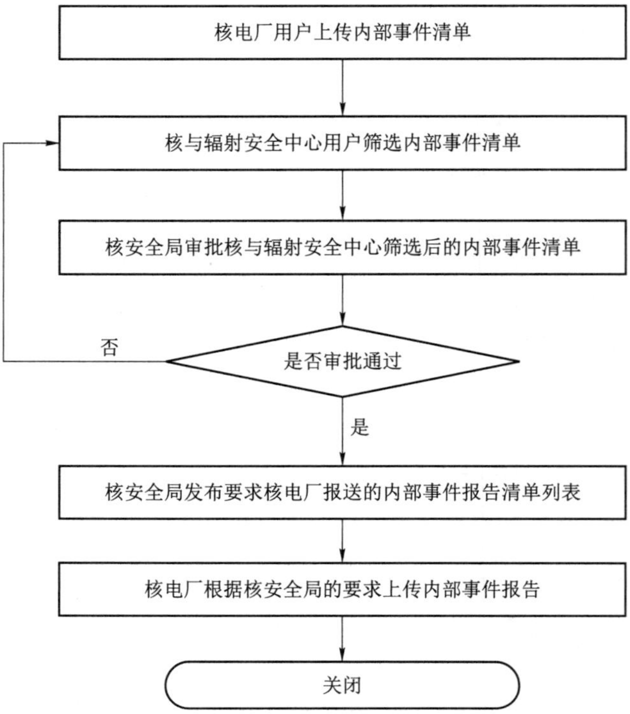

图 3-11 内部事件清单的筛选流程示意图

为了便于上传内部事件清单，设计有内部事件清单模板文件，核电厂用户可下载该模板填写内部事件清单，完成后将 xml 文件直接导入平台。内部事件清单模板如下所示：

事件报告编号	事件名称	电厂名称	机组号	事件发生日期	事件简要描述

上传过程中，通过电厂名称和机组号自动匹配平台静态数据表格。如果发生不匹配的情况，则所有数据均不上传，由核与辐射安全中心和核电厂用户检查修改后再上传。

内部事件报告模块实现核电厂用户根据国家核安全局的要求上报内部事件报告功能。内部事件报告表单参考核电厂状态报告内部事件报告模板设计。核电厂在收到国家核安全局要求提交内部事件报告的内部事件清单后，上传内部事件报告，其中电厂名称、机组号、事件发生日期、事件报告编号、事件名称与内部事件清单对应字段自动关联。

5）国外事件子模块

国外事件模块实现所有平台用户均可新建国外事件报告功能、批量上传国外事件报告功能，因此同样设计了国外事件报告模板，可线下进行 xml 文件的填写，完成后直接导入平台。

6）统计报表功能

统计报表功能实现对运行事件信息的统计和生成统计报告的功能，包括运行事件报告数量统计、报告准则统计、INES分级统计、事件分类统计、生成统计分析报告五个功能。

其中,实现事件分类统计功能首先要将运行事件按需求进行分类,包括事件后果分类、事件原因分类、事件的纠正行动分类。其中按照事件后果分类包括:临界前自动停堆、临界后自动停堆、安注泵误启动、安全壳喷淋动作、设备不可用、安全功能降低、非控制排放和其他;按照事件原因分类包括:人员差错、安装质量、设备缺陷、设计不周、规程错误和其他;按照纠正行动分类包括:完善规程、设备维修改造、设计修改、经验反馈和人员培训。

核电厂用户只能统计各自核电厂的数据,国家核安全局、地区监督站、核与辐射安全中心可统计所有核电厂的数据,生成统计报告功能仅核与辐射安全中心可使用。核与辐射安全中心每年都要编制年度的核电厂运行事件总结报告,其中包含了大量的统计工作,通过自动生成统计报告功能,一键可实现所有统计数据的自动生成,可极大节省人力消耗,缩短统计时间,并提高了统计的准确性。

7)查询功能

查询功能实现用户查询运行事件通告、运行事件报告、内部事件报告、国外事件报告,内部事件清单的功能。

根据查询条件的复杂程度,查询功能分为一般查询、运行事件通告查询、运行事件报告查询、内部事件报告查询、国外事件报告查询、内部事件清单查询六种方式。

其中,运行事件通告查询细分为基本查询、专业查询两种方式;运行事件报告查询细分为基本查询、专业查询和编码查询三种方式;内部事件报告、国外事件报告查询细分为基本查询、编码查询两种方式;内部事件清单采用基本查询方式。

(1)一般查询

在事件报告一般查询模块中,用户可以通过电厂名和时间(年份)对运行事件、内部事件进行列表查询。用户进入一般查询页面,设计上方显示电厂名和时间(年份)等过滤查询选项,下方为运行事件和内部事件的Tab页,以及查询后结果的显示。一般查询的结果可以导出,导出事件报告列表为xls格式。

(2)运行事件通告查询

运行事件通告查询模块中,用户可以输入查询条件,对所关注的运行事件通告进行查询。查询条件分为基本查询、专业查询两大类。基本查询包括按照核电厂名称、机组号、事件发生事件,口头通告时间,事件名称等进行查询。专业查询包括按照报告准则、发生前机组状态、对运行的影响等进行检索和全文检索。用户确认查询条件后,进入运行事件通告查询的列表显示页面。在列表中显示的运行事件通告基本信息为:序号、运行事件通告编号、事件名称、事件发生日期、对应运行事件报告等。查询结果可以导出,导出当前页面的查询结果列表为xls格式。

(3)运行事件报告查询

运行事件报告查询模块中,用户可以输入查询条件,对所关注的运行事件报告进行查询。查询条件分为基本查询、专业查询和事件编码查询三大类。基本查询包括按照事件发生时间、事件报告的时间、核电厂名称、机组号、事件名称等进行查询。专业查询包括按照事件后果分类、事件原因分类、纠正行动分类、报告准则、事件发生前机组状态、事件对运行的影响、INES分级进行查询以及全文检索。事件编码查询是按照事件后果、电厂状态、电厂活动、班组代码、受影响的系统、受影响的部件、直接原因、根本原因的编码进行查询。用户确认查询条件后，进入运行事件报告查询的列表显示页面。在列表中显示的运行事件报告基本信息为：序号、事件报告编号、版本、事件名称、事件发生日期、INES分级、上传日期等。查询结果可以导出，导出当前页面的查询结果列表为xls格式。

(4) 内部事件报告查询

内部事件报告查询模块中，用户可以输入查询条件，对所关注的内部事件报告进行查询。查询条件分为基本查询、编码查询两大类。基本查询包括按照事件发生时间、报告提交时间、核电厂名称、机组号、事件名称等进行查询。事件编码查询模块的设计中，内部事件报告与运行事件报告共用一套事件编码，同样可以按照事件后果、电厂状态、电厂活动、班组代码、受影响的系统、受影响的部件、直接原因、根本原因等进行查询。用户确认查询条件后，进入内部事件报告查询的列表显示页面。在列表中显示的内部事件报告基本信息为：序号、内部事件报告编号、事件名称、事件发生日期、上传日期等。查询结果可以导出，导出当前页面的查询结果列表为xls格式。

(5) 国外事件报告查询

在国外事件查询模块中，用户可以输入查询条件，对所关注的国外事件报告进行查询。查询条件分为基本查询、编码查询两大类。基本查询包括按照事件发生时间、发布日期、核电厂名称、机组号、国家、反应堆堆型、事件名称等进行查询。编码查询包括按照事件发生前的电厂状态、故障/受影响的系统、故障/受影响的部件、原因、对运行的影响、事件的特征、故障和错误的本质、恢复行动的编码进行查询。用户确认查询条件后，进入国外事件报告查询的列表显示页面。在列表中显示的国外事件报告基本信息为：序号、事件报告编号、事件名称、事件发生日期等。查询结果可以导出，导出当前页面的查询结果列表为xls格式。

(6) 内部事件清单查询

内部事件清单的查询可以按照内部事件清单中的字段包括电厂名称、事件名称、事件发生时间、事件简要描述进行查询，同时，也可以按照内部事件清单处理的状态包括上传中、待筛选、待审批、未筛入、已批准、未批准进行查询，按照处理状态查询，既便于人员了解对事件清单的处理情况，也便于对筛选后结果的查询。查询结果可以导出，导出当前页面的查询结果列表为xls格式。

3.3.2 核电厂报告模块

1) 功能概述

核电厂报告模块实现运行阶段月度报告、年度报告、良好实践的新建、查询等功能。其结构图如图3-12所示。

国家核安全局用户、核与辐射安全中心用户、核与辐射地区监督站用户具有查看核电厂报告模块下所有子模块的权限。核电厂用户具有查看核电厂报告模块下所有子模块的权限，并且负责录入运行阶段月度报告、年度报告和良好实践。

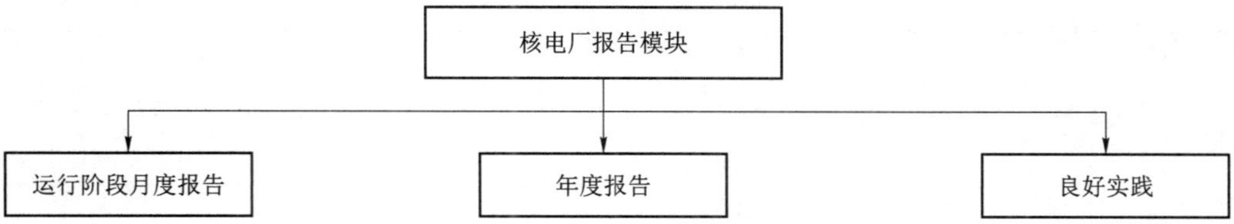

图 3-12　核电厂报告模块结构示意图

2）运行阶段月度报告子模块

运行阶段月度报告、年度报告的表单设计遵循 HAF001/02/01 的规定。其表单具体设计如下所示。

序号	字段名	备　注
1	年	4 位数字
2	月份	2 位数字
3	营运单位名称	字符串(数据字典)
4	核设施名称	字符串(数据字典)
5	报告递交日期	年月日
6	附件	

3）年度报告子模块

年报表单的具体设计如下所示。

序号	字段名	备　注
1	年	4 位数字
2	营运单位名称	字符串(数据字典)
3	核设施名称	字符串(数据字典)
4	报告递交日期	年月日
5	附件	

4）良好实践子模块

良好实践表单的具体设计如下所示。

序号	字段名	备　注
1	年	4 位数字
2	序号	2 位数字
3	营运单位名称	字符串(数据字典)
4	主题	字符串
5	递交日期	年月
6	适用反应堆堆型	字符串(数据字典)

续表

序号	字段名	备　注
7	电厂领域	字符串(数据字典)
8	关键字	字符串(数据字典)
9	附件	

3.3.3 其他经验反馈信息模块

1）功能概述

其他经验反馈信息模块实现初步安全分析报告评价报告、最终安全分析报告评价报告、十年定期安全审查报告评价报告、核电厂重要异常信息、安全重要物项修改、其他重要审评信息、经验反馈专题报告和综合报告、研究成果、国外经验反馈信息、经验反馈信息过滤会纪要的新建和查询功能。其他经验反馈信息模块结构如图 3-13 所示。

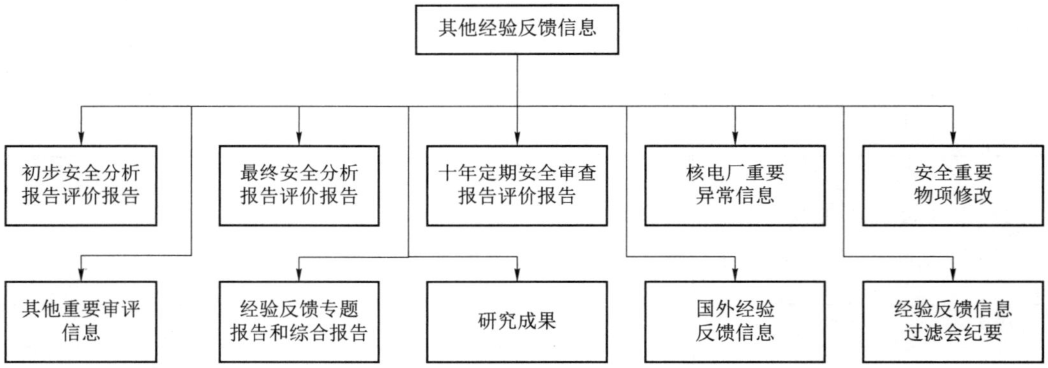

图 3-13　其他经验反馈信息模块结构示意图

国家核安全局用户、核与辐射地区监督站用户具有查看上述十个子模块的权限，核与辐射安全中心用户具有查看和录入十个子模块的权限。核电厂用户具有查看除其他重要审评信息、经验反馈信息过滤会纪要外的八个子模块的权限。

2）初步安全分析报告评价报告、最终安全分析报告评价报告、十年定期安全审查报告评价报告子模块

初步安全分析报告评价报告、最终安全分析报告评价报告、十年定期安全审查报告评价报告中会对电厂审查中发现的一些重点问题进行阐述，这些重点问题具有潜在的经验反馈价值，需要设计相关子模块，对相关内容进行收集。该子模块共用一个表单，设计如下。

序号	字段名	备　注
1	年	4 位数字
2	序号	2 位数字
3	核电厂名称	枚举，数据字典

续表

序号	字段名	备　注
4	标题	
5	报告类型	枚举： ➢ 初步安全分析报告评价报告 ➢ 最终安全分析报告评价报告 ➢ 十年定期安全审查报告评价报告
6	评价报告概要	
7	附件	

3）核电厂重要异常信息子模块

核电厂重要异常信息主要来源于定期的经验反馈过滤会筛选出的重要异常，每周会有新的更新，时效性较好。其表单所包含的字段如下所示。

序号	字段名	备　注
1	核电厂名称	
2	机组号	
3	异常发生日期	
4	异常信息编号	
5	异常信息名称	
6	描述	
7	原因	
8	后果	
9	纠正行动	
10	受影响的安全基石	枚举：7 个基石下拉菜单选择，名称可编辑
11	信息重要性判定	
12	编写人	
13	编写日期	
14	附件	

4）安全重要物项修改子模块

安全重要物项的修改内容一般是对现场缺陷的修正，或是对安全的进一步提升，具有潜在的经验反馈价值，为了使电厂的安全水平保持一致，能够在电厂之间分享改造相关的良好实践，设置了该模块来收集和发布改造的相关信息。考虑到电厂在改造方面的知识产权，本部分只对改造的背景和内容进行了简要的介绍，不包括具体的分析和详细的改造方案。核电厂安全重要物项修改表单如下：

序号	字段名
1	核电厂名称
2	机组号
3	安全重要物项修改名称
4	申请时间
5	批准时间
6	批准文号
7	附件

5）其他审评信息

其他审评信息主要涉及运行事件的评价意见，其表单设计如下：

序号	字段名
1	核电厂名称
2	机组号
3	事件名称
4	事件报告编号
5	报告审评意见
6	重要审评信息（附件）

6）经验反馈专题报告和综合报告子模块

经验反馈专题报告和综合报告是经验反馈的重要输出成果，核与辐射安全中心会定期发布上述报告，经验反馈专题报告和综合报告表单设计如下：

序号	字段名
1	报告名称
2	年度
3	发布时间

7）研究成果子模块

福岛核事故的经验教训之一就是需要注重追踪和利用最新科学研究成果，人类的认知不断进步，科学技术也在持续发展，利用最新研究成果发现电厂存在的潜在安全隐患和安全改进内容，并积极在行业内进行反馈，是提高电厂安全水平的重要手段之一，因此设计了研究成果模块，以便收集和发布相关信息，其表单设计如下：

序号	字段名
1	名称
2	发布时间
3	提交单位

续表

序号	字段名
4	附件

8）国外经验反馈信息子模块

国外经验反馈信息是指除国外运行事件之外的经验反馈相关信息，包括国际核安全组织发布的技术报告，双边和多边交流中的技术报告，国际会议的相关材料等。研究成果表单设计如下：

序号	字段名
1	名称
2	发布时间
3	发布组织
4	附件

9）经验反馈信息过滤会纪要子模块

定期召开的经验反馈信息过滤会是开展日常经验反馈工作的主要形式，在平台中设计经验反馈信息过滤会纪要子模块，是为了向相关与会单位和人员及时分发和共享会议讨论内容。经验反馈信息过滤会纪要子模块的表单设计如下：

序号	字段名
1	会议编号
2	会议时间
3	会议地点
4	参会人员
5	会议内容
6	编写人
7	编写日期
8	附件

3.4　行动跟踪模块

行动跟踪模块中设计了对运行事件纠正行动跟踪和监督检查结果管理及跟踪两项功能。完成对运行事件的分析、评价之后，必须严格落实纠正行动，只有在纠正行动完成之后，整个运行事件的处理才形成闭环。设计运行事件纠正行动跟踪功能的目的就是让相关方及时了解到纠正行动的落实情况，以确定事件处理满足要求。监督检查结果管理及跟踪功能主要用于对国家核安全局、地区监督站组织的各类检查中提出的整改要求，以及国家核安全局提出的经验反馈监管建议和管理要求落实情况的跟踪。上述涉及的信息量较大，需要有信息化的手段予以支持，因此设计了监督检查结果管理及跟踪系统，确保相关的整改要求和经验反馈提出的各项要求得以落实。

3.4.1 运行事件纠正行动模块

运行事件纠正行动模块可实现国家核安全局、地区监督站对核电厂采取的运行事件纠正行动进行跟踪和管理功能。国家核安全局、地区监督站用户具有查询、统计运行事件纠正行动及完成情况的权限，核与辐射安全中心用户具有增加运行事件纠正行动，查询、统计运行事件纠正行动及完成情况的权限。核电厂用户具有填报、查询、统计本核电厂运行事件纠正行动完成情况的权限。

运行事件纠正行动模块的主页被设计用于展示各电厂现有纠正行动实施状态的统计数据，运行事件纠正行动在核电厂向平台报送运行事件报告时已经录入。运行事件纠正行动模块操作包括4项内容：填写完成情况、新增纠正行动、事件纠正行动查询，事件纠正行动统计。核电厂用户负责填写完成情况。核与辐射安全中心用户可以执行新增纠正行动的操作。查询功能可以实现按照如下数据项进行查询。

编号	数据项	是否可为空	描述
1	运行事件报告编号	是	
2	运行事件报告名称	是	
3	行动描述	是	
4	责任单位	是	下拉框
5	跟踪状态	是	完成关闭、未完成关闭、延期
6	计划完成时间	是	
7	厂内开始日期	是	时间段
8	厂内关闭日期	是	时间段
9	关闭日期	是	时间段

符合查询条件的纠正行动的相关信息将以下表的形式显示：

序号	行动编号	行动描述	计划完成时间	责任单位	跟踪状态	厂内开始日期	厂内关闭日期	关闭日期	延期次数

纠正行动的统计功能可以从责任单位、跟踪来源和状态角度进行统计。责任单位为各核电厂，跟踪来源分为运行事件报告、运行事件补充报告。状态分为完成关闭，未完成和延期。按照上述条件进行统计后将显示出统计的数量，通过统计便于对电厂纠正行动的落实情况进行总体把握，同时符合统计条件的具体纠正行动的相关信息也将以列表的形式显示。

3.4.2　监督检查结果管理及跟踪模块

监督检查结果管理及跟踪模块是填报、查询、统计核电厂监督检查整改要求和经验反馈行动完成情况的模块。国家核安全局、地区监督站、核与辐射安全中心用户具有查询、统计核电厂监督检查整改要求和经验反馈行动完成情况的权限，核电厂用户具有填报、查询、统计本核电厂监督检查整改要求和经验反馈行动完成情况的权限。

监督检查结果管理及跟踪模块的主页被设计用于展示各电厂现有监督检查整改要求和经验反馈行动状态的统计数据。监督检查整改要求和经验反馈行动在报送监督检查报告、例行检查报告、非例行检查报告、监管建议和管理要求时已经录入。监督检查结果管理及跟踪模块操作包括三项内容：填写完成情况、监督检查结果查询、监督检查结果统计，其中核电厂用户负责填写完成情况。查询功能可以实现按照如下数据项进行查询：

编号	数据项	是否可为空	描　　述
1	查询范围	是	默认为全部，单选，枚举："全部、监管建议、管理要求、监督检查报告、例行检查报告、非例行检查报告"
2	年度	是	
3	要求描述	是	
4	责任单位	是	数据字典，下拉框
5	地区监督站	是	仅在查询范围为"监督检查报告、例行检查报告、非例行检查报告"之一时出现本条件
6	跟踪状态	是	枚举："完成关闭、未完成关闭、延期"
7	要求完成时间	是	
8	关闭时间	是	
9	关闭日期		
10	延期次数		

符合查询条件的纠正行动的相关信息将以下表的形式显示：

序号	要求编号	要求描述	要求完成时间	责任单位	跟踪状态	关闭日期	延期次数

核电厂监督检查整改要求或经验反馈行动的统计功能可以从责任单位、跟踪来源和状态角度进行统计。责任单位为各核电厂，跟踪来源分为监督检查报告、例行检查报告、非例行检查报告、监管建议和管理要求。状态分为完成关闭，未完成和延期。按照上述条件进行统计后将显示出统计的数量，通过统计便于对电厂对监督检查整改要求或经验反馈行动的落实情况进行总体把握，同时符合统计条件的具体监督检查整改要求或经验反馈行动的相关信息也将以列表的形式显示。

3.5 安全状态评价模块

安全状态评价模块集成了三个系统用于分析、计算用于评判电厂安全状态的相关数据，分别为运行安全性能指标系统、核电厂异常重要性判定系统、趋势分析系统。

3.5.1 核电厂运行安全性能指标系统

核电厂运行安全性能指标系统与经验反馈平台的集成采用了链接的方式，登录平台的用户可以通过链接直接访问运行安全性能指标系统的首页，并可通过该首页查询各机组的安全性能指标数据。但对上传、计算运行性能指标数据等权限仍需额外控制，权限分配功能由运行安全性能指标系统完成。

3.5.2 核电厂异常重要性判定(SDP)系统

核电厂异常重要性判定系统是评价核电厂异常安全重要性的分析工具。目前，国家核安全局、地区监督站、核与辐射安全中心用户可以使用该系统，用户权限控制由经验反馈平台完成，核电厂异常重要性判定系统不设计用户权限控制功能。同时，采用了建立中间数据库的方法进行数据传输，经验反馈平台中的相关数据可以传送到中间数据库，核电厂异常重要性判定系统从中间数据库直接读取数据进行计算，此设计减少了信息的录入环节，极大方便了用户的使用。通过平台对权限的统一管理和中间数据库设计，实现了经验反馈平台与核电厂异常重要性判定系统的深度集成和融合。另外，该系统除可对经验反馈平台中的相关异常进行分析计算外，也可以作为一个独立的工具进行使用，用户从经验反馈平台直接进入该系统，输入需要计算的数据进行计算，使用非常灵活，简便。

经验反馈平台上该系统的设计包括 4 个部分：SDP 系统入口、SDP 报告的查询和上传、异常筛选、已筛选异常的查询。

SDP 系统入口为进入 SDP 系统提供了链接，用户可以点击进入，直接使用 SDP 系统。异常筛选功能可实现对平台中的运行事件、内部事件、核电厂重要异常信息进行筛选，选择是否需要进行 SDP 计算，筛选进来的异常的相关信息可以直接导入 SDP 系统的相应字段，进行后续的计算。已筛选异常的查询可便于用户对已经筛选进来进行 SDP 计算的异常(包括运行事件、内部事件、核电厂重要异常信息)的查询。SDP 报告的查询和上传功能用于查询和上传计算后得到的 SDP 报告。每个用户使用 SDP 系统计算后的结果仅仅保存在 SDP 系统自己的账户中，上传平台需要线下进行审核，审核通过的报告作为正式报告上传平台，相关报告会与异常相关联，例如对平台中的一起运行事件进行 SDP 计算，正式的计算报告会上传到运行事件报告页面，这样用户在查阅该运行事件报告时，也可以查看到针对此事件的 SDP 计算结果。

3.5.3 趋势分析系统

目前，趋势分析系统主要用于为核与辐射安全中心用户提供运行事件趋势分析工具。

通过对运行事件的趋势进行分析，及早发现核电厂在核安全方面存在的劣化趋势，为国家核安全局监管提供建议。该系统分为三个子模块，即事件数量趋势图子模块、常规控制图子模块、累积和控制图子模块。国家核安全局、地区监督站、核与辐射安全中心用户具有使用趋势分析系统的权限，核电厂用户具有使用该系统进行本核电厂运行事件趋势分析的权限。

1）事件数量趋势图

事件数量趋势图的示例如图 3-14 所示。

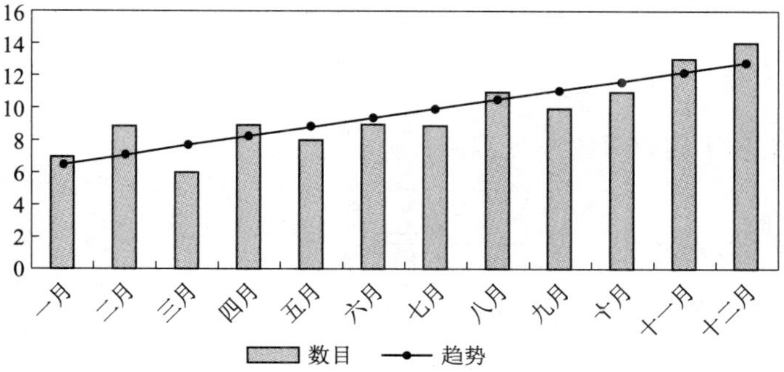

图 3-14　事件数量趋势图示例

用户可以通过电厂名、机组号和时间(年份)对运行事件数量绘制趋势图。其中，横轴的选择范围为××年至××年，以月为单位。纵轴由用户选择需趋势分析的项目，包括运行事件报告准则、事件后果(编码)、电厂状态(编码)、电厂活动(编码)、班组代码(编码)、受影响的系统(编码)、受影响的部件(编码)、直接原因(编码)、根本原因(编码)。用户可以多选。柱状图的高度代表符合用户选择条件的运行事件发生时间按月分组的数量。

上图中的斜线是根据最小二乘法拟合出的直线。其中，直线方程为 $y=a+bt$。其中，示例图中 t 取值为 1～12。

计算公式为：

$$a=\frac{\sum y}{n}-\frac{b\times\sum t}{n}$$

$$b=\frac{n\sum ty-\sum t\sum y}{n\sum t^2-\left(\sum t\right)^2}$$

式中：n 为月数，在上例中为 12。y 为每月事件发生的数量。

2）常规控制图

常规控制图的示例如图 3-15 所示。

描述运行事件数量趋势的第二种形式是常规控制图。点的高度代表符合用户选择条件的运行事件发生时间按月分组的数量。

常规控制图中有三条控制界限，即平均值线(CL)、上限界限(UCL)和下限界限(LCL)。其中，平均值线计算公式为 $\overline{x}=\frac{\sum x}{n}$。$x$ 为每个点的数值，n 为样本大小。

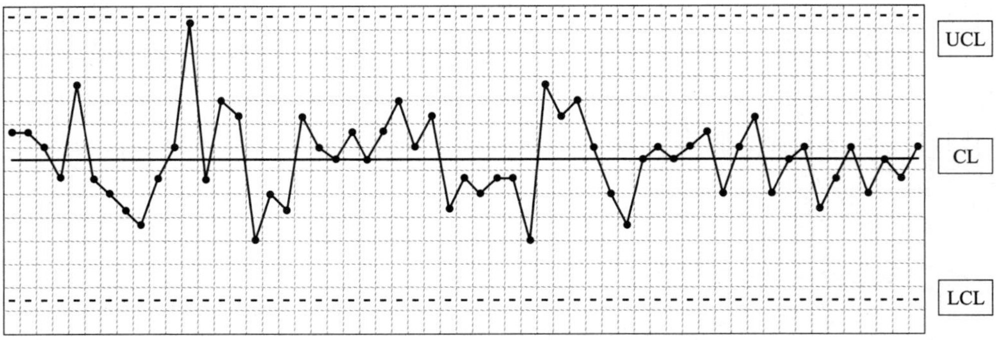

图 3-15 常规控制图示例

计算上限界限和下限界限需要计算标准差。

标准偏差计算公式：$\sigma = \sqrt{\dfrac{n\sum x^2 - \left(\sum x\right)^2}{n(n-1)}}$

式中：x 为每个点的数值，n 为样本大小。

上限界限计算公式：$UCL = \overline{x} + \gamma \times \sigma$

下限界限计算公式：$LCL = \overline{x} - \gamma \times \sigma$

γ 可由用户调整，默认为 3。下限界线不可为负数。

3）累积和控制图

累积和控制图的示例如图 3-16 所示。

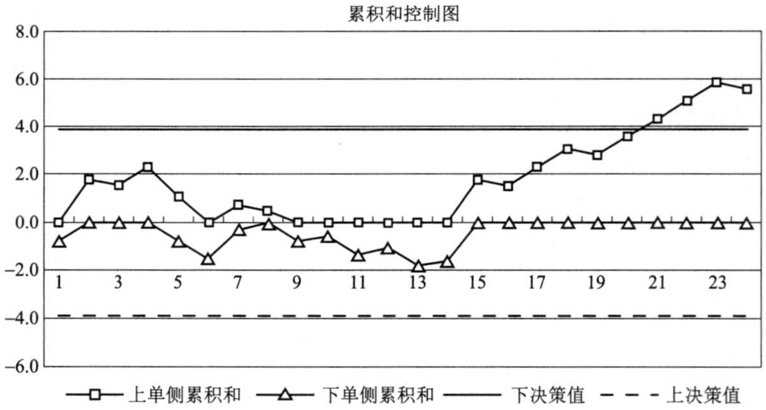

图 3-16 累积和控制图示例

描述运行事件数量趋势的第三种形式是累积和控制图。根据符合用户选择条件的运行事件发生时间按月分组的数量计算上图中的上单侧累积和和下单侧累积和参数。

计算步骤如下：

(1) 用户首先需设置标准化参数 h、f。默认值 $h=4$，$f=0.25$。用户可自行修改。

(2) 计算平均值。公式为 $\overline{x} = \dfrac{\sum x}{n}$。$x$ 为每个点的数值，n 为样本大小。对其进行四

舍五入取整后得到 T。

(3) 计算标准偏差：$\sigma_e = \frac{8}{9} \times \frac{\sum_{i=1}^{N} |x_{i+1} - x_i|}{N-1}$

(4) $F = f \times \sigma_e$，$H = h \times \sigma_e$

(5) $K_1 = T + F, K_2 = T - F$

(6) 上单侧累积和：$C_i^+ = \mathrm{Max}\{0, X_i - K_1 + C_{i-1}^+\}$

(7) 下单侧累积和：$C_i^- = \mathrm{Min}\{0, X_i - K_2 + C_{i-1}^-\}$

将计算得到的上单侧累积和和下单侧累积和绘制在图 3-16 中。

图 3-16 中的上决策值和下决策值为 H 和 $-H$ 两根水平线。

3.6　培训与交流模块

培训与交流模块实现用户新建、删除、修改、查询、浏览培训计划、培训教材、会议和专题研讨相关资料。培训和交流模块结构见图 3-17 所示。

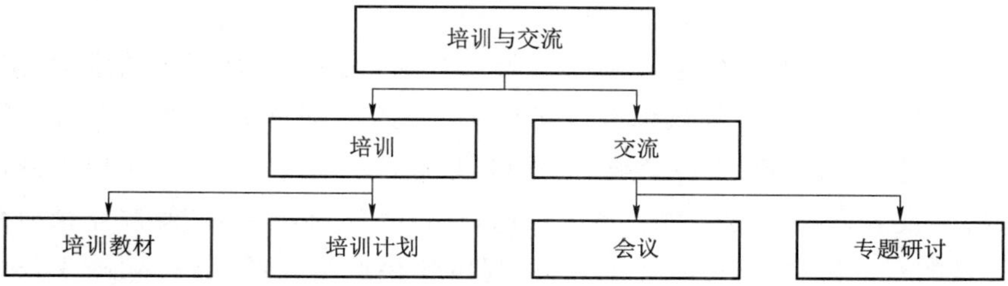

图 3-17　培训和交流模块结构示意图

所有用户均具有查看培训教材、培训计划、会议材料、专题研讨材料的权限。核与辐射安全中心用户具有查看新增、删除、修改培训教材、培训计划、会议材料、专题研讨材料的权限。

3.7　经验反馈有效性评价模块

经验反馈有效性评价模块主要实现新建、删除、修改、查询、浏览自评估报告和最终评估报告的功能。经验反馈有效性评价模块结构如图 3-18 所示。

国家核安全局用户、核与辐射安全中心用户、核与辐射地区监督站用户、核电厂用户具有新建、删除、修改本单位自评估报告和查看其他单位自评估报告及最终评估报告权限。

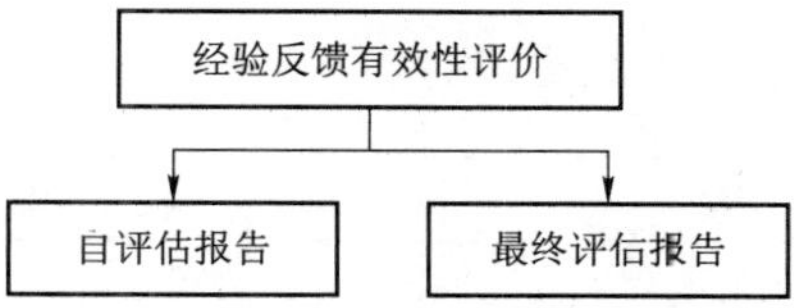

图 3-18　经验反馈有效性评价模块结构示意图

3.8 经验反馈文件模块

经验反馈文件模块主要实现新建、删除、修改、查看国家核安全局经验反馈体系文件和国内外经验反馈相关法规、导则、标准和技术文件的功能。所有用户均具有查看经验反馈文件的权限。核与辐射安全中心用户还具有录入、删除、修改等权限。

3.9 专家库模块

专家库模块主要实现新建、删除、修改、查看专家信息的功能。国家核安全局用户、核与辐射安全中心用户具有录入、删除、修改、查看专家信息的权限。核与辐射地区监督站用户、核电厂用户具有查看专家信息的权限。专家信息表格样式参照标准信息登记表样式设计。专家身份证号与专家出生日期、性别进行互相校验。

3.10 系统设置模块

设计系统设置模块是为了便于系统管理员进行日志管理、基础数据维护、定义用户角色及权限等操作,同时为用户提供修改登录口令的功能。该模块具体包括日志管理、静态数据维护、电厂机组设置、WANO代码、国外机组、地区监督站_核电厂对应关系设置、组织机构设置、用户设置、系统功能设置、系统权限设置、系统维护通知、修改登录口令等功能。为了避免平台的安全性、可靠性等受到影响,规定使用此模块的用户(除修改登录口令)只能是系统管理员用户,其他用户则是禁用的。

3.10.1 日志管理模块

日志管理模块仅限于系统管理员使用。系统管理员只可查询、导出日志记录,日志记录不可以删除、修改、增加。

1) 日志信息管理

日志是用于记录系统内所有用户的登录和登出时间,同时记录系统管理员对用户角色和用户的编辑操作,以及记录业务数据的修改和删除操作的功能。

2) 设计要求

(1) 数据设计

序号	字段名	备　注
1	登录日期	日期(yyyy-mm-dd)
2	登录时间	时间(hh:mm:ss)小时采用24位小时格式
3	登出日期	日期(yyyy-mm-dd)
4	登出时间	时间(hh:mm:ss)小时采用24位小时格式

续表

序号	字段名	备　注
5	（登录/登出）用户名	字符串
6	用户组织机构	来自系统设置——用户角色数据字典
7	操作日期	日期（yyyy-mm-dd）
8	操作时间	时间（hh:mm:ss）小时采用24位小时格式
9	操作用户名	字符串
10	被操作用户名	字符串
11	操作类型	枚举:新增角色;删除角色;修改角色;新增用户;删除用户
12	角色名	字符串

（2）输出设计

任何用户登录系统时均生成以下日志条目：

登录日期	登录时间	用户组织机构	用户名	登录系统

任何用户退出系统时均生成以下日志条目：

登出日期	登出时间	用户组织机构	用户名	退出系统

系统管理员操作“系统设置>>系统权限设置”时生成以下日志条目：

操作日期	操作时间	操作用户名	操作类型	角色名

操作类型包括:新增角色、删除角色、修改角色。

系统管理员操作“系统设置>>用户设置”时生成以下日志条目：

操作日期	操作时间	操作用户名	操作类型	用户组织机构	被操作用户名

操作类型包括:添加人员、删除人员、设置角色。

业务数据一旦录入平台，只有系统管理员能够修改或删除，为了保护数据，除非必要不会对数据修改和删除，日志功能中也设置了记录修改和删除业务数据操作的功能。

（3）查询/统计要求

按登录日期、操作日期、操作用户名、用户组织机构、操作类型作为组合查询条件，输出查询结果。可以按时间段统计某时间段内登录系统的人数。

3.10.2 基础数据维护模块

设置基础数据的主要目的是为了减少用户的输入工作量，提高其准确性，对某些特定数据值和大量重复性的输入项设置数据字典，在数据录入过程中实现字典联想功能。基础数据维护包括静态数据维护、电厂机组设置、监督站监督机组设置、WANO代码四个部分。

静态数据为系统中常用的比较稳定的数据项，可以设计成数据字典，规范录入内容并降低输入的工作量。电厂机组设置可以将新投运机组添加到平台上，输入信息有误时允许删除机组信息。监督站监督机组设置是设置各监督站所负责监督的核电机组，在此处定义后在填报周报时，所负责的机组标签会自动列出，便于填写。WANO 代码不断会推出新的版本，因此设置了 WANO 代码设置功能，系统管理员即可根据新版本 WANO 代码完成平台中的 WANO 代码的更新。

3.10.3　用户与权限设置模块

平台用户设置由系统管理员完成。用户设置的主要功能是实现组织机构的增加和修改、删除功能，以及实现用户的增加、修改和删除功能。用户权限设置也由系统管理员完成。权限设置的主要功能是实现基于菜单来设置用户访问权限。系统管理员可以灵活配置各类用户角色能够访问的菜单、子菜单的权限，如图 3-19 所示。角色的设置是固化，但可以通过后台进行修改，增加或者删除。此外，每个角色可以灵活配置“复制、打印、附件下载功能”或只有“查询功能”的不同权限。

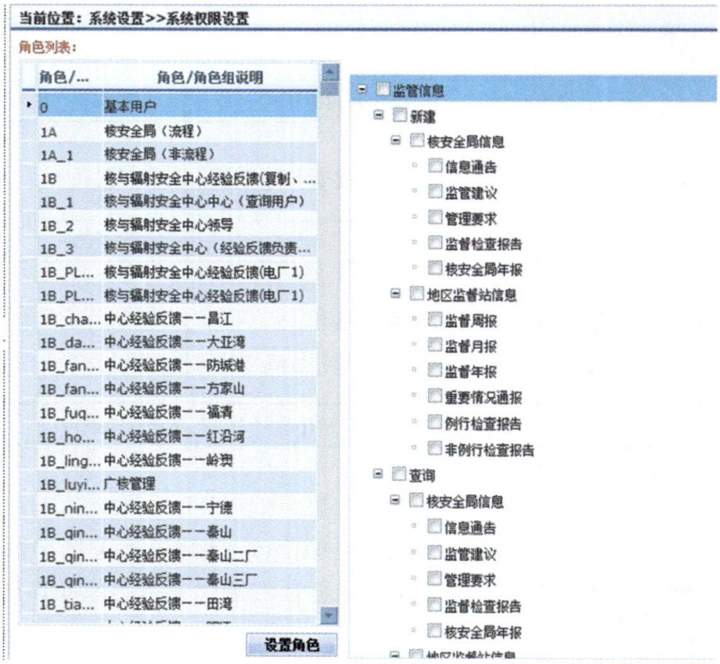

图 3-19　用户权限设置模块

3.10.4　修改登录口令模块

修改登录口令功能面向所有的用户，用户可以自行修改登录的密码，同时为保证平台的安全性，也要求用户定期修改密码。

3.11　定制信息推送功能

定制信息推送功能实现用户对感兴趣的信息的自行设置或修改相关设置，将定制信息的更新消息推送到用户邮箱。推送的信息包括：信息通告、监管建议、管理要求、运行事件通告、运行事件报告、核电厂重要异常信息、经验反馈专题报告和综合报告。

1）信息通告、监管建议、管理要求设置

信息通告、监管建议、管理要求为强制推送的信息，不需要设置用户选择页面，由系统自动设置推送到用户邮箱。

2）运行事件通告设置

运行事件通告设置表单如下：

序号	项　　目	内　　容
1	定制运行事件通告	是/否
2	定制推送频率	每天/每周/每月
3	定制所有数据	是/否
4	运行事件通告信息筛选	
	核电厂	运行核电厂(可多选，下同)
	报告准则	运行事件报告制度
	对运行的影响	失去热阱、无明显影响、推迟并网、中断运行、降低功率、紧急停堆、汽机跳闸、热停堆、冷停堆、蒸汽发生器失去给水

如在页面上选择定制运行事件通告字段的“否”，页面下面的字段不可选；如果选择定制所有数据的“是”，维度筛选字段不可选。核电厂字段与报告准则、对运行的影响字段为“与”的关系；报告准则、对运行的影响字段之间为“或”的关系。其他可定制信息筛选设计思路类同。

3）运行事件报告设置

运行事件报告设置表单如下：

序号	项　　目	内　　容
1	定制运行事件报告	是/否
2	定制推送频率	每天/每周/每月
3	定制所有数据	是/否
4	运行事件报告信息筛选	

续表

序号	项　目	内　容
	核电厂	运行核电厂(可多选,下同)
	报告准则	运行事件报告制度
	对运行的影响	失去热阱、无明显影响、推迟并网、中断运行、降低功率、紧急停堆、汽机跳闸、热停堆、冷停堆、蒸汽发生器失去给水
	事件后果分类	临界前自动停堆、临界后自动停堆、安注泵误启动、安全壳喷淋动作、设备不可用、安全功能降低、非控制释放、其他
	事件原因分类	人员差错、安全质量、设备缺陷、设计不周、规程错误、其他
5	WANO 编码	
	事件后果	WANO 编码已经在数据字典中定义,可从下拉菜单中选择
	受影响的系统	
	受影响的部件	
	根本原因	
	直接原因	

4) 核电厂重要异常信息设置

核电厂重要异常信息设置表单如下:

序号	项　目	内　容
1	定制核电厂重要异常信息	是/否
2	定制推送频率	每天/每周/每月
3	定制所有数据	是/否
4	核电厂重要异常信息筛选	
	核电厂	运行核电厂(可多选,下同)
	堆型	运行机组采用的堆型
	事件原因	人员差错、安全质量、设备缺陷、设计不周、规程错误、其他
	受影响的系统	反应堆冷却剂系统、一回路辅助系统、专设安全设施、厂用电系统、二回路设备系统、棒的控制和仪器仪表、中子监测系统、一回路控制和仪器仪表、二回路控制和仪器仪表、反应堆保护系统、核电厂压缩空气系统、冷却水系统、放射性废物管理系统、通风辐射监测系统、燃料装卸系统、厂用计算机(核电厂信号系统)

5）经验反馈专题报告和综合报告设置

经验反馈专题报告和综合报告设置表单如下：

序号	项　目	内　容
1	定制经验反馈专题报告和综合报告	是/否
2	定制推送频率	每天/每周/每月

3.12　信息报送及时性监测功能

国家核安全局发布的《运行核电厂经验反馈信息收集和发布工作程序》中规定了经验反馈平台信息上报的责任单位及上报时间要求。为了监测和统计经验反馈体系相关用户按照要求上报信息的情况，设计了该功能模块。该模块中相关监测条件依据《运行核电厂经验反馈信息收集和发布工作程序》制定，具体监测条件设置通过信息监测设置功能实现。该模块所实现的具体监测功能包括：

1）对国家核安全局用户上传的监督检查报告、国家核安全局年报的及时性进行监测。

2）对地区监督站用户上传的监督周报、监督月报、重要情况通报、例行检查报告、非例行检查报告的及时性进行监测。

3）对核电厂用户上传的运行月报、运行年报、运行事件通告、运行事件报告、内部事件清单和摘要的及时性进行监测。

在该模块中，上述监测项目都被设计成单独的监测表，能够显示出信息提交的时间。按时提交的信息设计用绿色的颜色牌标记，超期提交的信息用黄色的颜色牌标记；超期还未提交的用红色的颜色牌标记。监测表中设有查询功能，可以根据年份、单位等项目查询监测信息。

同时为了便于对信息报送单位报送情况的统计，设计了国家核安全局、监督站地区监测、核电厂信息报送监测统计功能，上述单位所应提交的所有信息及报送及时性情况都实时汇总到统计表中。

第 4 章

国家核安全局经验反馈平台的开发技术

国家核安全局经验反馈平台的开发，采用了基于J2EE+XML的技术总线，并应用了先进的应用架构，包括Web Service、XML、SOA等，构造出“数据服务总线+适配器”式的数据交换平台，同时创造性地结合可信计算、领域本体、元数据和数据立方等理论和技术，形成了基于可信交换的大集中数据集成平台，既保证了平台开发、运行和维护的高效和稳定，又确保了系统和数据的安全。

4.1 基础技术框架

国家核安全局经验反馈平台的J2EE平台作为基本框架，通过Web Service实现系统跨平台访问，利用XML技术作为系统接口的数据交换标准，并使用了UML建模的对象开发技术。

4.1.1 J2EE平台

Java语言以其独立于平台、面向对象、分布式、多线索及完善的安全机制等特色，成为现代信息系统建设中良好的应用系统和运行环境。选择Java技术作为面向组件开发的首选技术是基于它的跨平台特性和可重用性。JavaBean提供了很好的组件模型，它可以用在任何支持J2EE操作系统和应用服务器上。Enterprise JavaBeans(EJB)标准使开发组可以集中于商业逻辑的开发，将其封装入不同的JavaBean中，由EJB负责所有的企业级服务，如同步、持久性、事务管理、命名服务、对象分布和资源管理。基于EJB的应用系统具有安全性、机动性、可伸缩性和跨平台性。

J2EE则提供了一个企业级的计算模型和运行环境，用于开发和部署多层体系结构的应用。它通过提供企业计算环境所必需的各种服务，使得部署在J2EE平台上的多层应用可以实现高可用性、安全性、可扩展性和可靠性。J2EE的优越性在于计算平台支持Java语言，使得基于J2EE标准开发的应用可以跨平台地移植；Java语言非常安全、严格，这使开发者可以编写出非常可靠的代码；J2EE提供了企业计算中需要的所有服务，且更加易用；J2EE中多数标准定义了接口，例如JNDI、JDBC、Java Mail等，因此可以和许多厂商的产品配合，容易得到广泛的支持；J2EE 树立了一个广泛而通用的标准，大大简化了应用开发和移植过程。

提供这些服务的应用程序将已有的企业信息系统（EIS）与能将服务分布到一个很大的用户范围的新特征结合起来。这些服务包括：

- 易访问性：适应如今的全球经济环境；
- 安全性：保护用户数据与企业数据的完整性；
- 可靠性及伸缩性：保证准确及快速的事务处理。

由于各种原因，这类服务一般设计为多层的分布式的应用，包括前端的客户端，后端的数据资源，以及在此二者之间的主要的应用开发的一个或更多的中间层。中间层实现了使用业务功能与数据整合已有的 EIS 新的服务。中间层使用了迅速成熟的 Internet 技术的优点，最小化用户管理和培训，并且将客户层与企业复杂性分离。J2EE 降低了开发多层服务的成本和复杂性，并使企业面对竞争压力能够迅速部署和增强服务。

4.1.2　Web Service 技术

采用基于 XML 和 Web Service 的异构系统综合服务解决方案，从而解决了系统的跨平台问题。Web Service 是在 Internet 和 Intranet 上进行分布式计算的基本构造块，同时也是开放的、标准的应用程序集成的平台，满足了用户和应用程序之间的通信和协作。应用程序是通过使用多个不同来源的 Web Service 构造而成的，这些服务相互协同工作，而不管它们位于何处或者如何实现。

Web Service 技术及其相关技术体系包括 XML、SOAP、WSDL、UDDI 等。Web Service 是一种新的 Web 应用程序分支，它们是自包含、自描述、模块化的应用，可以发布、定位、通过 Web 调用。一旦部署以后，其他 Web Service 应用程序可以发现并调用它部署的服务。

由于历史的原因，各政府部门的办公系统和业务处理系统都是从自己的使用角度出发独立建设的，在设计中采取了不同的技术构架和数据标准，彼此不能互联互通，形成了“信息孤岛”和“数字鸿沟”。这不仅使得政府跨部门业务的集成应用变得非常困难，而且部门内部的功能扩展和升级也难以实现。往往为了实现某项业务，不得不对整个系统进行重建。

而使用 Web Service 技术，政府各部门内部能够实现自身的业务流程和处理功能组件化，这些服务组件可在互联网上发布，从而方便地被其他部门所使用，以便应用到跨部门的业务中去。这些 Web Service 组件的开发并不影响现有政府内部系统的结构和数据，从而极大地保护了政府各部门内部现有的投资。而通过集成政府各部门原有系统提供的 Web Service 服务组件，就可以在互联网上建立统一的政府的门户站点，向社会提供闭环式服务，从而形成基于 Web Service 的一站式服务架构。这为有效解决当前政府信息建设中的“信息孤岛”问题提供了一个切实可行的方法。

4.1.3 XML 标准

XML 数据传输是不同系统之间日渐流行的标准数据传输方式，由于与平台和编程语言的无关性，因此通过 XML 可以有效保证对各种异构系统的数据接口需要，以达到政府各系统数据资源的最优整合。XML 具有以下优势：

• XML 适于异构应用间的数据共享；

• 灵活性和扩展性：XML 的灵活性和扩展性使其可以对不同应用甚至是差异很大的应用间的数据进行描述，尤其是对于那些专用于记录数据的应用。另外，XML 具有自我描述的特性，结果是数据可以在不同的应用间进行交换与处理，而不必要求相应的应用程序是针对该数据定制的；

• 强大的数据检索：XML 属于元标记语言，进一步讲，根据这一特性，用户只要在 XML 的文档类型定义文件中定义一系列有意义的标记，这样基于该文档类型定义文件所产生的 XML 文档就可以按照任意的条件进行查询和检索，甚至实现计算机自动检索，而相应的检索引擎可以是通用的而不必局限于具体的应用；

• 多语种支持：XML 规范中提供了对多语种的支持，包括 UTF-7、UFT-8、UNICODE、GB2312（简体中文）、BIG5（繁体中文）等等，这一特点使得 XML 非常有利于多语种的应用开发。

4.1.4 UML 标准建模语言

为了构建全域数据模型，要按照面向对象的设计思想，采用了基于 UML 的 CASE 工具进行 UML 统一建模，将 UML 和谐地集成进面向对象的软件开发过程中。不论是在系统需求阶段，还是在对象的分析与设计、软件的实现与测试阶段，都提供了清晰的 UML 表达方法和完善的工具，建立起相应的数据模型和软件模型。

4.2 数据交换的实现

为了实现数据交换过程，并使其具有良好的结构，采用了“数据服务总线＋匹配器”模式，构建起一个大集中数据交换集成平台。数据服务总线采用了集成框架结构，以实现总线数据交换。集成框架对系统之间发送消息的过程进行了抽象，它同时也提供了一些已经构建好的组件框架，可以用于快速集成应用系统。总线集成框架的体系结构如图 4-1 所示。

组件容器与应用系统进行关联，它的作用是从应用系统中抽取数据，进行消息的缓存、路由和转发，对接收到的数据进行转换处理后向应用系统中导入数据。

4.2.1 组件容器

组件容器，顾名思义，就像 Web 容器管理调度 Web 组件、EJB 容器管理调度 EJB 组件一样，管理调度其中的各类组件。存在于其中的各类组件，通过控制器关联、黏合在一起，

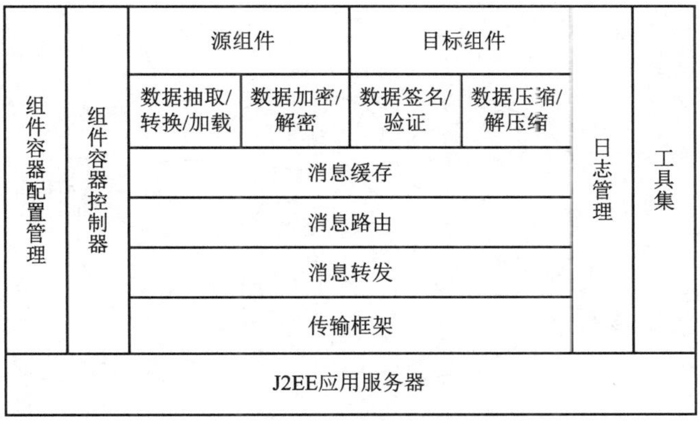

图 4-1　总线集成框架的体系结构

作为一个整体提供数据交换服务。

组件容器提供消息缓存、路由、转发的功能；并提供对组件容器，源组件、目标组件、外部组件容器的配置管理功能。组件提供强健的容错性，在消息路由、转发失败时将消息存储，以便重新进行处理。

4.2.2　组件

组件容器中的组件包括以下几种：源组件、目标组件、加密组件、解密组件、压缩组件、解压组件。

- 源组件：从源系统采集数据的组件，起数据收集的作用。
- 目的组件：与源组件相对应，负责把组件容器接收到的消息导入到目标系统。
- 过滤器组件：通过提供标准的接口，可以对消息中的文本数据附件进行文本替换和格式转换，通常对 XML 格式的数据进行过滤。
- 加密、解密组件：被集成系统可以根据需要扩充平台提供的加密、解密接口组件，为系统数据提供特别的安全保护。
- 压缩、解压缩组件：被集成系统可以根据需要扩充平台提供的压缩、解压缩接口组件，为系统数据提供特别的压缩处理。

平台的整体应用示意图如图 4-2 所示。

4.2.3　适配器模式的应用

数据交换总线通过适配器模式提供一致的接口，连接各种不同的应用系统。一个适配器由一个源组件、一个相对应的目标组件和其他的扩充组件组成一条链路。适配器通过源组件连接源应用系统，从其中抽取目标应用系统所需要的数据；通过目标组件向目标应用系统导入接收到的数据。通过扩充组件对数据进行加密、压缩、过滤转换等处理动作。

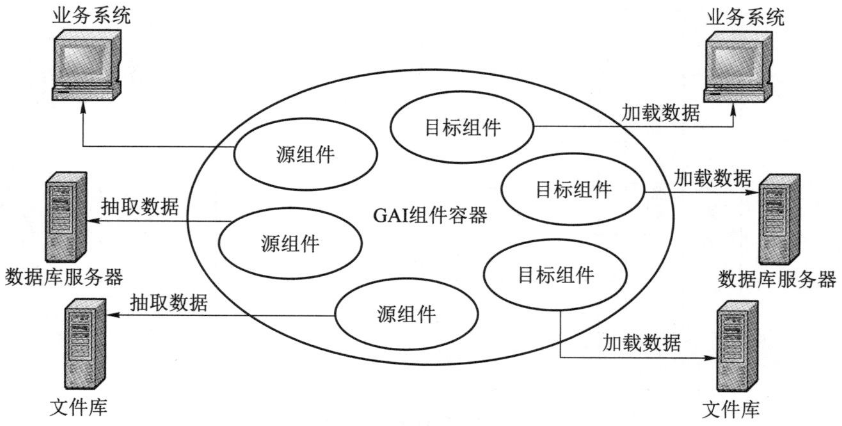

图 4-2 数据交换集成平台的应用示意图

4.2.4 数据交换的主动和被动模式

数据交换有两种模式：主动模式和被动模式。

主动模式是指大集中数据交换集成平台的组件容器端提供强大的定时机制，允许数据交换适配器在指定的某一（几）天（如几号或星期几等）、一天的某个时段（如 8:30—17:30），按照设定的频率（如 1 000 ms/次）来运行，如图 4-3 所示。

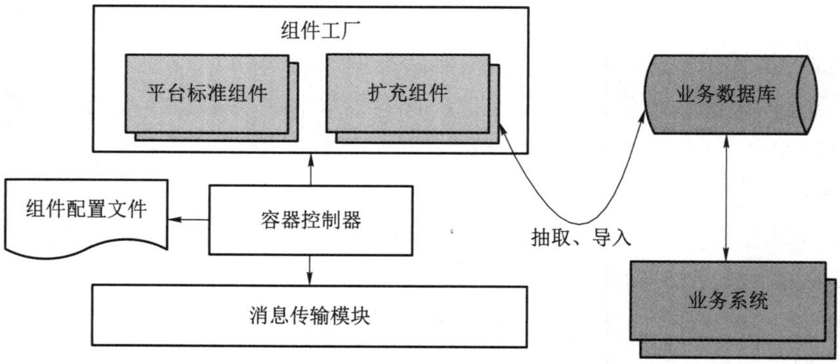

图 4-3 数据交换的主动模式的实现

被动模式是指平台的组件容器提供标准的开发接口，允许应用系统的开发人员直接调用该接口来主动发送数据到目标应用系统，如图 4-4 所示。

4.2.5 传输框架

大集中数据交换集成平台采用可扩展的设计模式，提供 JMS、HTTP 等多种传输方式来保障消息传输的时效性和可靠性，以及实施成本的低廉性。允许组件容器在与服务器进行消息传输时，选择适合自己的传输方式进行消息传输，以便在消息传输的可靠性和实施成本的低廉性方面进行均衡。如图 4-5 所示。

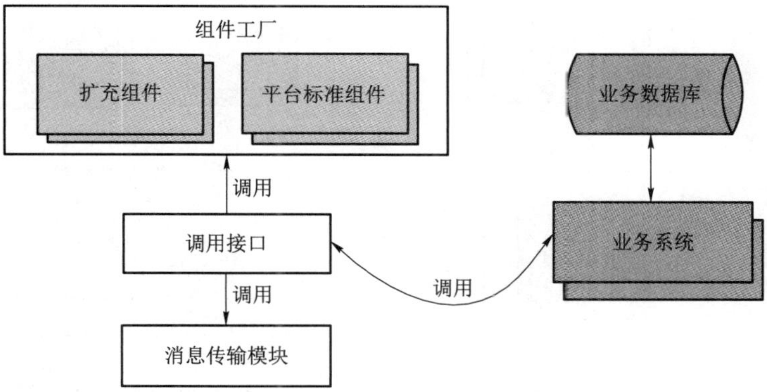

图 4-4 数据交换的被动模式的实现

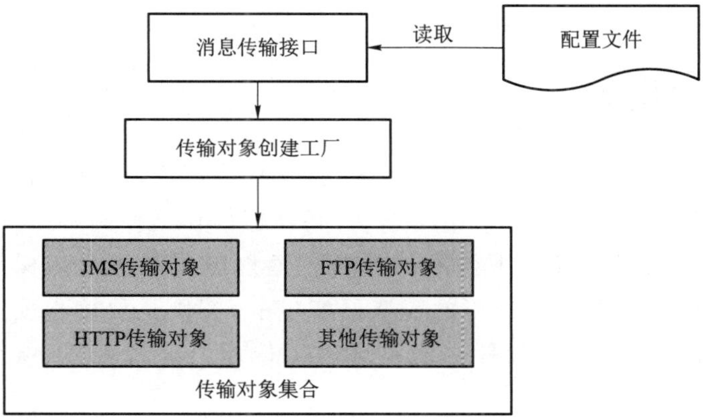

图 4-5 大集中营数据交换集成平台的传输框架

4.2.6 传输模式

国家核安全局经验反馈平台提供 JMS、HTTP 两种传输模式，如图 4-6 所示。处于同一个局域网中的组件容器进行数据交换时采用 HTTP 方式即可；若进行数据交换的组件容器处于不同的局域网中，它们之间的网络带宽没有保障，它们之间的消息传输一般都需要商用的消息中间件来保障，以提供消息传输的可靠性。

4.3 可信链管理及其在数据交换的应用

国家核安全局经验反馈平台作为国家核安全局、环境保护部核与辐射地区监督站、环境保护部核与辐射安全中心、全国核电厂共同使用的基于 VPN 的信息交换网络，对于信息的安全管理要求很高。国家核安全局经验反馈平台采用了 TPM 远程证明机制，并基于可信网络连接构建了可信应用环境。

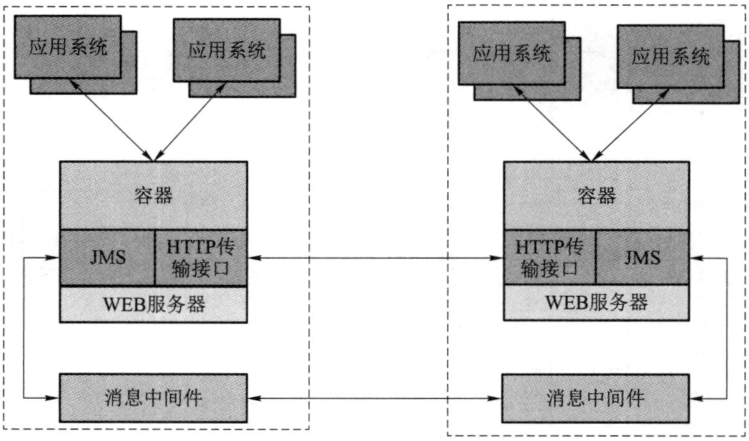

图 4-6 大集中数据交换集成平台的传输模式

4.3.1 远程证明机制

通过 TPM 提供的度量机制，计算机系统以 TPM 为信任根，通过信任传递，将信任延伸到整个计算机系统。为构建可信网络连接，必须把信任延伸到网络中，而远程证明机制正是使信任能够在网络环境下传递的方法。远程证明是为了确保加载在远程主机的可执行映像和应用程序执行环境的安全而产生的，特别是要确保安全边界外的计算设备可信性，远程证明能够把信任在网络环境下传递给远程主机，从而把信任延伸到网络中。

在 TCG 规范中简单的描述了远程证明过程，但对远程证明机制中的可信报告传输、可信度量验证和根据可信报告评估被验证主机可信度如何实施等都没有涉及。根据“可信传递”的思想，基于 TPM 提供的可信报告和度量机制，利用远程证明机制使信任能够在网络环境下传递，实施远程证明机制中的可信报告传输、可信度量验证和根据可信报告评估被验证主机可信度。

远程证明机制正是使信任能够在网络环境下传递的方法。远程证明相对来说是一个较新的概念，它建立在可信计算技术的可信度量和可信报告机制基础上，其核心目的是终端用户或远程服务使用者向质询方汇报组件(或系统)的真实状态，质询方通过了解应用的状态而掌握应用的行为。如果一个基于 TPM 的可信平台要求服务方提供服务，那么服务方首先要求该平台证明自身的当前配置及状态，以确保对方可以信赖。而 TPM 在申请不同的服务时可使用不同的身份 Key 来签名，以达到匿名访问，确保隐私的安全。

远程证明是 TCG 中最重要和具有创新性的特性之一。通过远程证明，远程主机能够发现攻击者用带有恶意代码的程序替换系统中的应用程序或操作系统某些部分等，从而避免把信息发送给安全已被危及的计算机系统。远程证明通常与公钥密码体制相合，以证明发送方的身份和发送的信息的完整性。

在 TCG 规范中描述了远程证明过程如图 4-7 所示，远程证明包含以下几步：

（1）质询方请求获取被验证平台的相关信息；
（2）驻留在被验证平台的代理收集 TPM、SML 等相关实体信息；
（3）驻留在被验证平台的代理从 TPM 得到当前 PCR 值；
（4）TPM 用 AIK 密钥对 PCR 值签名；
（5）代理收集 TPM 身份证书、被签名的 PCR 值和 SML 等信息，发送给质询者；
（6）质询者验证应答，验证签名和证书，检查 SML。

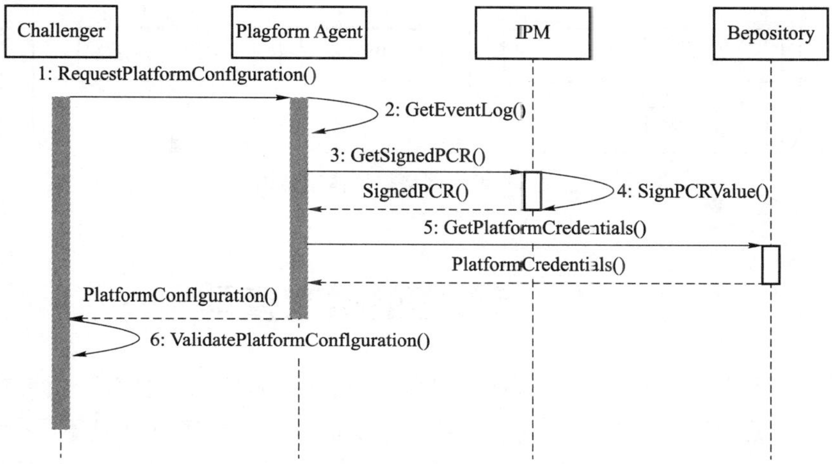

图 4-7　远程证明机制

远程证明机制的实施是与具体的下层传输协议无关的，其中 PCR 为 TPM 专门提供称为平台配置寄存器的受保护区域，外部程序只能通过专用的接口访问，用于保存在可信链建立过程中生成的度量值。sML(storedMeasurementLog)中包含按可信度量顺序保存的相关度量事件日志。

4.3.2　可信应用环境的构建

可信网络连接体系结构由三种实体组成，待接入网络终端、网络访问策略执行点、策略决策点，如图 4-8 所示。

待接入网络终端，即网络访问请求者(AeeessRequestor，AR)，网络访问策略执行点(Policy EnforeementPoint，PEP)，策略决策点(PolieyDeeisionPoint，PDP)是组成待接入网络设备，通常是网络访问请求者，比如 PC、PDA、移动终端等；网络访问策略执行点，通常是受保护网络的安全屏障。策略决策点的策略管理组件会产生一系列的决定，如允许、拒绝、升级接入计算机的程序等等，这些决定将会由策略执行设备来执行。在企业计算环境中，策略执行设备可以是防火墙、路由器、VPN 网关、应用服务器等；策略决策点，通常是认证和访问控制服务器，它是本结构的核心实体，根据组织安全需求制定可信访问安全策略，利用远程证明机制控制访问终端接入企业网络以及对整个企业计算环境的基于可信度的动态访问控制，保证整个企业计算环境的安全。

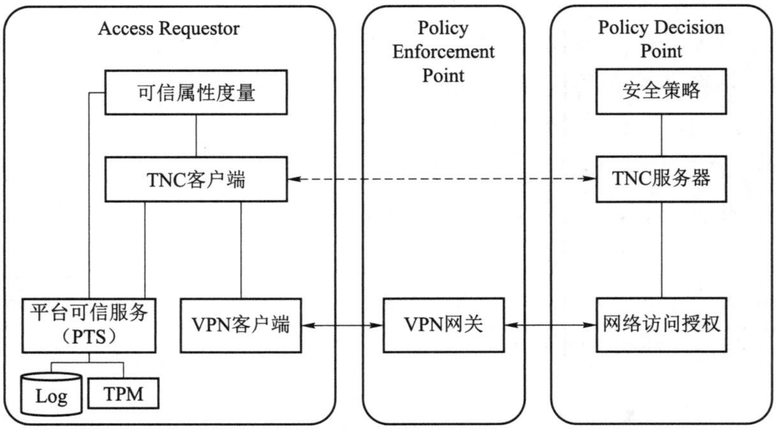

图 4-8 可信网络连接体系结构

4.4 元数据的层次模型

国家核安全局经验反馈平台的信息类型多，元数据之间关系很复杂。如果单纯利用本体传统的形式化思想在同一层次将这些元数据组织起来会变得繁琐并且不易管理，因此应该在引入本体理论的同时考虑采用分层的思想组织管理元数据，整个系统由下向上分为四层，即资源层、领域词典层、映射层和语义规则层。

4.4.1 资源层

资源层中的“资源”指的是信息内容的模型，即描述底层数据库中数据的实际储存形态。在资源层中，资源以形式化的方式存储，一条资源可以表示为 $R=\{O,P,T\}$，其中，O 是资源 R 的逻辑表述，P 是资源 R 的父亲对象（在层次中离要描述的资源最近的外层资源）的逻辑表述，T 表示了资源 R 的类型或者模式。据此就可以使用树形结构表示数据源中各资源间的继承关系或类继承关系。

4.4.2 领域词典层

领域词典层是陈述 S 的集合，陈述 S 描述了领域本体中概念与概念之间的关系。参照 RDF 的思想，一条陈述可以表示为三元组的形式 $S=\{\text{sub},\text{prop},\text{val}\}$，其中 sub 表示陈述中的概念，prop 表示作为概念的属性的关系，val 是属性值，表示形式为概念或者文字说明。所有的概念以及概念之间的联系均可以通过这种三元组的形式来描述。

4.4.3 映射层

映射层负责存储各种映射规则，映射规则规定了数据源中的元素与领域词典中的概念之间的对应规则，以及局部模式与全局模式的映射规则。因此映射可以分为两类：数据源到领域词典(resources-to-concepts)以及领域词典之间(concepts-toconcepts)。对于数据源到领域词典的映射,需要考虑四种情况:① 一条资源是一个概念的实例;② 一条资源是一组概念的实例;③ 一组资源是一个概念的实例;④ 一组资源是一组概念的实例。

4.4.4 语义规则层

语义规则层,主要对映射规则的适用范围进行了规定,这种规定在本体中通常叫做"断言"。每条规定可以形式化表示为 CX={E,C,A},其中 E 是被监控的事件的集合,C 是当环境被触发时所要检查的条件的集合,而 A 则表示在符合条件的情况下所进行的动作的集合。这里采用主动规则(Active Rules)的概念,即语义规则可以声明为下述活动性的陈述:

ON　*some event e*

　IF　*some condition c*

　　DO　*some action a*

所以,语义规则可以理解为当且仅当一组条件被满足时,规定必须执行特定动作。主要考虑的监控事件是访问操作。要注意的是动作规则可以是嵌套的,这样一个事件的发生就可以触发并行的规则共同作用。

触发动作的条件有:

(1) 境条件。例如监控数据源是否活跃;

(2) 语义条件。例如访问请求来自一个应用程序,那么除非有特殊说明,否则只需考虑与该应用程序相关的词典域即可;

(3) 逻辑条件。例如对于某访问请求,局部数据库只能提供部分结果,那么该访问请求就应该被分解为多个子查询进行。这里的"动作"实际上指的是在相应的条件满足之后,使用相应的映射规则而进行的操作。

元数据管理系统中,根据各局部数据库建立了记录局部数据库模式信息的结构化的语义元数据。系统通过维护这些元数据,记录各数据库之间的关系,并从这些关系和其他资源相关的信息中收集环境信息来建立统一的全局视图,屏蔽底层数据库的异构现象。模块划分如图 4-9 所示。

元数据管理系统由资源中介模块和元数据仓库模块组成。

资源中介模块负责应答系统外的访问处理器所发来的访问请求,通过元数据仓库获得相关元数据信息,并将信息返回给访问处理器。资源中介模块还负责决定哪些数据源可以为上层的访问请求提供信息,这是通过对存储关于数据源的元数据的资源目录模块进行的搜索结果决定的。参数可以在语义规则注释库中确定的约束的基础上给出。相关的元数据返回给访问处理器,访问处理器可以直接对数据库进行访问。

元数据仓库模块负责对资源中介模块中用到的多种元数据进行存储和管理。当用户通过访问处理器发出对信息的访问请求时,元数据仓库通过资源中介模块提供分析访问请求所需的信息。元数据仓库为资源中介模块提供资源标识符,与查询请求相关的资源的属性信息,以及在用户指定的条件下,其他关于获取数据和分析数据的语义规则信息。元数据仓库由四个部分组成:资源目录,领域词典库,映射规则库和语义规则注释库。资源目录使用统一的元模型对每一个数据库的内容描述进行存储。使用该目录可以索引存储于不同数据源间的资源属性，从而提高数据的查找效率。该目录还存储了诸如服务器主机的位置信息等与内容无关的信息。领域词典库提供了领域本体中的概念，在语义层面上定义了概念和与研究工作相关的术语（包括概念和关系等信息）。映射规则库存储了不同局部本体之间类或属性的映射关系以及通过本体中的抽象概念所反映的数据源属性之间的联系。一般来说，一个数据源的属性可能会涉及一个或者多个本体的属性。这就要求系统管理员必须了解数据源之间的映射关系并进行说明。

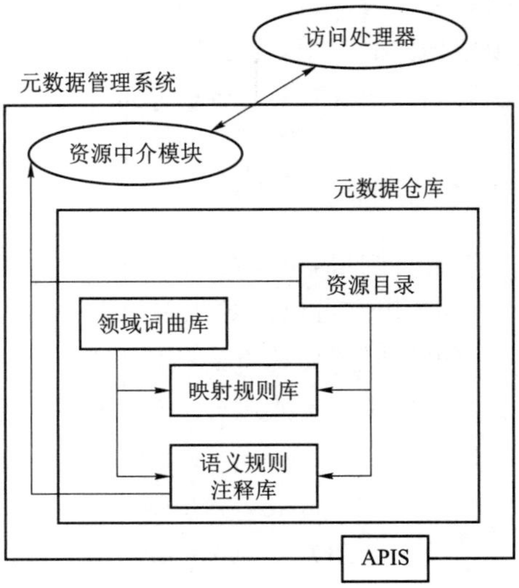

图 4-9　元数据管理模块

另外，基于数据挖掘技术的推理可应用于语义层面上获得映射信息，系统可以进一步扩展。在明确的访问条件下，必须有信息说明应该如何理解数据源的属性，语义规则注释库存储的就是与这种说明有关的信息。资源中介模块获得访问处理器的访问请求之后，需要从资源中介模块中获得相关元数据信息。但是对资源中介模块的使用并非是任意的，其中的限制规则就存储于语义规则注释库中。此外，逻辑推理是建立在确定的访问请求，映射规则以及相应本体术语间的关系的基础之上的。这样，对数据源进行访问时，入口参数的个数和类型得以简化，从而提高了语义的准确性。由此看出，语义规则能够处理不同类型的访问请求，随着语义规则的增加，系统的灵活性也会得以提高。

4.5　元数据互操作

在元数据的互操作过程中，使用 OWL（Web Ontology Language）来表示本体信息，以便于领域知识在系统中的存储、传输与处理。

为了更好地描述语义化本体模型和进行知识表述，W3C 首先提出用来描述资源及其之间关系的语言规范：资源描述框架（Resources Description Frame，RDF）。在此基础上，欧洲开发了语义交互语言（Ontology Interchange Language，OIL），美国开发了 DAML（DARPA Agent Markup Language）。这两种网络本体语言都是对 RDF 类似的扩展，因此后来合并为 DAML＋OIL，随后 W3C 将其规范为理解力更强的网络本体语言（Web Ontology Language，OWL）。

总体来说，OWL 标准体系结构严谨、语言简练、表达直观，易于为用户所接受。每个标准文件各有侧重点，从不同的角度制定了 OWL 的规范，看似独立，但在内容上又互相服务，理论和示例各有侧重，互为补充，这表现为在具体内容的阐述上提供了与其他标准文件的相关链接。OWL 由三个子语言 OWL Lite/OWL DL/OWL Full 组成。OWL Lite 用于执行简单任务，并且提供给用户一个功能性子集使他们在初次使用 OWL 时就能轻易上手。OWL DL（这里 DL 是指“描述逻辑”）提供令人满意的语言子集用以支持推理系统实现其计算性能。OWL FULL 适当放宽了对 OWL DL 的限制，目的是为了突出其某些特点使其对数据库及知识表示系统发挥作用。

OWL 本体包括：类、属性和它们的实例（即个体）的描述。因此该部分是描述的重点。OWL 概述文档从对 OWL Lite 的语言特征进行描述出发，对类、个体及属性进行了定义和简单说明。“一个类定义了一组具有某些共同属性的个体。例如类 Person、类 Animal。个体是类的实例，例如一个名为 Deborah 的个体可以被描述为类 Person 的一个实例。而属性能够用来声明个体间的关系或者从个体到数据值之间的关系。例如属性 hasEmployer 可用来将个体 Deborah 关联到个体斯坦福大学”。其后，对相关的类描述、属性特征、属性约束、数量约束中应用的语言构造元素进行了说明。

为了对 OWL 进行更生动的说明，OWL 指南文档是描述与示例相结合，恰如酒和食物的关系一样。同时基于一个 OWL 本体的大多数语言构成元素都涉及了类、属性、类的实例以及这些实例之间的关系。因此，在阐述如何建立酒和食物本体的过程中，文档的第三、第五部分对建立简单的类、个体、属性及实例中应用的语言构造元素到建立复杂的类所用到的语言构造元素一一进行了阐述及例示，使用户进一步掌握 OWL 的构成元素。

OWL 参考文档通篇围绕类、个体及属性对与它们相关的建模原语进行了非形式化描述，对每个原语的描述从理论阐述、举例说明及使用时的注意事项三个方面展开，理论与例子相结合，内容详尽、丰富。

OWL 语义与抽象语法文档在定义抽象语法时，对 OWL Lite 和 OWL DL 中的类公理、限制及属性公理进行了规定。

4.6　海量数据处理技术

国家核安全局经验反馈平台存储、处理了大量的信息。对于任何一个应用系统，都不能保证数据的洁净，这严重地影响了海量数据下数据分析结果的质量。含噪声的、冗余的数据会使挖掘过程陷入混乱，导致不可靠的输出。而大量的冗余数据可能降低知识发现过程的性能或使之陷入混乱。数据预处理技术可以改进数据的质量，从而有助于提高其后的挖掘过程的精度和性能。由于高质量的决策必然依赖于高质量的数据。检测数据异常、尽早地调整数据，并归约待分析的数据，将在决策过程得到高回报。

为了提高数据分析模式的质量，降低实际数据分析所需要的时间，需要采用适当的数据预处理技术对海量数据进行预处理，主要的预处理方法如下：

- 数据清理可以去掉数据中的噪音，纠正不一致。
- 数据集成将数据由多个源合并成一致的数据存储，如数据仓库或数据方。
- 数据变换（如规范化）也可以使用。例如，规范化可以改进涉及距离度量的挖掘算法的精度和有效性。
- 数据归约可以通过聚集、删除冗余特征或聚类等方法来压缩数据。这些数据处理技术在数据分析之前使用可以大大提高数据分析的效率。

为了实现对海量数据的分析，使用了 OLAP 技术。传统的报表可能 5、6 个小时出来结果，而基于 Cube 的查询可能只需要几分钟，因此处理海量数据的利器是 OLAP 多维分析，即建立数据仓库，建立多维数据集，基于多维数据集进行报表展现和数据挖掘。多维数据查询与分析已经广泛应用到商务、金融以及军事等多个领域的信息处理中，为各行业的决策分析提供了强大的支持。为了支持有效的多维数据分析，1996 年，Gray 等首次提出了数据立方体(Data Cube)的概念，如图 4-10 所示。

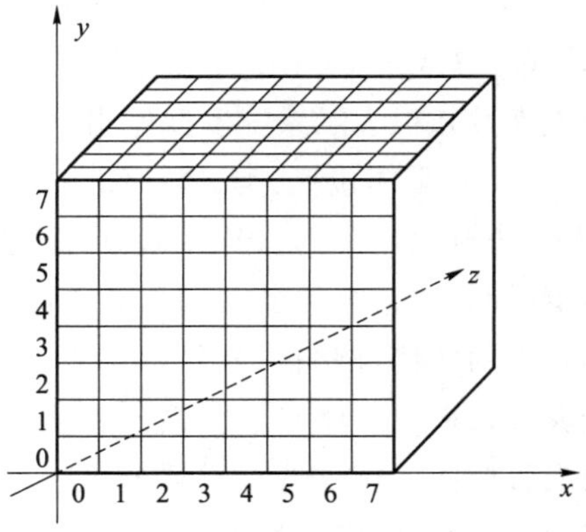

图 4-10　数据立方体概念模型

数据立方体是实现多维数据查询与分析的一种重要手段，从本质上，多维数据的属性分为维属性和度量属性。维属性是观察数据对象的角度，而度量属性则反映数据对象的特征。对于多维数据分析而言，本质上是沿着不同的维度进行数据获取的过程。在数据立方体中，不同维度组合构成了不同粒度的子立方体(CuboID)，不同维值的组合及其对应的度量值构成了相应的数据单元(Cell)。对于不同的查询和分析，需要访问不同的子立方体或者数据单元。

4.7　海量数据分析引擎

数据挖掘(Data Mining，简称 DM)已成为国内学术界研究的热点内容，其研究大多建立在数据仓库之上，针对具体应用选择使用特定的数据挖掘算法进行自动的数据挖掘，缺少与用户的交互性和灵活性。而联机分析处理(On-line Analysis Processing，OLAP)需要用户预先设计好问题和假设，这样便限制了数据查找的范围和深度。因此，DM 和 OLAP 各有优势，也各有缺陷。

联机分析挖掘(On-Line Analysis Mining，OLAM)是将两者结合的较好模型，它集成了 OLAP 和 DM 的功能，综合了 OLAP 多维分析的在线性、灵活性和 DM 的智能化特点，提高了传统模型的灵活性和智能化程度。

在经典的 OLAM 模型基础上，将数据仓库和其他各种形式的数据文件表示为以 Data Cube 为基本逻辑结构的工作仓库，并在工作仓库中添加了元数据模块和知识库模块，使得在工作仓库上进行的数据挖掘将比直接在数据仓库等数据文件之上进行的操作要更加灵活，功能更加丰富，系集成化程度更高。

海量数据分析引擎系统的结构如图 4-11 所示。

OLAM 系统从现有的各个运行系统中提取数据，并将其加载到结构化和规划良好的数据仓库中，以提供满足应用需求的关键信息。由于决策分析任务所需的数据对象的组织形式各异，数据仓库中基于多维数据模型的数据组织形式不能满足所有决策分析任务的需要，因此要求 OLAM 系统能够设计新的面向决策任务分析的数据基础。工作仓库就是完

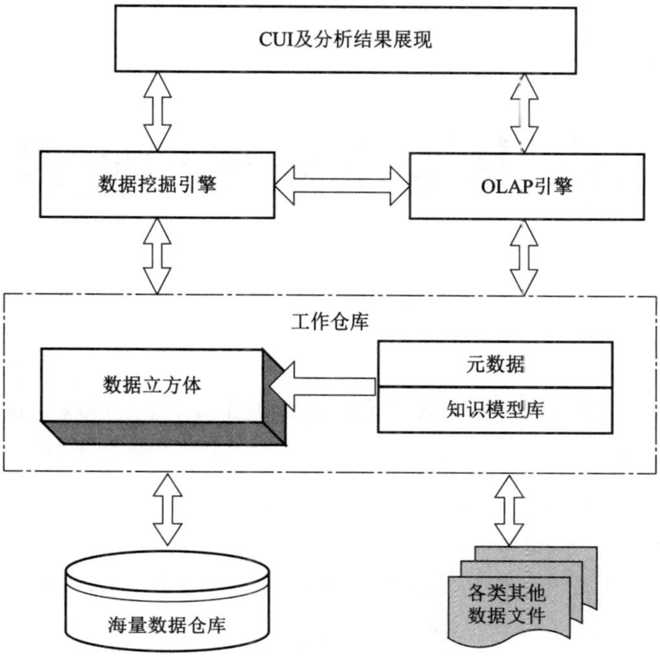

图 4-11　海量数据分析引擎系统结构

成这个功能的系统部件，在其中存储不同任务的不同数据模型及其数据集合。工作仓库中数据的添加是根据 OLAM 任务的具体特点，在元数据的指导下从数据仓库的多维结构化数据向工作仓库中多种不同数据模型的结构化数据的转换过程。在工作仓库之上，OLAP 和数据挖掘引擎集成在一起，根据决策分析任务的要求访问工作仓库，在某些问题的分析上结合各自的功能优势进行互相访问，以更好地解决决策分析任务的问题。在做完数据挖掘或联机分析处理以后，将结果以可视化的形式传递到客户端。

第 5 章

国家核安全局用户职责

国家核安全局负责经验反馈体系的组织和管理工作，针对经验反馈平台，国家核安全局用户的主要职责如下：

(1) 批准发布信息通告；

(2) 上传监管建议、管理要求；

(3) 在国家核安全局组织的监督检查完成后 30 日内上传监督检查报告，在当年 6 月 30 日前上传前一年的国家核安全局年报；

(4) 审批核电厂核安全相关的内部事件清单。

本章将对上述的国家核安全局的用户职责进行详细的介绍。

5.1 批准发布信息通告

国家核安全局用户登录到平台之后，主页右下角“我的任务”悬浮框中会提示当前待处理的任务，见第 2 章图 2-16 所示。点击“我的任务”悬浮框，打开“当前任务”栏目，如图 5-1 所示。

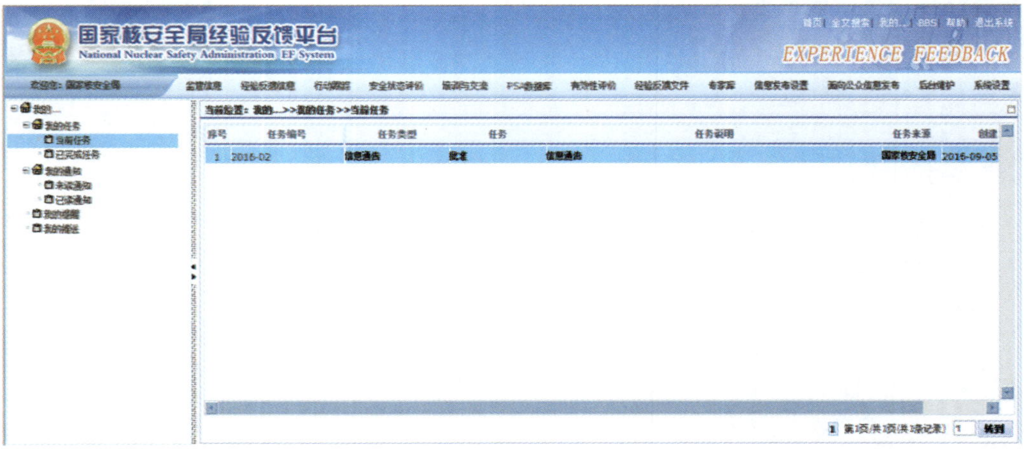

图 5-1 当前任务栏

双击某一信息通告任务，弹出“信息通告—批准”窗口，如图 5-2 所示。

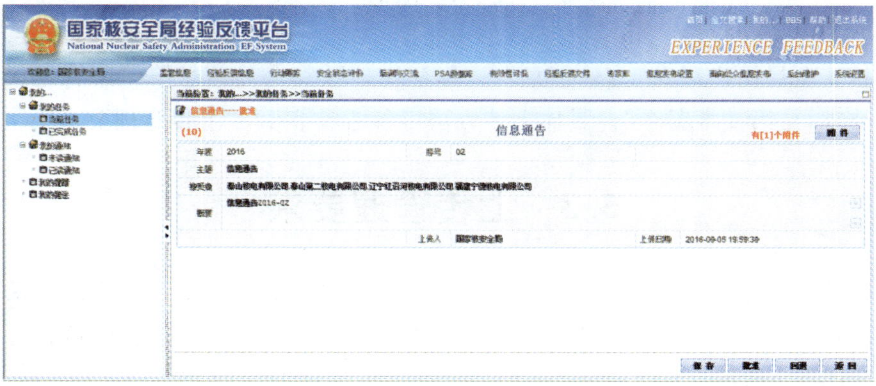

图 5-2　信息通告批准窗口

在“信息通告—批准”窗口右上角点击【附件】按钮，弹出附件管理对话框，如图 5-3 所示。在下部“附件列表”区域选择欲查看的附件，点击右下方的【下载附件】按钮，将弹出标准的浏览器文件下载窗口。选择文件的存储位置之后，文件就下载到本地电脑硬盘上，可以在资源管理器里打开查看。如果需要补充上传附件，在附件管理窗口上部点击【浏览】按钮，弹出标准 Windows 文件对话框，选择文件后点击【确定】，标准 Windows 文件对话框关闭，“请选择要上传的附件”栏内出现附件的本地存储地址，点击【上传】，则附件出现在下部“附件列表”区域中。继续重复以上步骤可以上传多个附件。在“附件列表”区域选中某个文件，点击【删除附件】可以删除已经上传的附件。

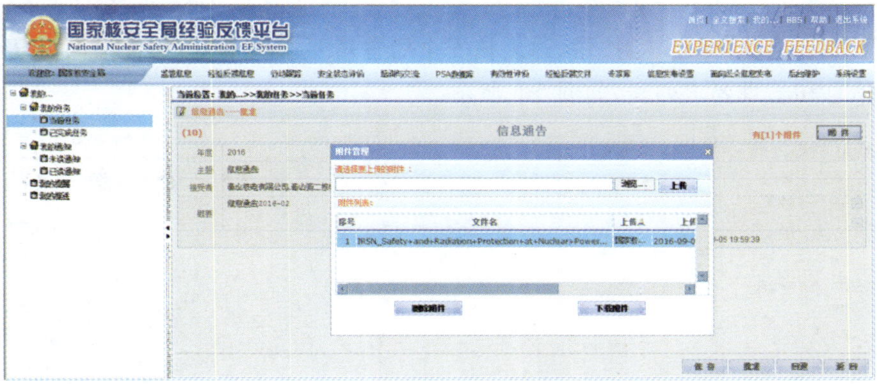

图 5-3　附件管理对话框

点击图 5-2“信息通告—批准”窗口下方的【保存】按钮，信息通告审批意见以草稿形式保存在系统中，可以在我的任务栏中重新打开编辑；点击【批准】按钮，信息通告将发布到平台上；点击【回退】按钮，信息通告将回退到核与辐射安全中心用户修改；点击【返回】按钮，本次对信息通告的任何修改将不会被保存。

5.2 上传监管建议

国家核安全局用户可在“监管信息”—“新建”—“核安全局信息”—“监管建议”栏目中上传管理要求，见第 2 章图 2-6。具体上传方法可参考章节 5.3“上传管理要求”。

5.3 上传管理要求

国家核安全局用户可在“监管信息”—“新建”—“核安全局信息”—“管理要求”栏目中上传管理要求，见第 2 章图 2-6。双击左边栏“管理要求”，在右边主信息区域打开“管理要求”页面，如图 5-4 所示。

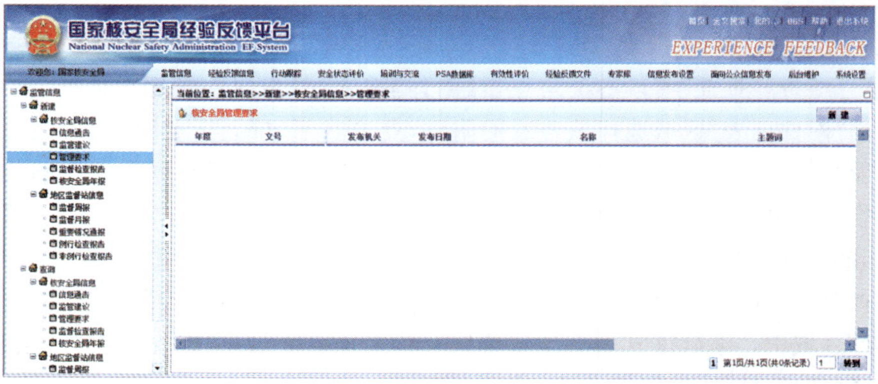

图 5-4　管理要求页面

点击页面右上角的【新建】按钮，弹出核安全局管理要求填报窗口，包括两个 Tab 页，分别是基本信息和管理要求列表，如图 5-5 所示。

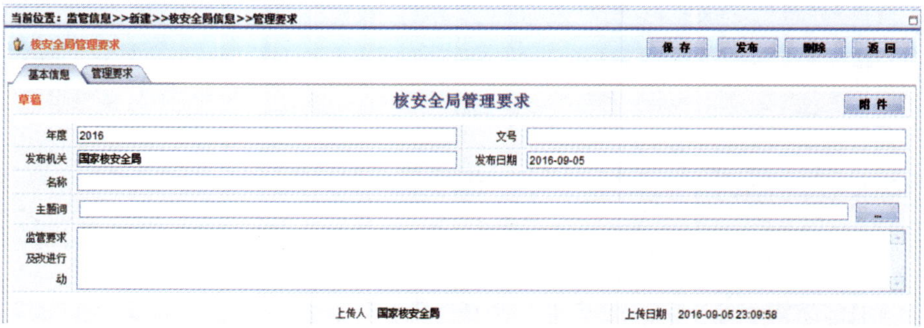

图 5-5　核安全管理要求填报窗口

(1) “基本信息”Tab 页

点击年度字段，弹出图 5-6 所示下拉菜单选择年份，如；点击文号字段，输入 3 位阿拉伯数字；点击发布机关字段，弹出图 5-7 下拉菜单选择发布机关；点击发布日期为标准日历窗口，如图 5-8 所示。点击“▶”为下一月；点击“◀”为上一月；点击“▶▶”为下一年；点击“◀◀”为上一年；点击某一日期则日历窗口关闭；点击【今天】则选择今天日期；点击【清除】则发布日期字段的日期被清除。

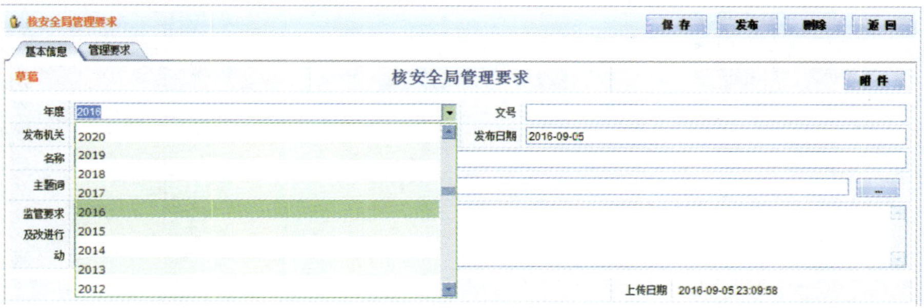

图 5-6　年度选择

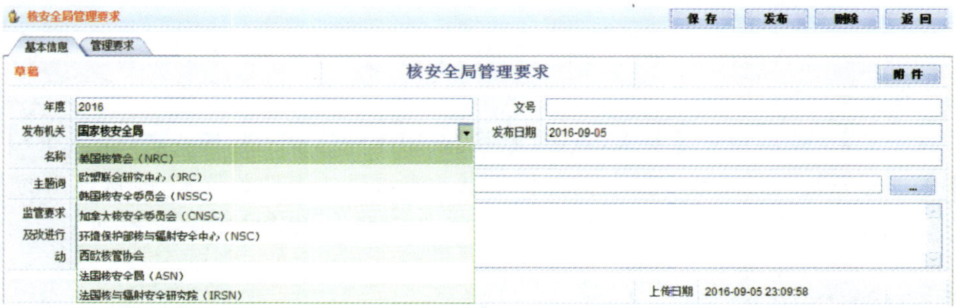

图 5-7　发布机关选择

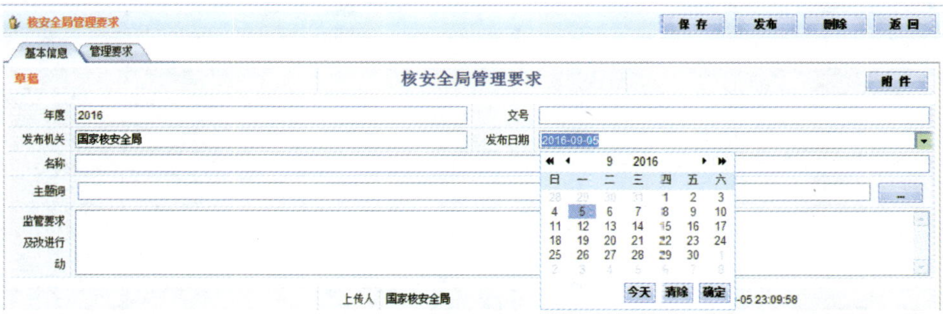

图 5-8　发布日期

点击主题词右侧的主题词编辑按钮，弹出设置关键字对话框，如图 5-9 所示。点击关键字输入框输入主题词的一个关键字，点击【增加】按钮，新输入的关键字进入关键字列表；点选关键字列表某条记录，点击【删除】按钮，删除该关键字；点击【确定】即选择当前所有关键字至主题词编辑页面；点击【取消】按钮，本次对主题词中设置关键字的修改将不会被保存。

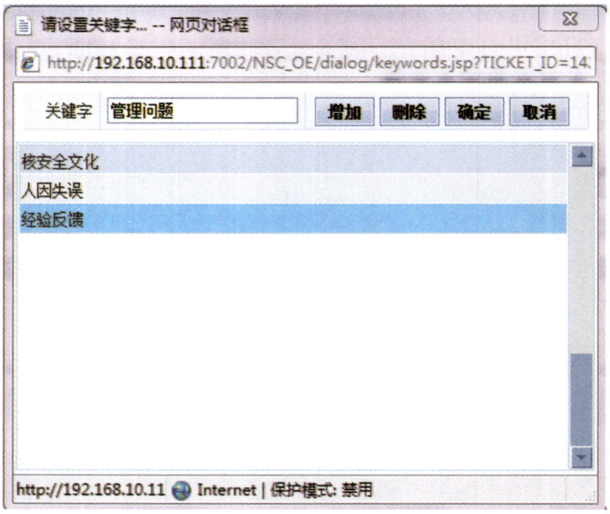

图 5-9　设置关键字对话框

点击页面右上角【附件】按钮可以上传附件，上传方式与图 5-3 类似。

(2)“管理要求”Tab 页

点击【增加】按钮增加管理要求，点击【删除】按钮删除选择的管理要求，如图 5-10 所示。其中，要求编号系统自动生成，方式为文号＋CA＋流水号；“责任单位”字段从弹出的下拉选择框中选择电厂，可多选；“要求完成日期”为标准日历窗口，操作与图 5-8 类似。

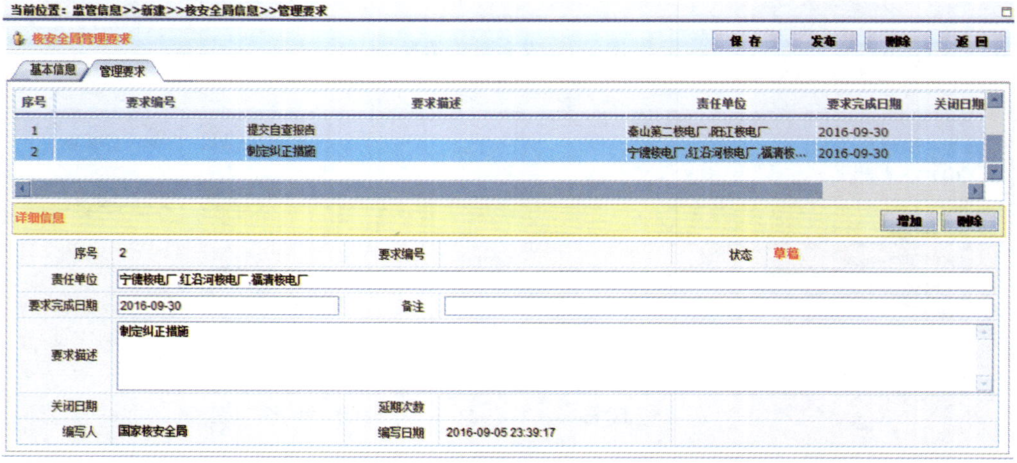

图 5-10　“管理要求”Tab 页

点击“核安全管理要求”填报窗口右上角的【保存】按钮，管理要求以草稿形式保存在系统中；点击【发布】按钮，管理要求将发布到平台上；点击【删除】按钮，草稿状态的管理要求将从系统中删除；点击【取消】按钮，本次对管理要求的任何修改将不会被保存。

5.4 批准内部事件清单

国家核安全局用户登录到平台之后，主页右下角“我的任务”悬浮框中会提示当前待处理的任务，见第 2 章图 2-16。点击“我的任务”悬浮框，打开“当前任务”栏目。点击“当前任务”栏中的内部事件清单条目，打开内部事件清单批准窗口，如图 5-11 所示。

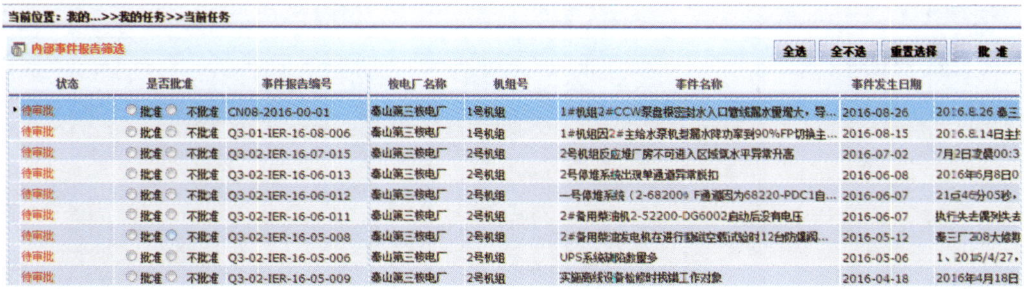

图 5-11 内部事件清单批准窗口

在此窗口的“选择”列，点击欲批准的内部事件条目“批准”单选按钮；对于不批准的内部事件条目，点击对应条目的“不批准”按钮。最后点击右上角【批准】按钮，则批准的内部事件条目发送到对应核电厂用户，由核电厂用户据此填报内部事件报告。未被批准的内部事件清单回退到核与辐射安全中心用户。

5.5 上传监督检查报告

国家核安全局用户可在“监管信息”—“新建”—“核安全局信息”—“监督检查报告”栏目中上传国家核安全局组织的监督检查报告，见第 2 章图 2-6。双击左边栏“监督检查报告”，在右边主信息区域打开“监督检查报告”页面，如图 5-12 所示。

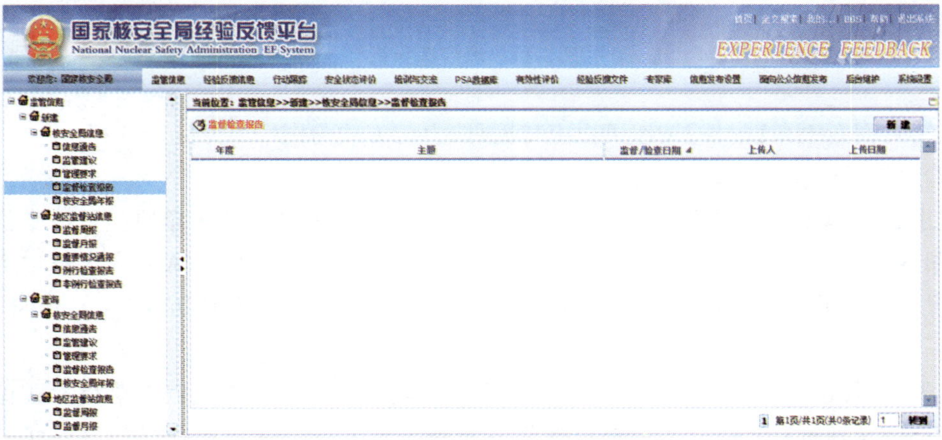

图 5-12 监督检查报告页面

点击页面右上角的【新建】按钮，弹出监督检查报告填报窗口，包括两个 Tab 页，分别是监督检查报告和监督检查报告要求列表，如图 5-13 所示。

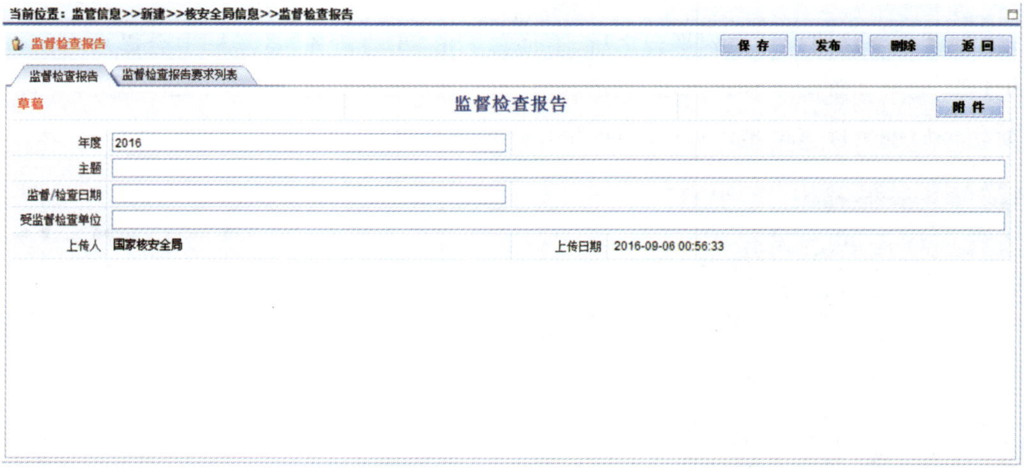

图 5-13 监督检查报告填报窗口

(1)“监督检查报告”Tab 页

“年度”字段填入四位数字；“主题”字段为手动输入；“监督/检查日期”为标准日历窗口，如图 5-8 所示。点击“受监督检查单位”，弹出下拉选择框选择电厂，如图 5-14 所示。

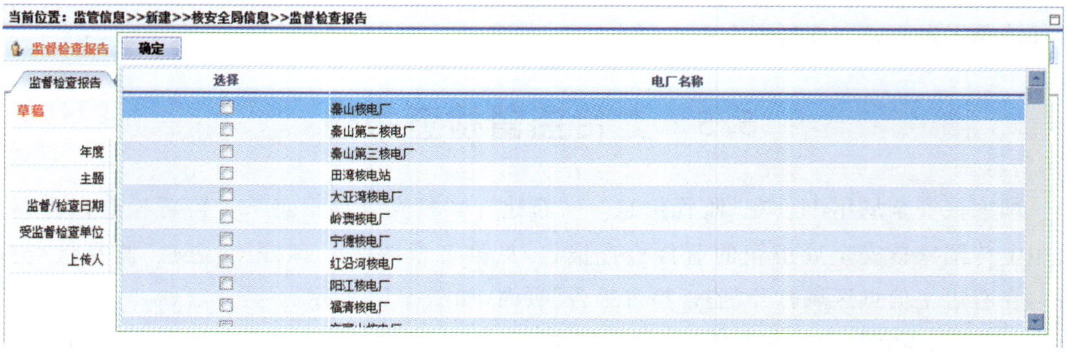

图 5-14 电厂选择框

点击页面右上角【附件】按钮可以上传附件，上传方式与图 5-3 类似。

(2)“监督检查报告要求列表”Tab 页

点击【增加】按钮增加监督检查报告要求，点击【删除】按钮删除选择的监督检查报告要求，如图 5-15 所示。其中，“要求编号”系统自动生成，方式为文号+CA+流水号；“责任单位”字段从弹出的下拉选择框中选择电厂；“要求完成日期”为标准日历窗口，操作与图 5-8 类似。

点击“监督检查报告”填报窗口右上角的【保存】按钮，监督检查报告以草稿形式保存在系统中；点击【发布】按钮，监督检查报告将发布到平台上；点击【删除】按钮，草稿状态的监

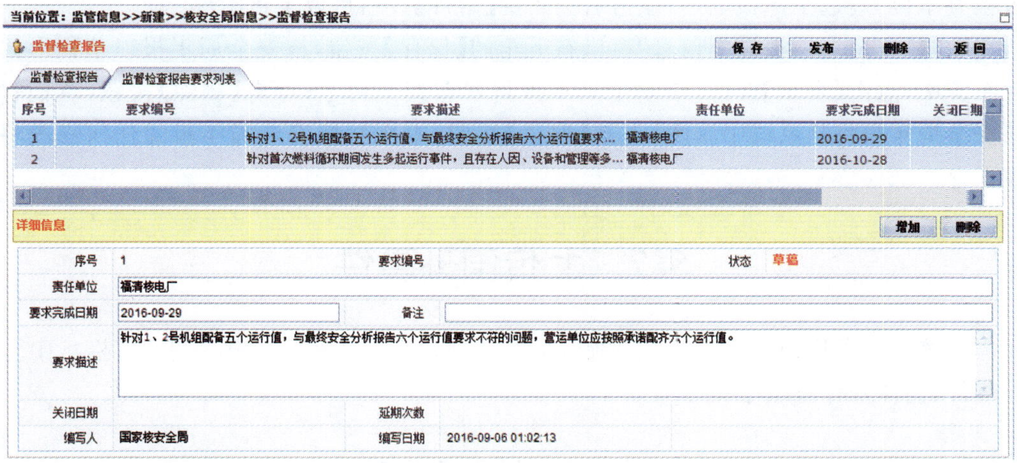

图 5-15 “监督检查报告要求列表”Tab 页

督检查报告将从系统中删除；点击【取消】按钮，本次对监督检查报告的任何修改将不会被保存。

5.6 上传核安全局年报

国家核安全局用户可在“监管信息”—“新建”—“核安全局信息”—“核安全局年报”栏目中上传国家核安全局年报，见第 2 章图 2-6。双击左边栏“核安全局年报”，在右边主信息区域打开“核安全局年报”页面，点击页面右上角的【新建】按钮，弹出“核安全局年报详细信息”窗口，如图 5-16 所示。

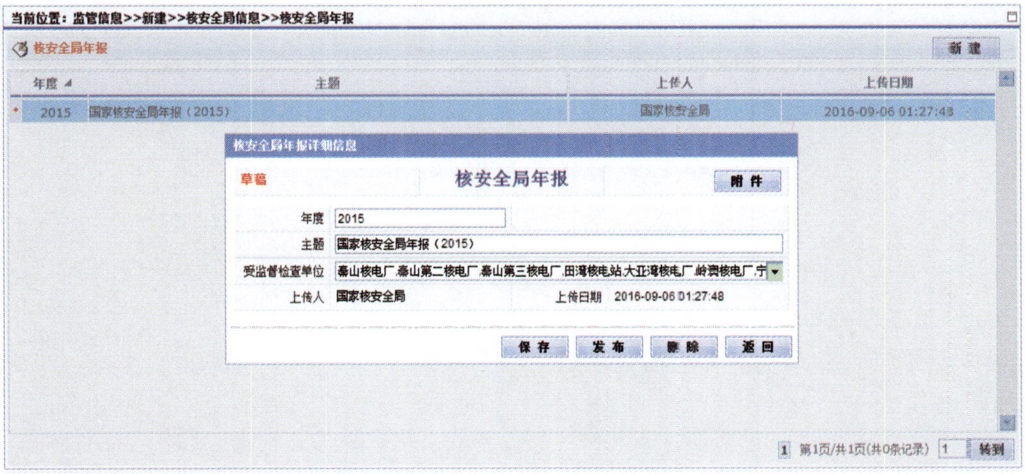

图 5-16 核安全局年报填报窗口

其中，“年度”字段要求填入四位数字；“主题”字段可以输入汉字、数字、英文字符；“受监督检查单位”勾选全部核电厂；点击右上角的【附件】按钮可以上传附件。

点击“核安全局年报详细信息”窗口右下角的【保存】按钮，核安全局年报以草稿形式保存在系统中；点击【发布】按钮，核安全局年报将发布到平台上；点击【删除】按钮，草稿状态的核安全局年报将从系统中删除；点击【取消】按钮，本次对核安全局年报的任何修改将不会被保存。

5.7 上传国外事件

国家核安全局用户可在“经验反馈信息”—“新建”—“事件”—“国外事件”栏目中上传国外事件，具体操作方法参见章节 6.4。

5.8 上传热点问题

国家核安全局用户可在“经验反馈信息”—“新建”—“其他经验反馈信息”—“热点问题”栏目中上传热点问题，具体操作方法参见章节 6.15。

\\\\ 第 6 章 \\\\

核与辐射安全中心用户职责

核与辐射安全中心在国家核安全局经验反馈体系中具体承担体系的建设完善、运维管理、经验反馈信息分析评价及提出经验反馈建议等工作。中心用户通过访问国家核安全局经验反馈平台，进行数据录入、查询和维护。具体负责的工作如下：

（1）编写信息通告；

（2）审核核电厂提交的运行事件报告（含运行事件补充报告）；

（3）筛选核安全相关的内部事件清单；

（4）上传初步安全分析报告评价报告、最终安全分析报告评价报告、十年定期安全审查报告评价报告、核电厂重要异常信息、安全重要物项修改、其他重要审评信息、经验反馈专题报告和综合报告、研究成果、国外经验反馈信息、经验反馈信息过滤会纪要、培训与交流、有效性评价、经验反馈体系文件、专家库、国外事件和热点问题。

6.1 编写信息通告

核与辐射安全中心用户可在监管信息模块中的“监管信息”—“新建”—“核安全局信息”—“信息通告”栏目中编写信息通告。点击菜单栏“监管信息”，双击左边栏中的“信息通告”，即可在右边主信息区域打开信息通告页面；点击页面右上角的【新建】按钮，弹出信息通告填报窗口，如图 6-1 所示。

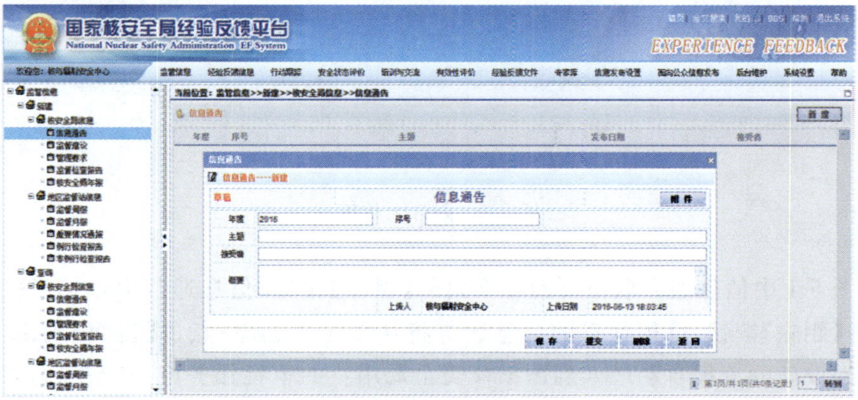

图 6-1　信息通告页面

在信息通告填报窗口中，年度字段要求填入四位数字；点击接受者字段的空白处，弹出下拉选择框，如图 6-2 所示。接受单位可以选择多个，然后点击左上角的【确定】按钮完成选择操作。

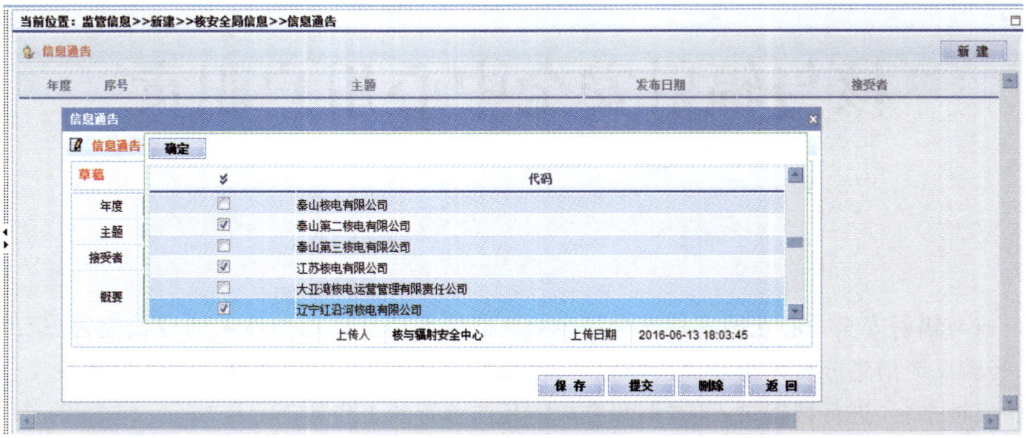

图 6-2　接受者选择框

点击信息通告填报页面右上角的【附件】按钮，可以上传附件，如图 6-3 所示。首先点击【浏览】按钮，弹出标准 Windows 文件对话框，选择文件后，点击【确定】，标准 Windows 文件对话框关闭，“请选择要上传的附件”栏内出现附件的本地存储地址，点击【上传】，则附件出现在“已上传的附件”区域。继续重复以上步骤可以上传多个附件。在“已上传的附件”区域选中某个文件，点击【删除附件】可以删除已经上传的附件。

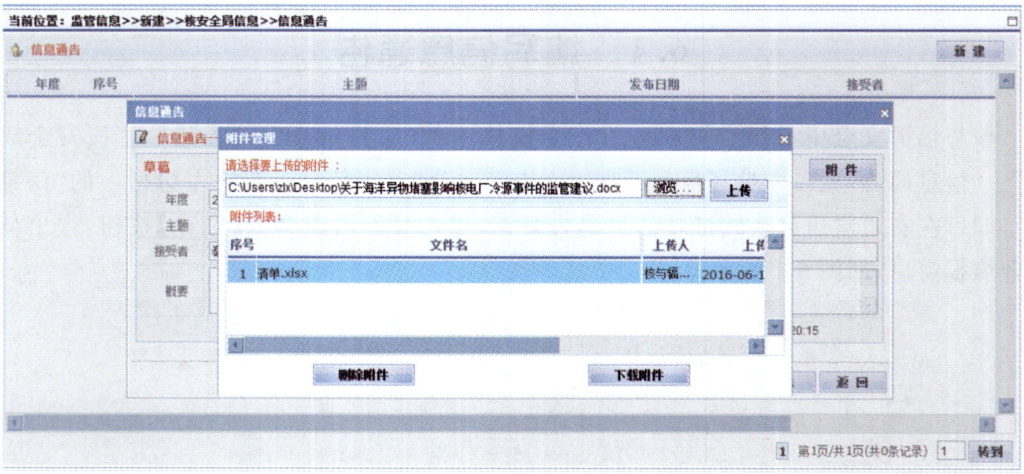

图 6-3　附件上传窗口

点击图 6-1 中信息通告填报页面右下角的【保存】按钮，信息通告以草稿形式保存在系统中；点击【删除】按钮，草稿状态的信息通告将从系统中删除；点击【提交】按钮，信息通告将按照预先设计的流程自动进入到国家核安全局用户的审批任务中，核与辐射安全中心用户不能够对已提交的信息通告进行修改；点击【返回】按钮，本次对信息通告做出的任何修改将不会被保存。

6.2　运行事件报告审核

6.2.1　运行事件报告的审核

核与辐射安全中心经验反馈用户登录到平台之后，如有运行事件报告需要审核，在主页右下角“我的任务”栏中会提示当前有任务处理，点击任务，会出现当前任务列表，在列表中会提示当前需要审核的运行事件报告，如图 6-4 所示。

图 6-4　待审核运行事件报告

双击运行事件报告审核条目，打开“运行事件报告表单—审核”页面，如图 6-5 所示。核与辐射安全中心经验反馈用户审核表单内容，并在页面下部填写评审或回退意见。

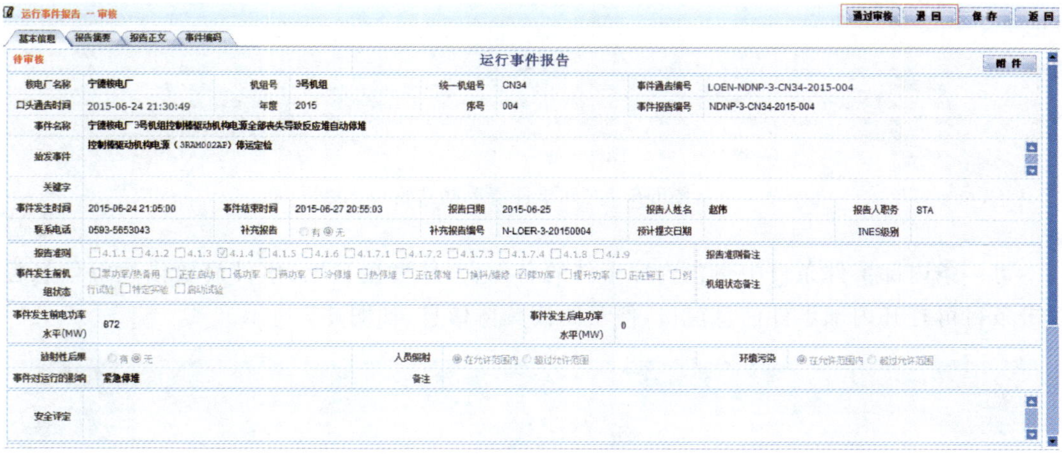

图 6-5　运行事件报告表单审核页面

在页面右上角功能按钮区有四个功能按钮。若通过则填写评审意见并点击【通过审核】按钮，运行事件报告通过审评，审核意见发布到平台上；若不通过则填写回退意见并点击【退回】按钮，运行事件报告未通过审评，审核意见连同运行事件报告退回给对应的核电厂用户，核电厂用户根据核与辐射安全中心经验反馈用户的审核意见重新修改完善运行事件报告之后，重新提交审核；点击【保存】按钮，核与辐射安全中心的审核意见将存储在平台中，可通过我的任务栏再次进入“运行事件报告表单—审核”页面再次编辑；点击【返回】按钮，本次填写的运行事件报告审核意见将不予保存，直接退出。

6.2.2 运行事件补充报告的审核

具体操作与运行事件报告审核类似，核与辐射安全中心经验反馈用户登录到平台之后，如有运行事件补充报告需要审核，在主页右下角“我的任务”栏中会提示当前有任务处理，点击任务，会出现当前任务列表，在列表中会提示当前需要审核的运行事件补充报告，双击运行事件补充报告审核条目，打开“运行事件补充报告表单—审核”页面进行审核操作。

6.3 核电厂内部事件清单的筛选

核与辐射安全中心用户登录到平台之后，如有内部事件清单需要进行筛选，在主页右下角“我的任务”栏中会提示当前有任务处理，点击任务，会出现任务列表，点击内部事件清单，打开“内部事件清单筛选”窗口，如图 6-6 所示。

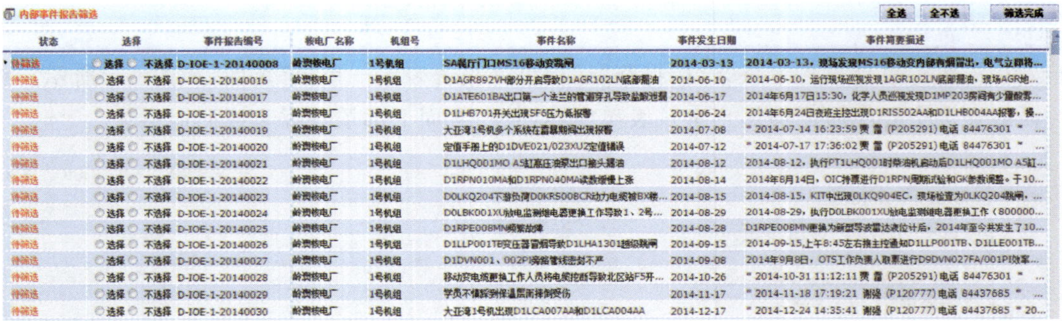

图 6-6 内部事件清单筛选窗口

每一条内部事件条目中包含内部事件的名称、事件发生日期、事件简要描述等信息栏，双击条目可打开内部事件信息窗口，便于阅读具体信息，如图 6-7 所示。

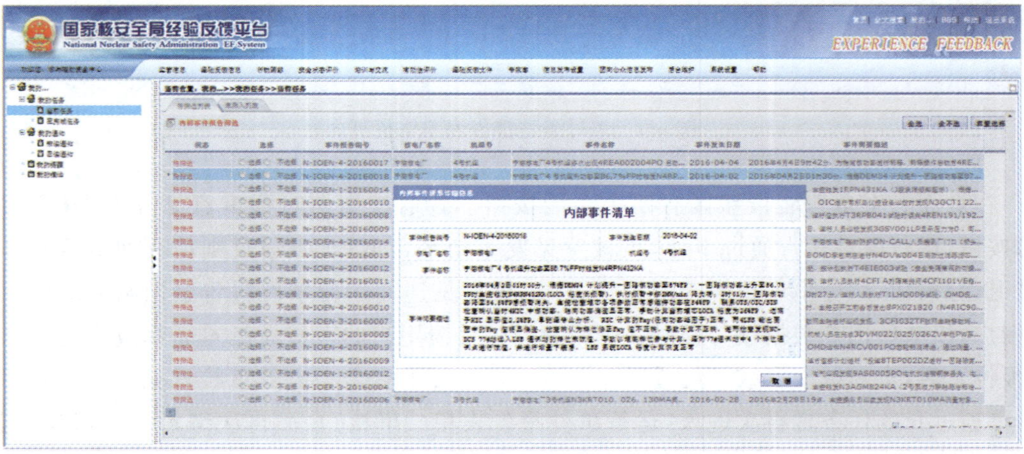

图 6-7 内部事件信息窗口

对于清单中每个内部事件都有“选择”和“不选择”单选框，第一次筛选时，“选择”和“不选择”单选框均未选中，此时状态栏中对应的状态为“待筛选”。在“内部事件清单筛选”窗口的“选择”列，点击欲筛入的内部事件条目“选择”单选按钮；对于不筛入的内部事件条目，在“内部事件清单筛选”窗口的“选择”列，点击对应条目的【不选择】按钮。最后点击右上角【筛选完成】按钮，则筛入的内部事件条目进入国家核安全局用户批准环节，未被筛入的内部事件清单状态为“未筛入”，可在“经验反馈信息—事件—内部事件清单筛选”中进行二次筛选，方法与初次筛选的方法相同。点击“经验反馈信息”菜单，再在左边栏点击“内部事件清单筛选”，可以进入到“经验反馈信息—事件—内部事件清单筛选”页面。

6.4　上传国外事件

核与辐射安全中心用户可在“经验反馈信息”—“新建”—“事件”—“国外事件”栏目中上传国外事件。点击菜单栏“经验反馈信息”，然后在左边栏双击“国外事件”，在右边主信息区域打开了国外事件页面，如图 6-8 所示。

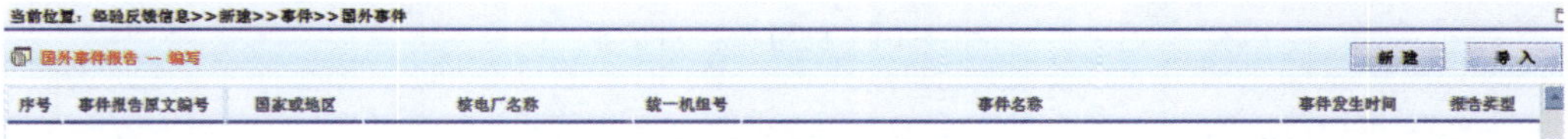

图 6-8　国外事件编写页面

1）新建国外事件

点击页面右上角的【新建】按钮，弹出国外事件填报窗口，如图 6-9。国外事件报告填报页面，所有红色文字标示的字段为必填字段。

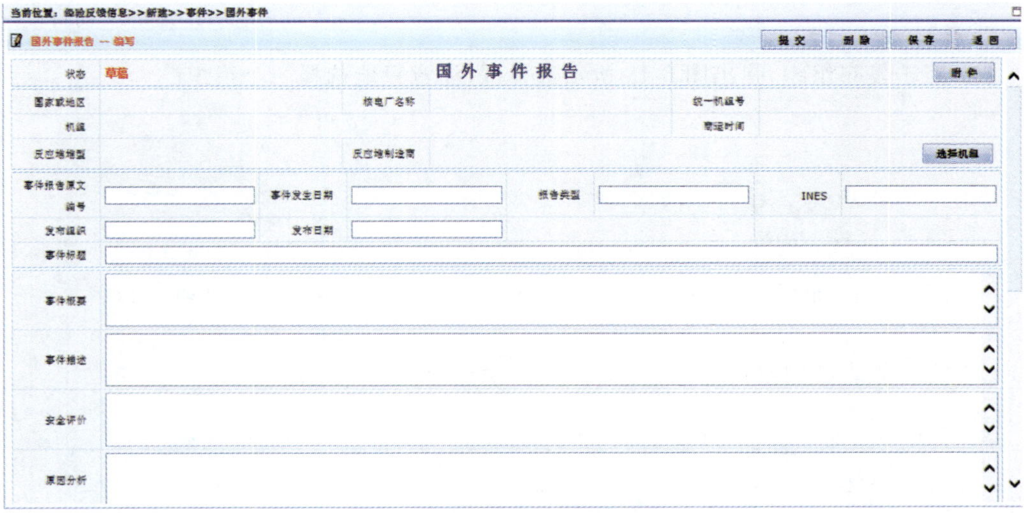

图 6-9　国外事件填报窗口

（1）点击【选择机组】按钮，弹出选择机组对话框；对话框可输入关键字进行机组过滤，缩小选择范围；点选一条机组记录，点击【确定】保存机组至事件编辑页面；点击【取消】本次对机组的任何修改将不会被保存，如图 6-10 所示。

图 6-10 机组选择对话框

(2) 输入事件报告编号。事件发生日期、发布日期为标准日历窗口，如图 6-11 所示，点击“▸”为下一月，点击“◂”为上一月，点击“⏩”为下一年，点击“⏪”为上一年，点击某一日期则日历窗口关闭，点击“今天”则选择今天日期，点击“清除”则事件发生/发布日期被清除。

图 6-11 标准日历窗口

(3) 点击报告类型，弹出图 6-12 所示选择框，注意只能选择一种类型。

(4) 点击发布组织，弹出图 6-13 所示选择框，注意只能选择一个组织。

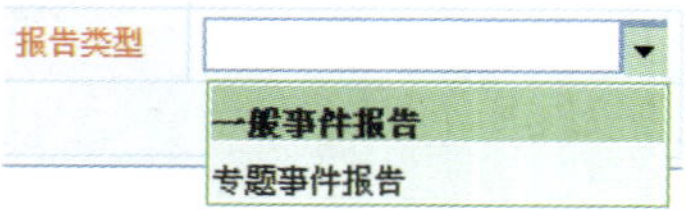

图 6-12 报告类型选择框

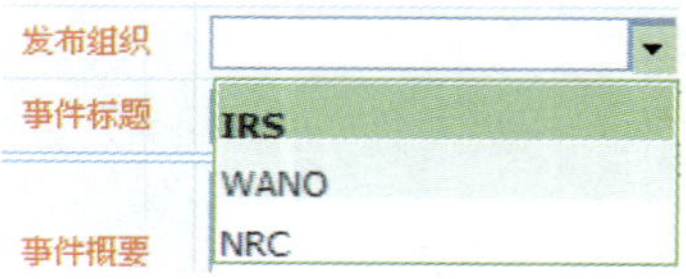

图 6-13 发布组织选择框

(5) 点击报告准则空白处，弹出如 6-14 所示选择框，可多选。

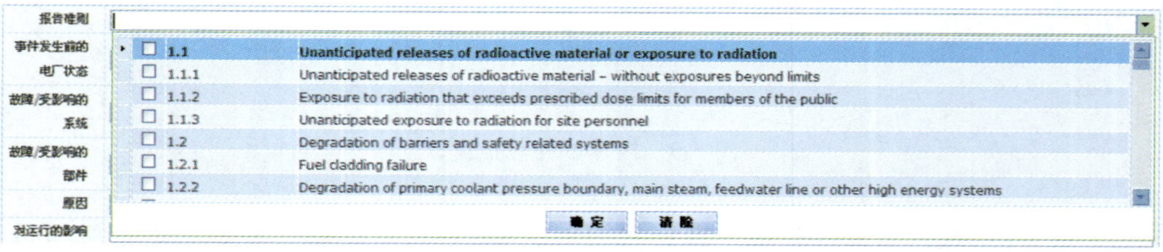

图 6-14 报告准则选择框

(6) 事件发生前的电厂状态、故障/受影响的系统、故障/受影响的部件、原因、对运行的影响、事件的特征、故障和错误的本质、恢复行动字段的操作方法与报告准则的选择方法相同,请参阅。

点击国外事件报告右上角【附件】按钮可以上传附件,操作方法参见信息通告附件上传。点击国外事件填报窗口右上角的【保存】按钮,国外事件以草稿形式保存在系统中;点击【删除】按钮,草稿状态的国外事件将从系统中删除;点击【发布】按钮,国外事件将发布到平台上;点击【取消】按钮,本次对国外事件的任何修改将不会被保存。

2) 导入国外事件

点击图 6-8 显示页面右上角的【导入】按钮,弹出国外事件导入窗口,如图 6-15 所示。

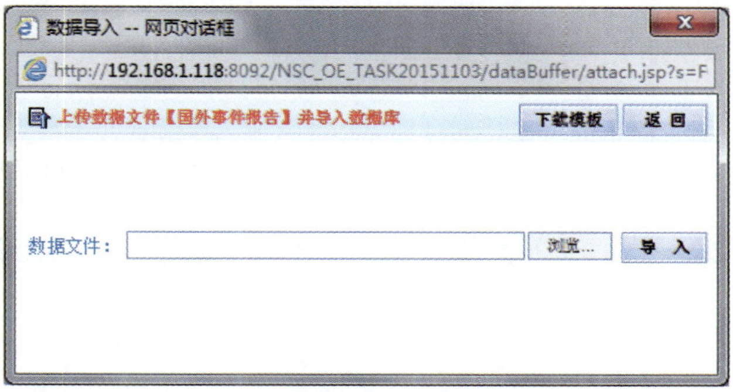

图 6-15　国外事件导入窗口

点击【下载模板】按钮,下载国外事件报告的导入模板。下载完毕后,打开文件,填写国外事件报告内容,如图 6-16 所示。按照模板要求依次填写各条记录,白色底色标题列为必填项,蓝色底色标题列为非必填项。

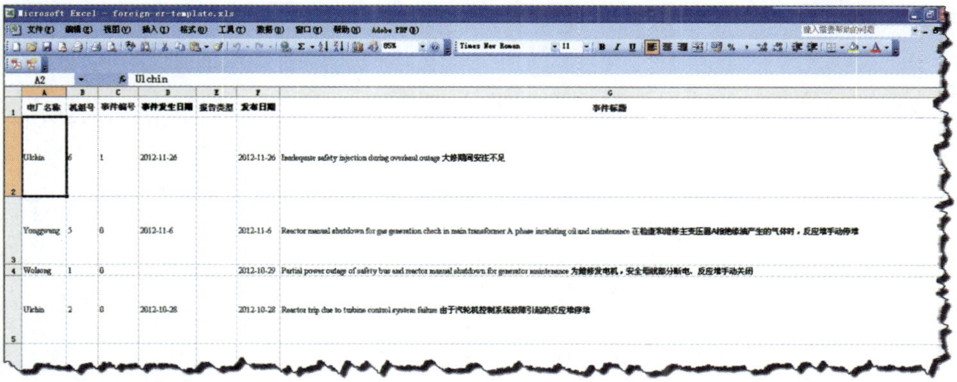

图 6-16　国外事件报告的导入模板

点击图 6-15 中的浏览按钮,弹出标准 Windows 文件对话框,选择符合模板要求文件后,点击【导入】按钮,提示上传成功“共导入【XX】条国外事件报告数据!”。

6.5 上传初步安全分析报告评价报告

核与辐射安全中心用户可在“经验反馈信息”—“其他经验反馈信息”—“初步安全分析报告”栏目中上传初步安全分析报告。首先在菜单栏点击“经验反馈信息”，然后在左边栏双击“初步安全分析报告”，在右边主信息区域打开了初步安全分析报告页面，如图 6-17 所示。

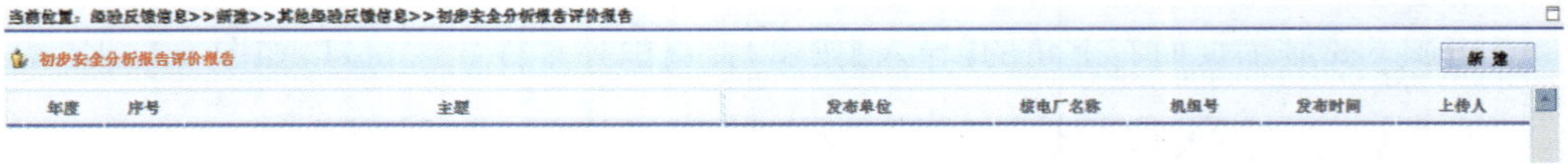

图 6-17　初步安全分析报告页面

点击页面右上角的【新建】按钮，弹出初步安全分析报告填报窗口，如 6-18 所示。

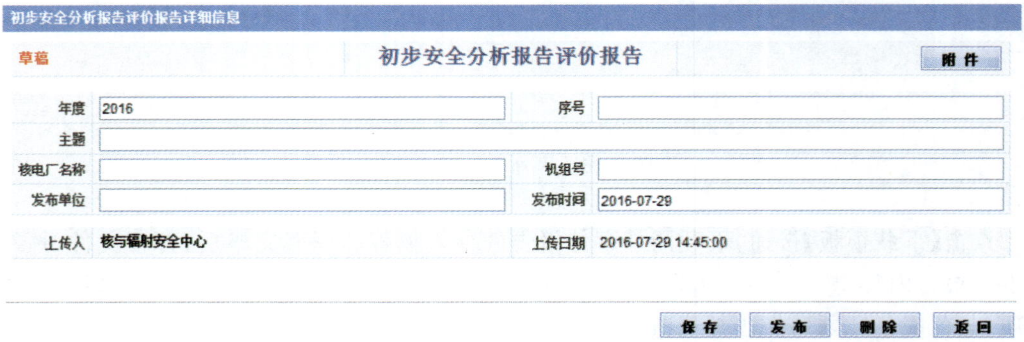

图 6-18　初步安全分析报告填报窗口

(1) 点击“年度”字段，弹出选择框选择年份，如图 6-19 所示。

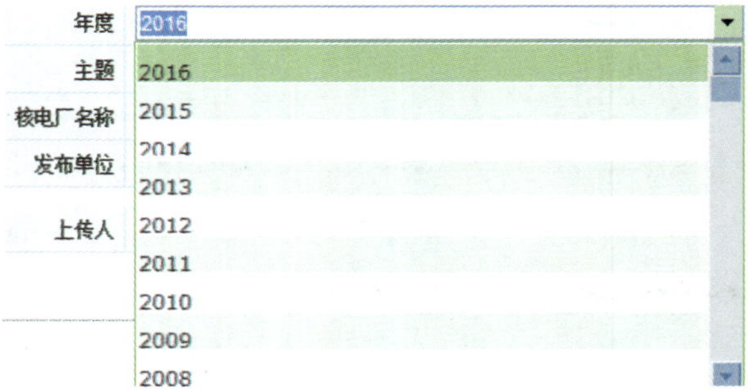

图 6-19　年份选择框

(2) 点击“序号”，输入 3 位阿拉伯数字。

(3) 点击“核电厂名称”字段，弹出图 6-20 选择框选择电厂，仅能选择一个电厂。

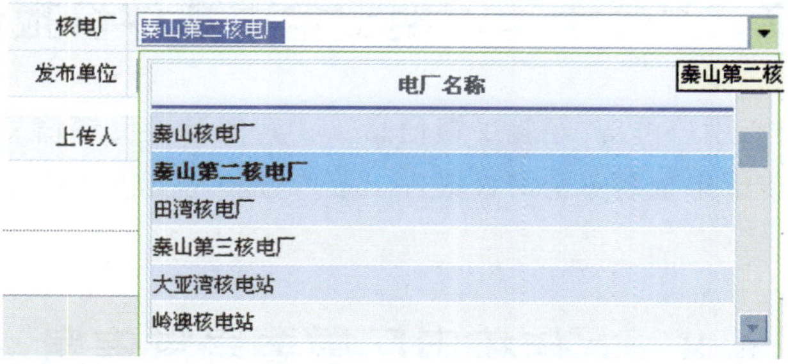

图 6-20　电厂选择框

(4) 点击“机组号”字段，弹出图 6-21 所示选择框选择机组号，只有选择了电厂才可选择机组，可多选，然后点击【确定】按钮。

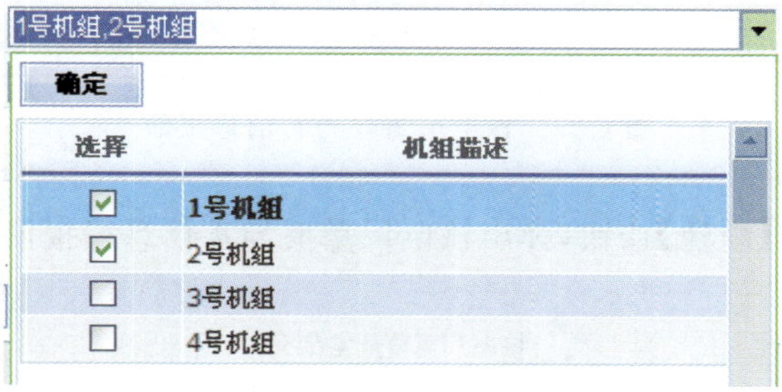

图 6-21　机组选择框

(5) 点击“发布时间”字段，发布日期为标准日历窗口，操作方法参见图 6-12 的描述。

(6) 点击图 6-18 初步安全分析报告评价报告填报窗口右上角【附件】按钮可以上传附件，操作方法参见图 6-3 的描述。

点击图 6-18 初步安全分析报告评价报告填报窗口右下角的【保存】按钮，初步安全分析报告评价报告以草稿形式保存在系统中；点击【删除】按钮，草稿状态的初步安全分析报告评价报告将从系统中删除；点击【发布】按钮，初步安全分析报告评价报告将发布到平台上；点击【取消】按钮，本次对初步安全分析报告评价报告的任何修改将不会被保存。

6.6　上传最终安全分析报告评价报告

核与辐射安全中心用户可在“经验反馈信息”—“其他经验反馈信息”—“最终安全分析报告”栏目中上传最终安全分析报告。上传方法与上传初步安全分析报告评价报告相同。

6.7 上传十年定期安全审查评价报告

核与辐射安全中心用户可在“经验反馈信息”—“其他经验反馈信息”—“十年定期安全审查报告”栏目中上传十年定期安全审查报告。上传方法与上传初步安全分析报告评价报告相同。

6.8 上传核电厂重要异常信息

核与辐射安全中心用户可在“经验反馈信息”—“其他经验反馈信息”—“核电厂重要异常信息”栏目中上传核电厂重要异常信息。首先在菜单栏点击“经验反馈信息”，然后在左边栏双击“核电厂重要异常信息”，在右边主信息区域打开了核电厂重要异常信息页面，如图 6-22 所示。

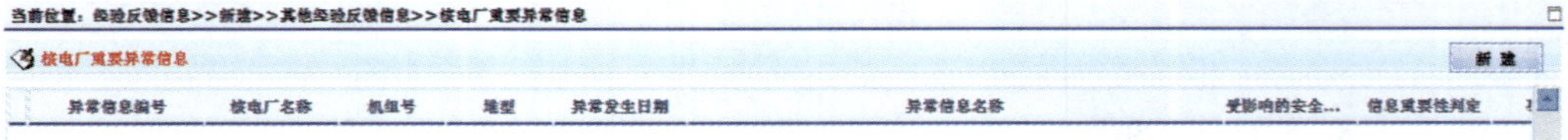

图 6-22 核电厂重要异常信息页面

点击页面右上角的【新建】按钮，弹出核电厂重要异常信息填报窗口见图 6-23。

图 6-23 核电厂重要异常信息填报窗口

（1）点击“核电厂名称”字段，弹出图 6-24 选择框选择电厂，仅能选择一个电厂；

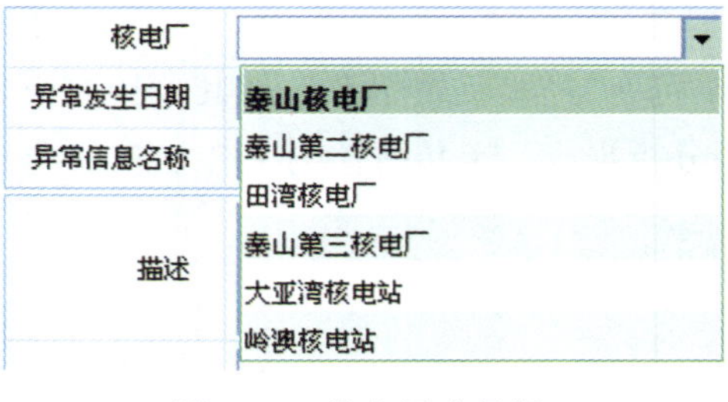

图 6-24 核电厂选择框

(2) 点击“机组号”字段，弹出图 6-21 选择框选择机组号，只有选择了电厂才可选择机组，可多选，然后点击【确定】按钮；

(3) 点击“异常发生日期”字段，为标准日历窗口，操作方法参见图 6-11 的描述；

(4) 输入异常信息名称；

(5) 勾选机组状态的选择框；

(6) 点击“受影响的安全基石”字段，弹出图 6-25 选择框选择受影响的安全基石；

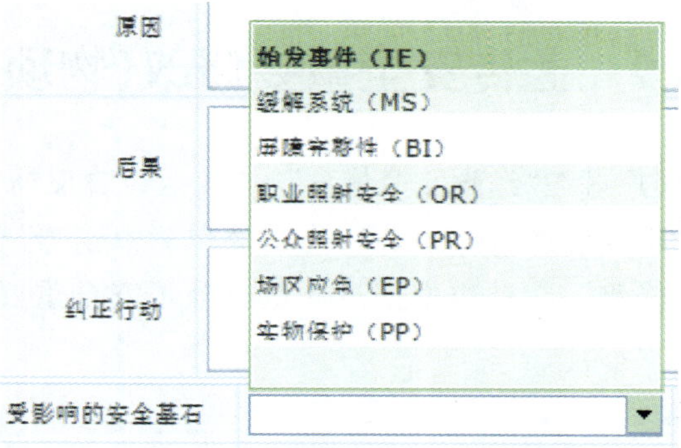

图 6-25　安全基石选择框

(7) 点击“信息重要性判定”字段，弹出选择框选择信息重要性判定；

(8) 点击“事件原因”字段，弹出图 6-26 选择框选择事件原因；

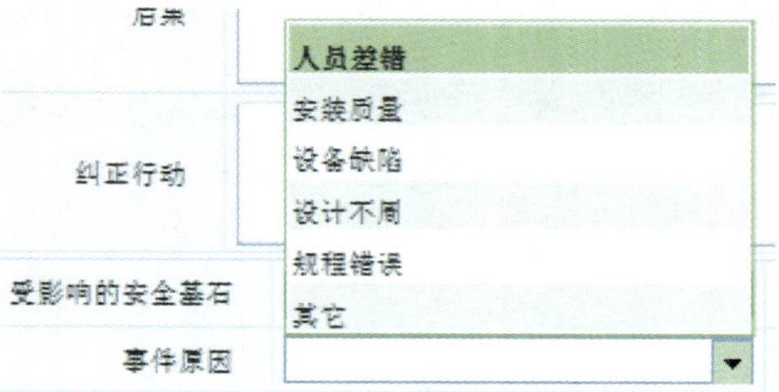

图 6-26　事件原因选择框

(9) 点击“受影响的系统”字段，弹出图 6-27 选择框选择受影响的系统；

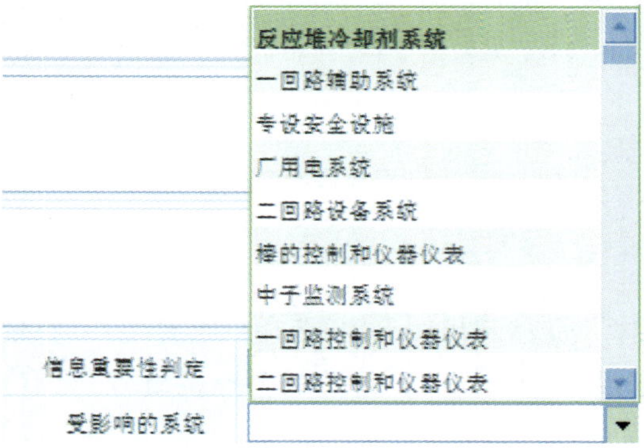

图 6-27　受影响的系统选择框

（10）点击图 6-23 核电厂重要异常信息填报窗口右上角【附件】按钮可以上传附件，操作方法参见图 6-3 的描述。

点击图 6-23 核电厂重要异常信息填报窗口右下角的【保存】按钮，核电厂重要异常信息以草稿形式保存在系统中；点击【删除】按钮，草稿状态的核电厂重要异常信息将从系统中删除；点击【发布】按钮，核电厂重要异常信息将发布到平台上；点击【取消】按钮，本次对核电厂重要异常信息的任何修改将不会被保存。

6.9 上传安全重要修改(物项)

核与辐射安全中心用户可在“经验反馈信息”—“其他经验反馈信息”—“安全重要修改(物项)”栏目中上传安全重要修改(物项)。首先在菜单栏点击“经验反馈信息”，然后在左边栏双击“安全重要物项修改”，在右边主信息区域打开了安全重要修改(物项)页面，如图 6-28 所示。

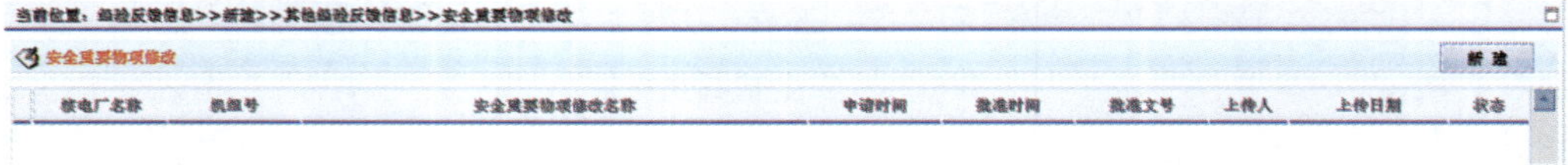

图 6-28　安全重要修改(物项)页面

点击页面右上角的【新建】按钮，弹出安全重要修改(物项)填报窗口，如图 6-29 所示。

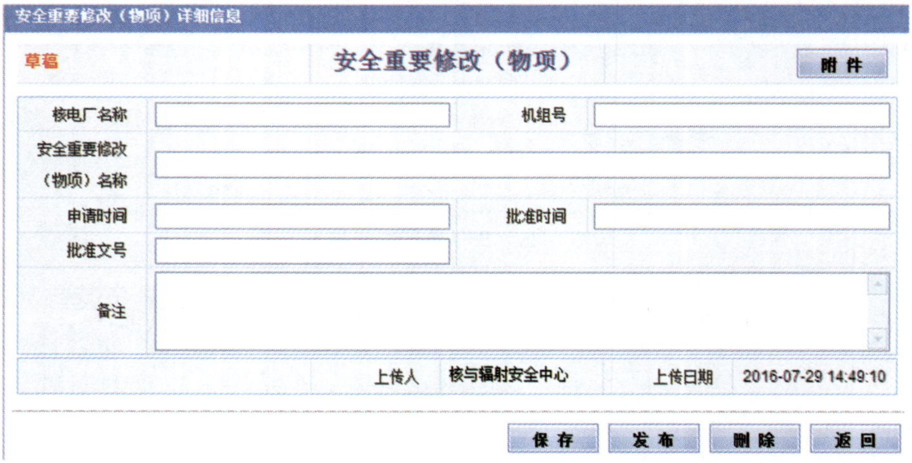

图 6-29　安全重要修改(物项)填报窗口

（1）点击“核电厂名称”字段，弹出图 6-30 选择框选择电厂，仅能选择一个电厂。

（2）点击“机组号”字段，弹出图 6-21 选择框选择机组号，只有选择了电厂才可选择机组，可多选，点击【确定】按钮；

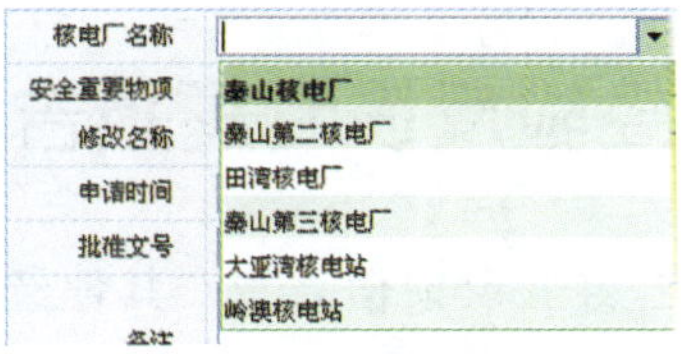

图 6-30　电厂选择框

(3) 点击“申请时间”“批准时间”字段，为标准日历窗口，操作方法参见图 6-11 的描述。

(4) 点击图 6-29 安全重要修改(物项)窗口右上角【附件】按钮可以上传附件，操作方法参见图 6-3 的描述。

点击图 6-29 安全重要修改(物项)填报窗口右下角的【保存】按钮，安全重要修改(物项)以草稿形式保存在系统中；点击【删除】按钮，草稿状态的安全重要修改(物项)将从系统中删除；点击【发布】按钮，安全重要修改(物项)将发布到平台上；点击【取消】按钮，本次对安全重要修改(物项)的任何修改将不会被保存。

6.10　上传其他重要审评信息

核与辐射安全中心用户可在“经验反馈信息”—“其他经验反馈信息”—“其他重要审评信息”栏目中上传其他重要审评信息。首先在菜单栏点击“经验反馈信息”，然后在左边栏双击“其他重要审评信息”，在右边主信息区域打开了其他重要审评信息页面，如图 6-31 所示。

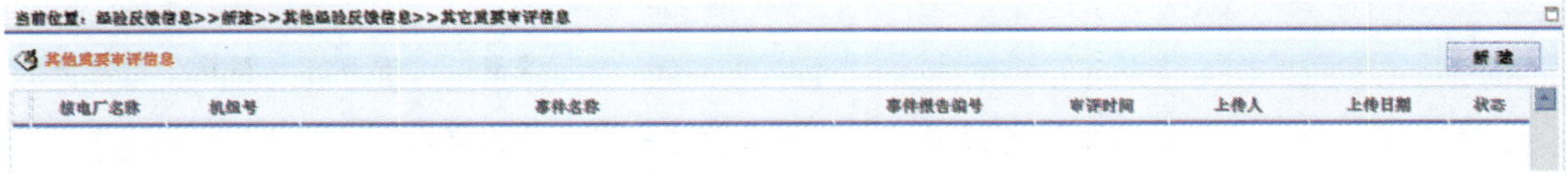

图 6-31　其他重要审评信息页面

点击页面右上角的【新建】按钮，弹出其他重要审评信息填报窗口，如图 6-32 所示。填报方法与填报安全重要修改(物项)类似。

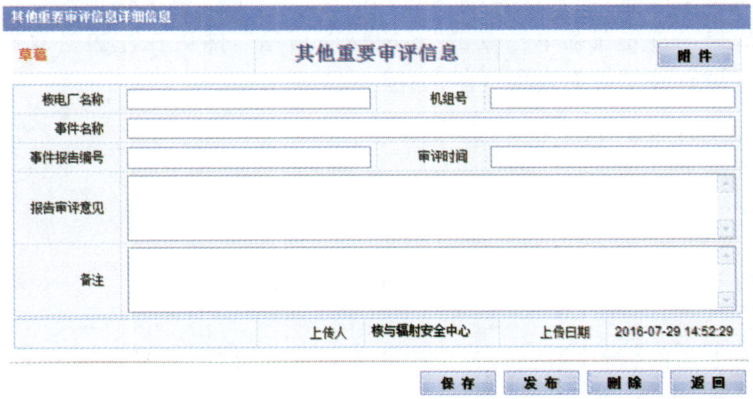

图 6-32　其他重要审评信息填报窗口

6.11 上传经验反馈专题报告和综合报告

核与辐射安全中心用户可在“经验反馈信息”—“其他经验反馈信息”—“经验反馈专题报告和综合报告”栏目中上传经验反馈专题报告和综合报告。首先在菜单栏点击“经验反馈信息”，然后在左边栏双击“经验反馈专题报告和综合报告”，在右边主信息区域打开了经验反馈专题报告和综合报告页面，如图 6-33 所示。

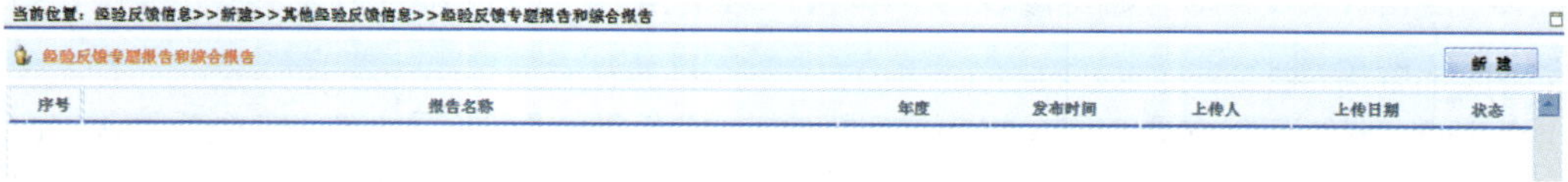

图 6-33 经验反馈专题报告和综合报告页面

点击页面右上角的【新建】按钮，弹出经验反馈专题报告和综合报告填报窗口，如图 6-34所示。填报方法与填报安全重要修改(物项)类似。

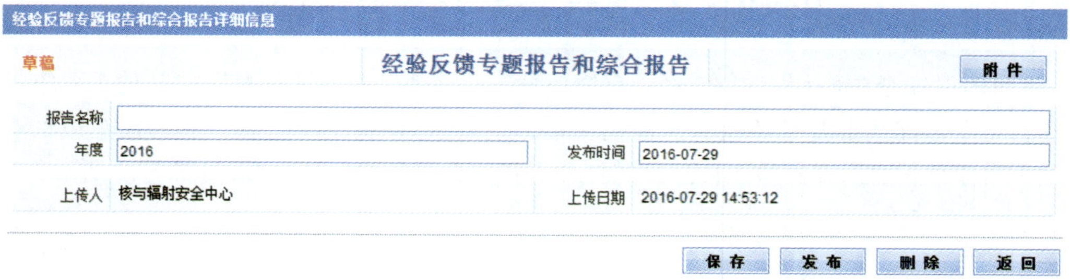

图 6-34 经验反馈专题报告和综合报告填报窗口

6.12 上传研究成果

核与辐射安全中心用户可在“经验反馈信息”—“其他经验反馈信息”—“研究成果”栏目中上传研究成果。首先在菜单栏点击“经验反馈信息”，然后在左边栏双击“研究成果”，在右边主信息区域打开了研究成果页面，如图 6-35 所示。

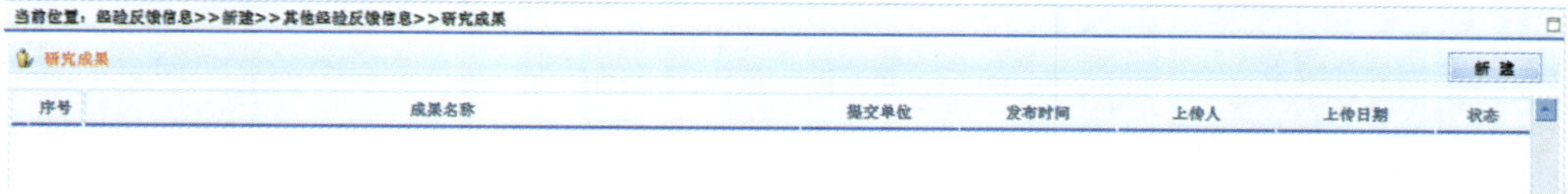

图 6-35 研究成果页面

点击页面右上角的【新建】按钮，弹出研究成果填报窗口，如图 6-36 所示。填报方法与填报安全重要修改(物项)类似。

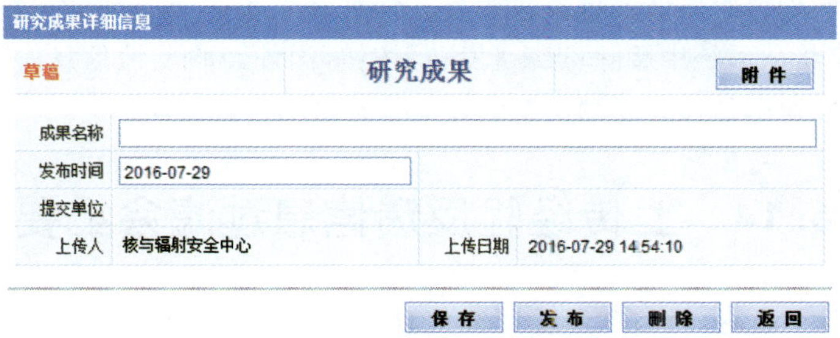

图 6-36　研究成果填报窗口

6.13　上传国外经验反馈信息

核与辐射安全中心用户可在“经验反馈信息”—“其他经验反馈信息”—“国外经验反馈”栏目中上传国外经验反馈。首先在菜单栏点击“经验反馈信息”，然后在左边栏双击“国外经验反馈信息”，在右边主信息区域打开了国外经验反馈信息页面，如图 6-37 所示。

图 6-37　国外经验反馈信息页面

点击页面右上角的【新建】按钮，弹出国外经验反馈信息填报窗口，如图 6-38 所示。

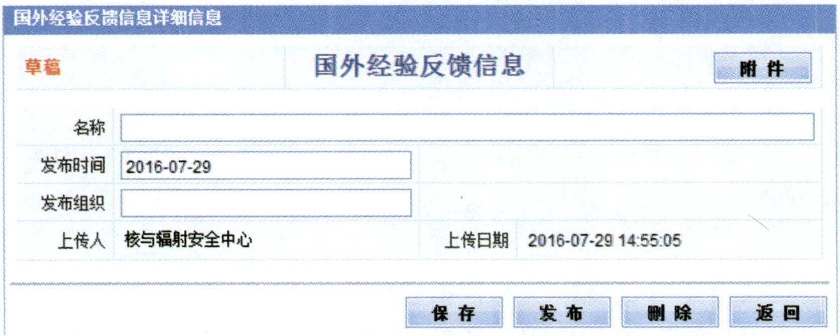

图 6-38　国外经验反馈信息填报窗口

（1）点击“发布时间”字段，为标准日历窗口，操作方法参见图 6-11 的描述。

（2）点击“发布组织”字段，弹出图 6-39 选择框选择组织，仅能选择一个组织。

（3）点击图 6-38 国外经验反馈信息右上角【附件】按钮可以上传附件，操作方法参见图 6-3 的描述。

图 6-39　发布组织选择框

点击图 6-38 国外经验反馈信息填报窗口右下

角的【保存】按钮，国外经验反馈信息以草稿形式保存在系统中；点击【删除】按钮，草稿状态的国外经验反馈信息将从系统中删除；点击【发布】按钮，国外经验反馈信息将发布到平台上；点击【取消】按钮，本次对国外经验反馈信息的任何修改将不会被保存。

6.14 上传经验反馈信息过滤会纪要

核与辐射安全中心用户可在“经验反馈信息”—“其他经验反馈信息”—“经验反馈信息过滤会纪要”栏目中上传经验反馈信息过滤会纪要。首先在菜单栏点击“经验反馈信息”，然后在左边栏双击“经验反馈信息过滤会纪要”，在右边主信息区域打开了经验反馈信息过滤会纪要页面，如图 6-40 所示。

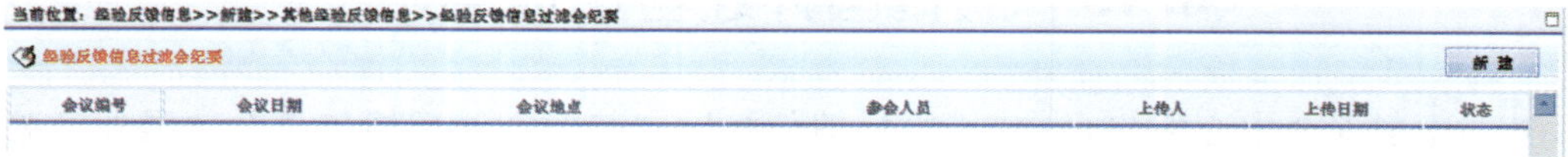

图 6-40 经验反馈信息过滤会纪要页面

点击页面右上角的【新建】按钮，弹出经验反馈信息过滤会纪要填报窗口，如图 6-41 所示。

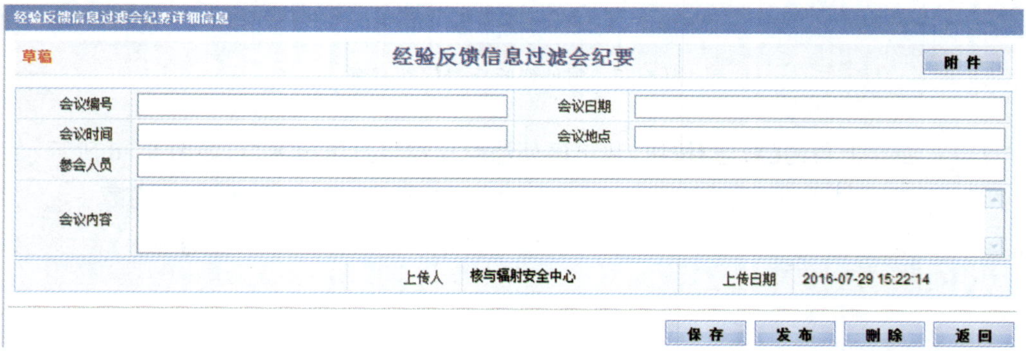

图 6-41 经验反馈信息过滤会纪要填报窗口

(1) 点击“会议编号”字段，输入 7 位阿拉伯数字；

(2) 点击“会议日期”字段，为标准日历窗口，操作方法参见图 6-11 的描述。

(3) 点击图 6-41 经验反馈信息过滤会纪要右上角【附件】按钮可以上传附件，操作方法已经在信息通告中描述过了，请参阅。

点击图 6-41 经验反馈信息过滤会纪要填报窗口右下角的【保存】按钮，经验反馈信息过滤会纪要以草稿形式保存在系统中；点击【删除】按钮，草稿状态的经验反馈信息过滤会纪要将从系统中删除；点击【发布】按钮，经验反馈信息过滤会纪要将发布到平台上；点击【取消】按钮，本次对经验反馈信息过滤会纪要的任何修改将不会被保存。

6.15　上传热点问题

核与辐射安全中心用户可在“经验反馈信息”—“其他经验反馈信息”—“热点问题”栏目中上传热点问题。首先在菜单栏点击“经验反馈信息”，然后在左边栏双击“热点问题”，在右边主信息区域打开了热点问题页面，如图 6-42 所示。

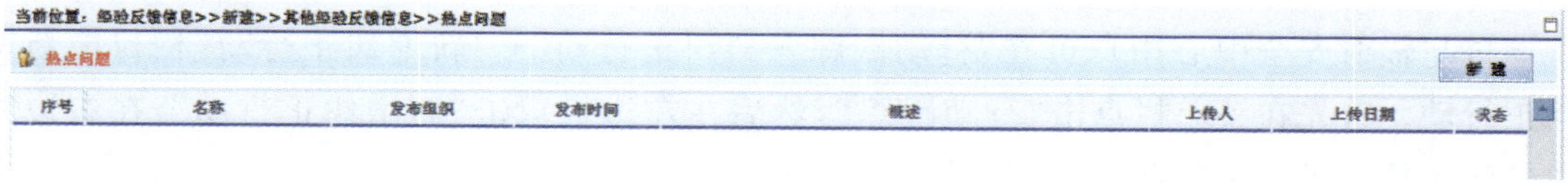

图 6-42　热点问题页面

点击页面右上角的“新建”按钮，弹出热点问题填报窗口，如图 6-43 所示。

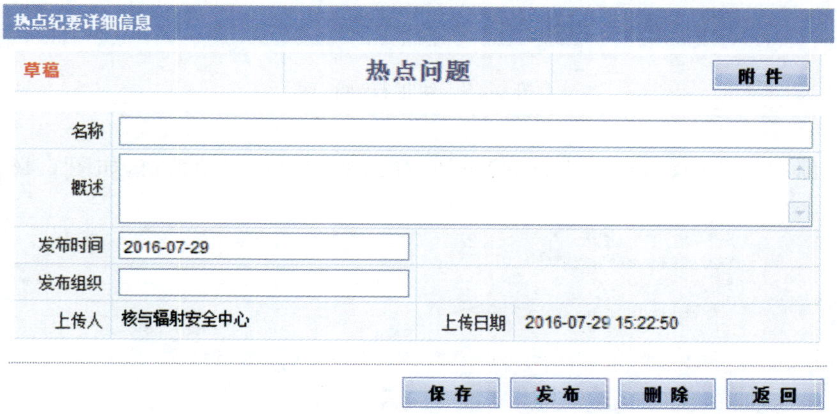

图 6-43　热点问题填报窗口

(1) 点击“名称”字段，输入热点问题名称；
(2) 点击“概述”，输入热点问题的内容概述；
(3) 点击“发布时间”字段，为标准日历窗口，操作方法参见图 6-11 的描述；
(4) 点击“发布组织”字段，弹出图 6-44 选择框选择组织，仅能选择一个组织；

图 6-44　发布组织选择框

（5）点击热点问题右上角【附件】按钮可以上传附件，操作方法参见图 6-3 的描述。

点击图 6-43 热点问题填报窗口右下角的【保存】按钮，热点问题以草稿形式保存在系统中；点击【删除】按钮，草稿状态的热点问题将从系统中删除；点击【发布】按钮，热点问题将发布到平台上；点击【取消】按钮，本次对热点问题的任何修改将不会被保存。

6.16 新增纠正行动

核与辐射安全中心用户可在“行动跟踪”—“纠正行动”—“新增纠正行动”栏目中新增纠正行动。首先在菜单栏点击“行动跟踪”，然后在左边栏双击“新增纠正行动”，在右边主信息区域打开了纠正行动页面，如图 6-45 所示。

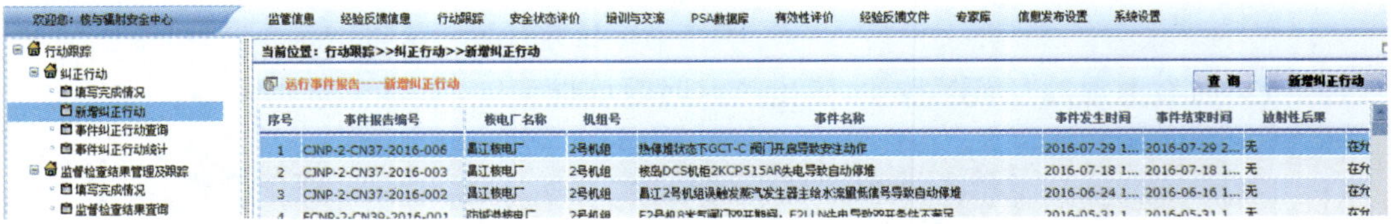

图 6-45 纠正行动页面

点击页面右上角的【新增纠正行动】按钮，弹出新增纠正行动窗口，如图 6-46 所示。

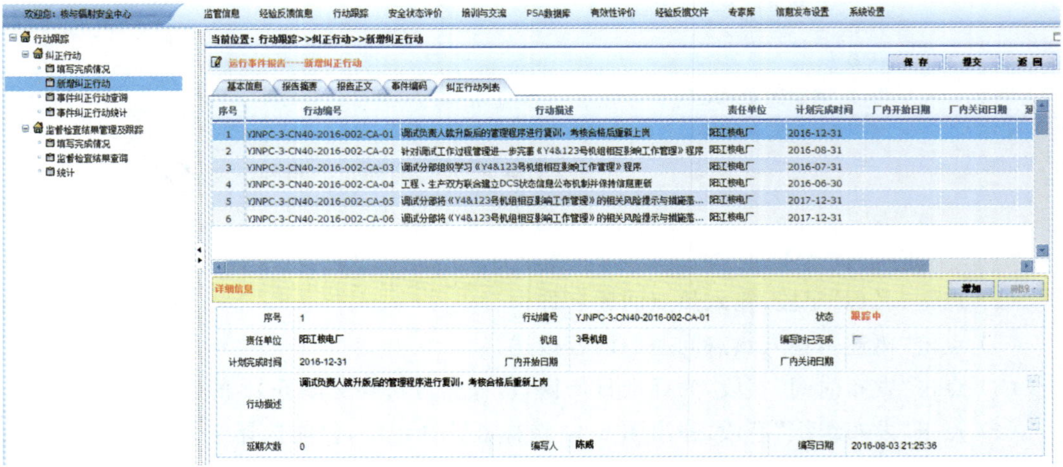

图 6-46 新增纠正行动窗口

（1）在“行动编号”字段输入编号；

（2）点击“机组”字段，下拉选择机组号；

（3）“编写时已完成”可勾选；

（4）“计划完成时间”“厂内开始日期”字段是标准日历控件，操作方法参见图 6-11 的描述。

（5）点击“行动描述”直接输入字符串。

6.17　上传培训计划

核与辐射安全中心用户可在“培训与交流”—“培训”—“培训计划”栏目中上传培训计划。首先在菜单栏点击“培训与交流”，然后在左边栏双击“培训计划”，在右边主信息区域打开了培训计划页面，如图 6-47 所示。

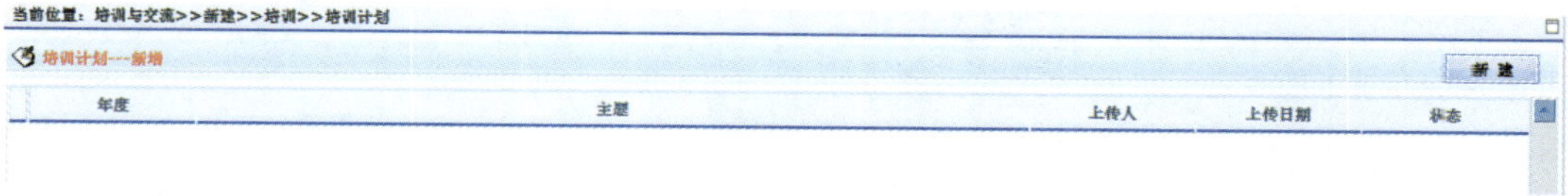

图 6-47　培训计划页面

点击页面右上角的【新增】按钮，弹出培训计划填报窗口，如图 6-48 所示。

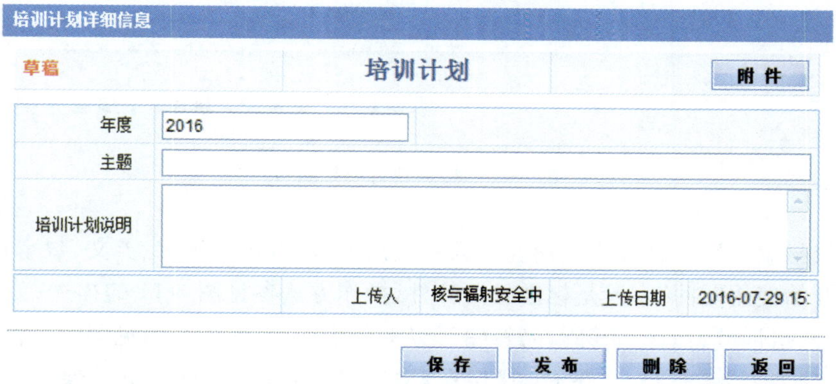

图 6-48　培训计划填报窗口

（1）点击“年度”字段，弹出下拉框，选择年度；

（2）“主题”“培训计划说明”字段可输入汉字、英文、数字及其组合；

（3）点击培训计划右上角【附件】按钮可以上传附件，操作方法参见图 6-3 的描述。

点击培训计划填报窗口右下角的【保存】按钮，培训计划以草稿形式保存在系统中；点击【删除】按钮，草稿状态的培训计划将从系统中删除；点击【发布】按钮，培训计划将发布到平台上；点击【取消】按钮，本次对培训计划的任何修改将不会被保存。

6.18　上传培训教材

核与辐射安全中心用户可在“培训与交流”—“培训”—“培训教材”栏目中上传培训教材。首先在菜单栏点击“培训与交流”，然后在左边栏双击“培训教材”，在右边主信息区域打开了培训教材页面，如图 6-49 所示。

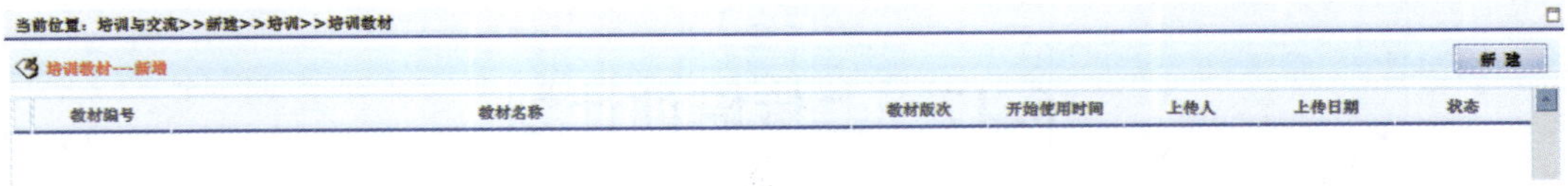

图 6-49　培训教材页面

点击页面右上角的【新增】按钮，弹出培训教材填报窗口，如图 6-50 所示。

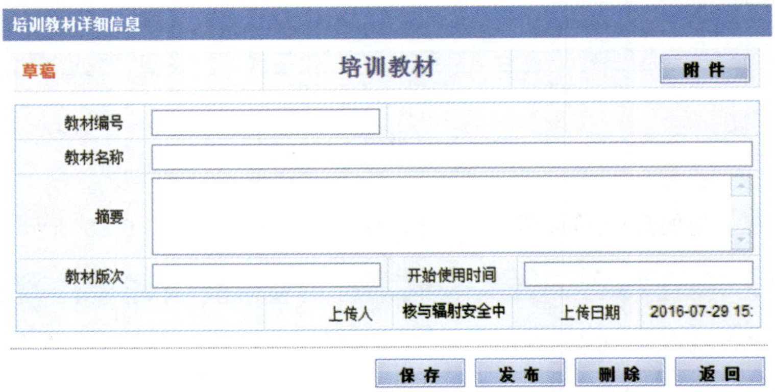

图 6-50　培训教材填报窗口

(1)“教材编号”“教材名称”“摘要”“教材版次”字段可输入汉字、英文、数字及其组合；

(2)“开始使用时间”字段是标准日历控件，操作方法参见图 6-11 的描述；

(3) 点击培训教材右上角【附件】按钮可以上传附件，操作方法参见图 6-3 的描述。

点击培训教材填报窗口右下角的【保存】按钮，培训教材以草稿形式保存在系统中；点击【删除】按钮，草稿状态的培训教材将从系统中删除；点击【发布】按钮，培训教材将发布到平台上；点击【取消】按钮，本次对培训教材的任何修改将不会被保存。

6.19　上传会议材料

核与辐射安全中心用户可在“培训与交流”—“交流”—“会议”栏目中上传会议材料。首先在菜单栏点击“培训与交流”，然后在左边栏双击“会议”，在右边主信息区域打开了会议资料页面，如图 6-51 所示。

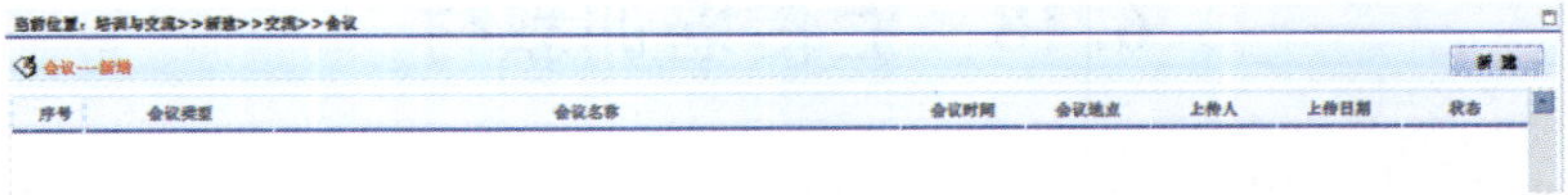

图 6-51　会议资料页面

点击页面右上角的【新增】按钮，弹出会议资料填报窗口，如 6-52 页面。

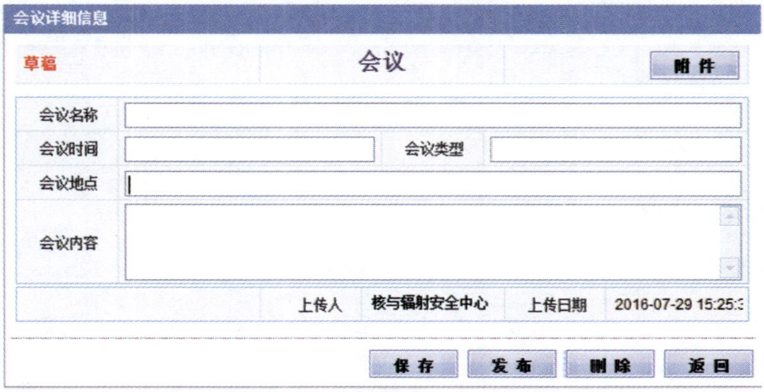

图 6-52　会议资料填报窗口

（1）“会议名称”“会议地点”“会议内容”字段可输入汉字、英文、数字及其组合；

（2）“会议时间”字段是标准日历控件，操作方法参见图 6-11 的描述；

（3）点击“会议类型”字段，弹出下拉列表，只能单选；

（4）点击会议材料右上角【附件】按钮可以上传附件，操作方法参见图 6-3 的描述。

点击会议材料填报窗口右下角的【保存】按钮，会议材料以草稿形式保存在系统中；点击【删除】按钮，草稿状态的会议材料将从系统中删除；点击【发布】按钮，会议材料将发布到平台上；点击【取消】按钮，本次对会议材料的任何修改将不会被保存。

6.20　上传专题研讨材料

核与辐射安全中心用户可在“培训与交流”—“交流”—“专题研讨”栏目中上传专题研讨材料。首先在菜单栏点击“培训与交流”，然后在左边栏双击“专题研讨”，在右边主信息区域打开了专题研讨页面，如图 6-53 所示。

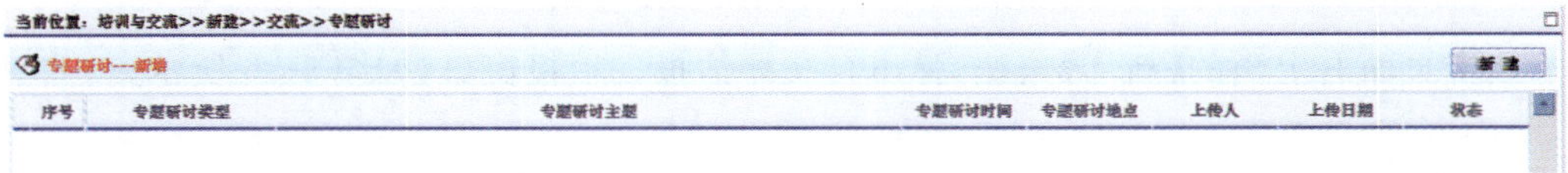

图 6-53　专题研讨页面

点击页面右上角的【新增】按钮，弹出专题研讨资料填报窗口，如图 6-54 所示。

（1）“专题研讨主题”、“专题研讨地点”、“内容摘要”字段可输入汉字、英文、数字及其组合；

（2）“专题研讨时间”字段是标准日历控件，操作方法参见图 6-11 的描述；

（3）点击“专题研讨类型”字段，弹出下拉列表，只能单选；

（4）点击专题研讨材料右上角【附件】按钮可以上传附件，操作方法参见图 6-3 的描述。

点击专题研讨材料填报窗口右下角的【保存】按钮，专题研讨材料以草稿形式保存在系

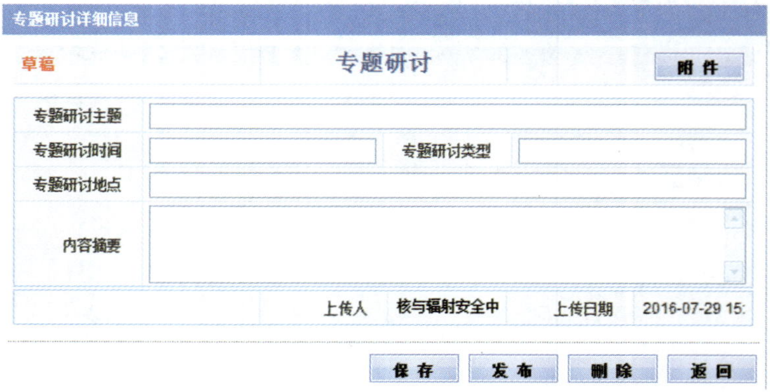

图 6-54　专题研讨资料填报窗口

统中；点击【删除】按钮，草稿状态的专题研讨材料将从系统中删除；点击【发布】按钮，专题研讨材料将发布到平台上；点击【取消】按钮，本次对专题研讨材料的任何修改将不会被保存。

6.21　上传自我评估报告

核与辐射安全中心用户可在"有效性评价"—"自我评估报告"栏目中上传自我评估报告。首先在菜单栏点击"有效性评价"，然后在左边栏双击"自我评估报告"，在右边主信息区域打开了自我评估报告填报页面，如图 6-55 所示。

图 6-55　自我评估报告填报页面

点击页面右上角的【新增】按钮，弹出自我评估报告填报窗口，如图 6-56 所示。

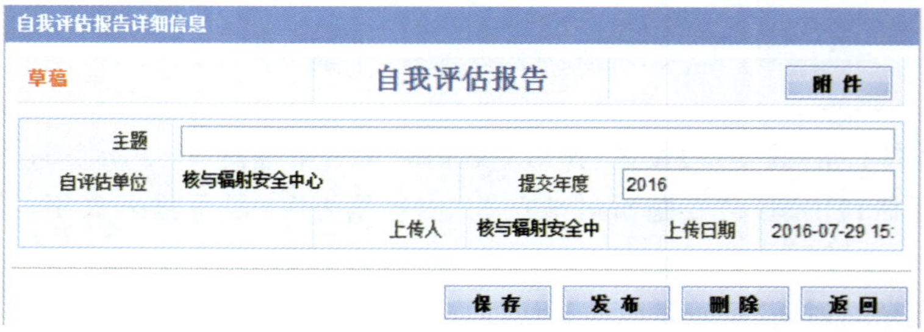

图 6-56　自我评估报告填报窗口

（1）“主题”字段可输入汉字、英文、数字及其组合；

（2）点击“提交年度”字段，弹出年度下拉列表，只能单选；

（3）点击自我评估报告填报页面右上角【附件】按钮可以上传附件，操作方法参见图 6-3 的描述。

点击自我评估报告填报窗口右下角的【保存】按钮，自我评估报告以草稿形式保存在系统中；点击【删除】按钮，草稿状态的自我评估报告将从系统中删除；点击【发布】按钮，自我评估报告将发布到平台上；点击【取消】按钮，本次对自我评估报告的任何修改将不会被保存。

6.22　上传最终评估报告

核与辐射安全中心用户可在“有效性评价”—“最终评估报告”栏目中上传最终评估报告。上传方法与上传初步自我评估报告相同。

6.23　上传经验反馈文件

核与辐射安全中心用户可在“经验反馈文件”—“维护”栏目中上传运行核电厂经验反馈体系文件和其他经验反馈文件。

1）上传运行核电厂经验反馈体系文件

首先在菜单栏点击“经验反馈文件”，然后在左边栏双击“运行核电厂经验反馈体系文件”，在右边主信息区域打开了运行核电厂经验反馈体系文件维护页面，如图 6-57 所示。

图 6-57　运行核电厂经验反馈体系文件维护页面

点击页面右上角的【新建】按钮，弹出运行核电厂经验反馈体系文件上传窗口，如图 6-58所示。

（1）“编号”、“版本”、“名称”、“标题”字段可输入汉字、英文、数字及其组合；

（2）“实施日期”、“提交日期”为标准日历控件，操作方法参见图 6-11 的描述；

（3）点击运行核电厂经验反馈体系文件上传页面右上角【附件】按钮可以上传附件，操作方法参见图 6-3 的描述。

点击运行核电厂经验反馈体系文件上传页面右下角的【保存】按钮，运行核电厂经验反馈体系文件以草稿形式保存在系统中；点击【删除】按钮，草稿状态的运行核电厂经验反馈体系文件将从系统中删除；点击【发布】按钮，运行核电厂经验反馈体系文件将发布到平台上；点击【取消】按钮，本次对运行核电厂经验反馈体系文件的任何修改将

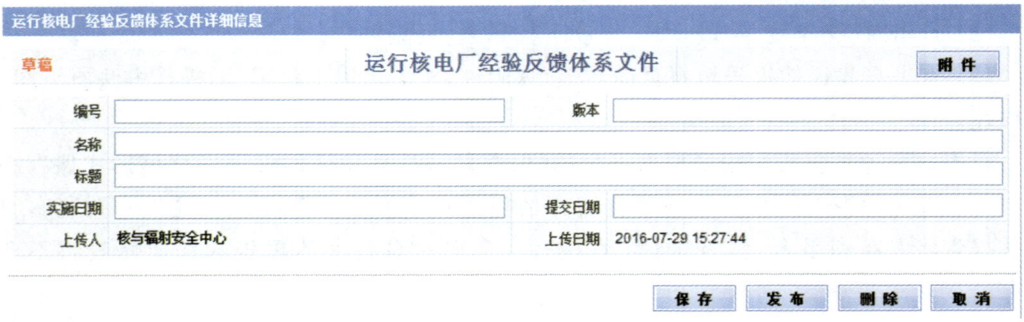

图 6-58 运行核电厂经验反馈体系文件上传窗口

不会被保存。

2）上传其他经验反馈体系文件

首先在菜单栏点击“经验反馈文件”，然后在左边栏双击“其他经验反馈文件”，在右边主信息区域打开了其他经验反馈体系文件维护页面，如图 6-59 所示。

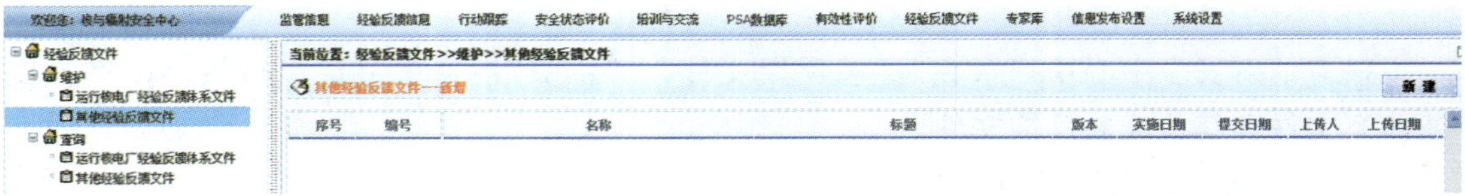

图 6-59 其他经验反馈文件维护页面

点击页面右上角的【新建】按钮，弹出其他经验反馈体系文件上传窗口，如图 6-60 所示。

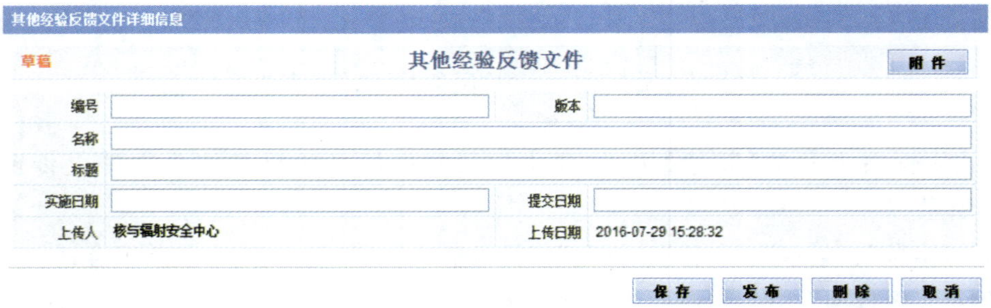

图 6-60 其他经验反馈体系文件上传窗口

（1）“编号”、“版本”、“名称”、“标题”字段可输入汉字、英文、数字及其组合；

（2）“实施日期”、“提交日期”为标准日历控件，操作方法参见图 6-11 的描述；

（3）点击其他经验反馈体系文件上传页面右上角【附件】按钮可以上传附件，操作方法参见图 6-3 的描述。

点击其他经验反馈体系文件上传页面右下角的【保存】按钮，其他经验反馈体系文件以草稿形式保存在系统中；点击【删除】按钮，草稿状态的其他经验反馈体系文件将从系统中删除；点击【发布】按钮，其他经验反馈体系文件将发布到平台上；点击【取消】按钮，本次对其他经验反馈体系文件的任何修改将不会被保存。

第 7 章

核与辐射安全监督站用户职责

核与辐射安全监督站是国家核安全局的派出机构，在国家核安全局经验反馈体系中主要负责监督、核查运行核电厂经验反馈工作和活动，对运行核电厂运行事件进行现场核查和确认，对运行核电厂运行事件的纠正行动和监管要求的落实情况进行跟踪检查，对核电厂运行安全性能指标数据进行现场监督和确认，参与对运行核电厂核与辐射安全相关重大事件及事故进行调查和评价等。监督站用户通过访问国家核安全局经验反馈平台，进行数据录入和查询，具体信息报送职责包括：

(1) 地区核与辐射安全监督站将监督周报在次周周五之前、监督月报在次月 15 日之前、重要情况通报在编制完成后 5 个工作日内、检查报告在检查活动结束后 30 个工作日内上传至国家核安全局经验反馈平台。

(2) 跟踪核电厂运行事件纠正行动实施的时效性和有效性，核查“运行事件纠正行动跟踪系统”中核电厂所填内容。负责将相应的监督检查结果和要求录入“监督检查结果管理系统”，以便于对检查结果和整改行动的管理。

上述需要上传的内容主要通过经验反馈平台的“监管信息”模块上传(如图 7-1)，监督检查结果和要求在“行动跟踪”模块中录入(如图 7-2)。此外，地区监督站用户还可以在“经验反馈信息”模块中上传经验反馈信息中的国外事件和热点问题(如图 7-3)。

7.1 上传监督周报

地区监督站用户可在“监管信息”—“新建”—“地区监督站信息”—“监督周报”栏目中上传监督周报。

首先在左边栏双击“监督周报”，在右边主信息区域打开了监督周报页面。点击页面右上角的“新建”按钮，弹出核电厂监督周报填报窗口。本窗口分为两个 Tab 页：监督周报综述和机组监督报告，监督周报综述界面如图 7-4 所示。

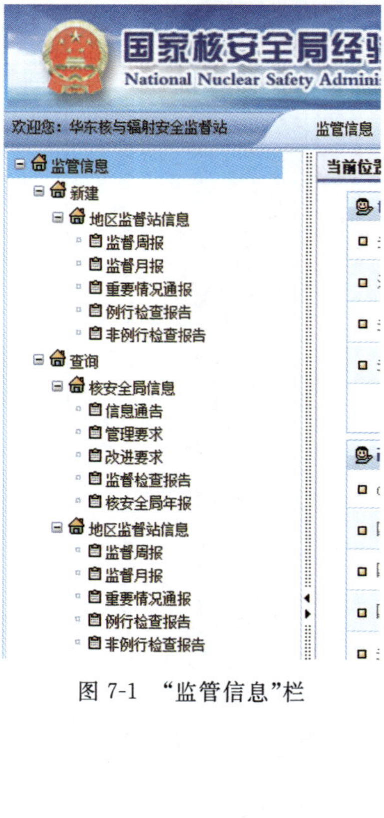

图 7-1 “监管信息”栏

图 7-2　“行动跟踪”栏

图 7-3　“经验反馈信息”栏

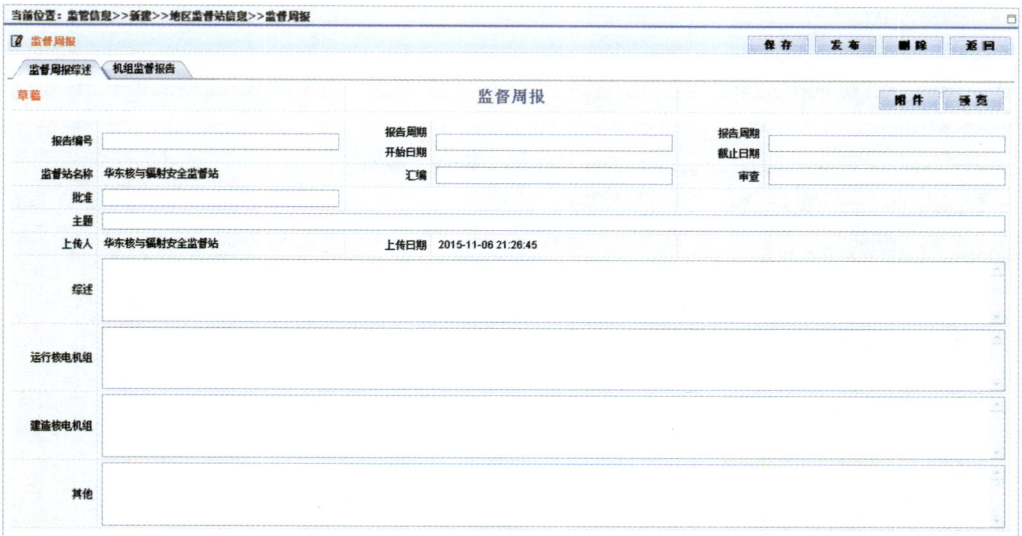

图 7-4　“监督周报综述”界面

点击监督周报综述 Tab 页右上角【附件】按钮可以上传附件。点击【附件】按钮后，弹出“附件管理”对话框，如图 7-5 所示。

首先点击浏览按钮，弹出标准 Windows 文件对话框，选择文件后，点击【确定】，标准 Windows 文件对话框关闭，“请选择要上传的附件”栏内出现附件的本地存储地址，点击【上传】，则附件出现在“已上传的附件”区域。继续重复以上步骤可以上传多个附件。在“已上传的附件”区域选中某个文件，点击【删除附件】可以删除已经上传的附件。在监督周报综述 Tab 页右上角点击“预览”，可以预览监督周报。

监督周报综述填写完毕之后，点击“机组监督报告”Tab 页标签切换到机组监督报告填写界面。其内容按机组监督报告的章节分为：1）运行情况综述；2）事件、异常及其处理情况;3) 重要试验、维修、在役检查活动;4) 监督活动;5) 大修进展。各章节界面分别如图 7-6 所示。

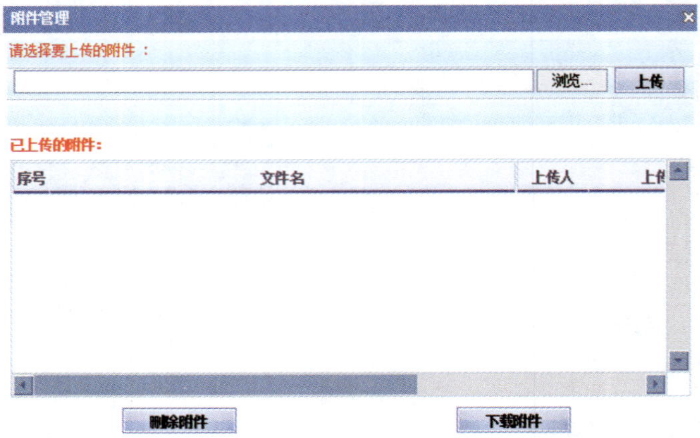

图 7-5 “附件管理”对话框

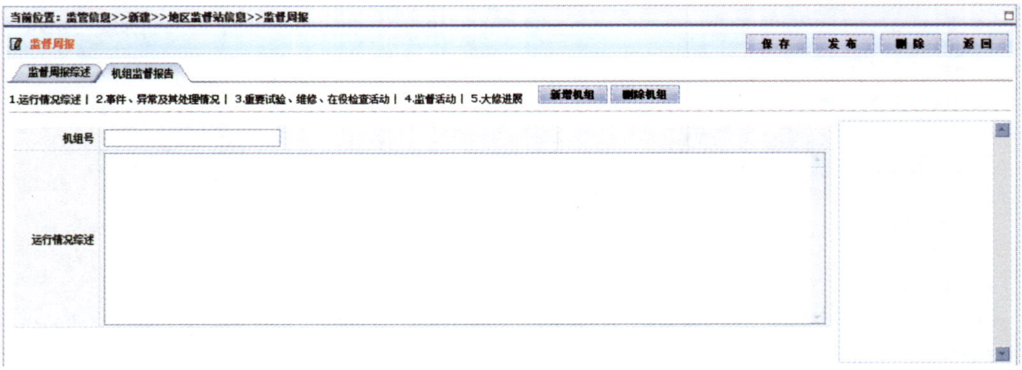

a)

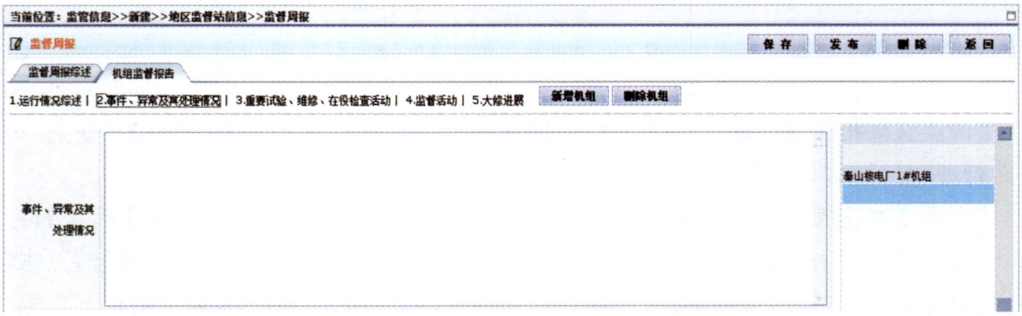

b)

图 7-6 “机组监督报告”Tab 页

a) 运行情况综述；b) 事件、异常及其处理情况；

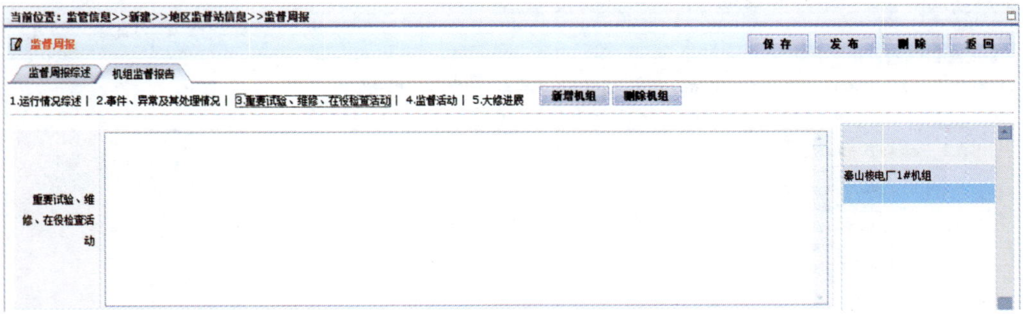

c）

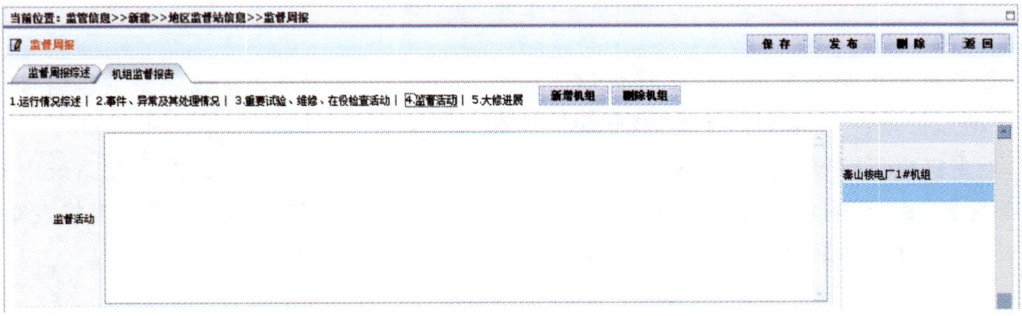

d）

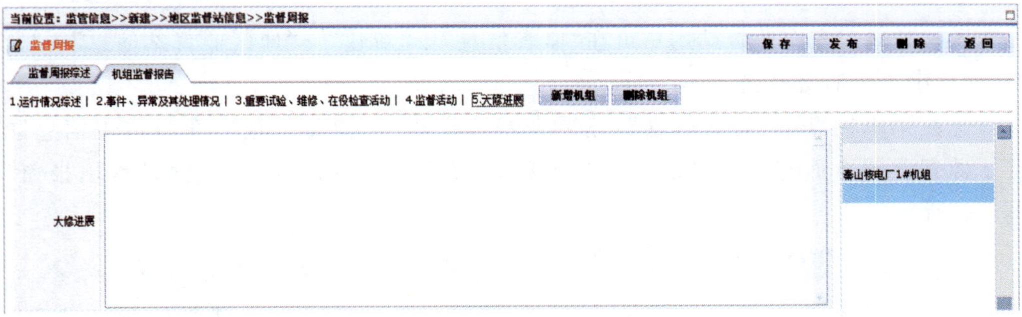

e）

图 7-6　“机组监督报告”Tab 页（续）

c）重要试验、维修、在役检查活动；d）监督活动；e）大修进展

在“机组监督报告”Tab 页中，首先点击“新增机组”，此时机组号出现下拉选择框（见图 7-7）。机组号下拉列表选择项是当前登录的地区监督站用户所监督的核电机组，不同的地区监督站用户有不同的下拉列表选项。点击下拉选择框中的机组号之后，在右边栏会出现你所选中的机组号。

“机组监督报告”Tab 页依次切换页内章节 Tab 页，依次填写单机组监督检查报告的各章节内容。一台机组填写完成之后，如果需要接着填写其他机组，点击【新增机组】，则机组号下拉列表选择项会再次出现。重复以上步骤，逐台机组增加。

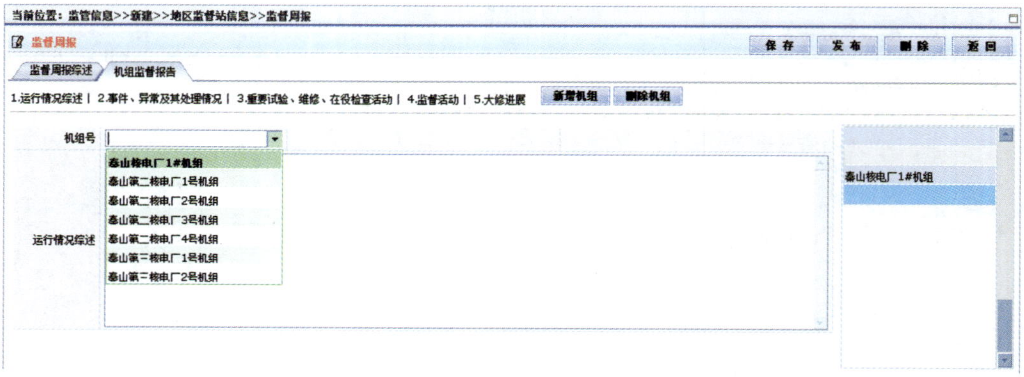

图 7-7　机组号下拉选择框

如果需要删除监督周报中某台机组的信息，可在右边栏中选择你欲删除的机组号，点击“机组监督报告”Tab 页右上角的【删除机组】按钮。

点击核电厂监督周报填报窗口的【保存】按钮，监督周报以草稿形式保存在系统中；点击【删除】按钮，草稿状态的监督周报将从系统中删除；点击【发布】按钮，监督周报将发布到平台上；点击【返回】按钮，本次对监督周报的任何修改将不会被保存。

7.2　上传监督月报

地区核与辐射安全监督站用户可在“监管信息”—“新建”—“地区监督站信息”—“监督月报”栏目中上传监督月报。

首先在菜单栏点击“监管信息”，然后在左边栏双击“监督月报”，在右边主信息区域打开了监督月报页面。点击页面右上角的【新建】按钮，弹出核电厂监督月报填报窗口，如图 7-8 所示。

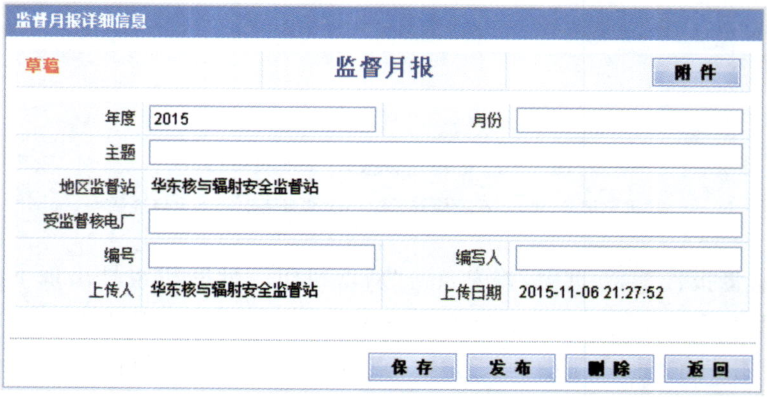

图 7-8　核电厂监督月报填报窗口

“年度字段”要求填入四位数字；月份选择相应月份；“主题”字段可输入任意汉字、英文字符、数字及其组合；点击“受监督核电厂”字段的空白处，弹出图 7-9 复选框，可选择多个受监督核电厂，选择完成后点击【确定】接受。点击【附件】按钮后，可以上传附件，方法司监督周报上传。

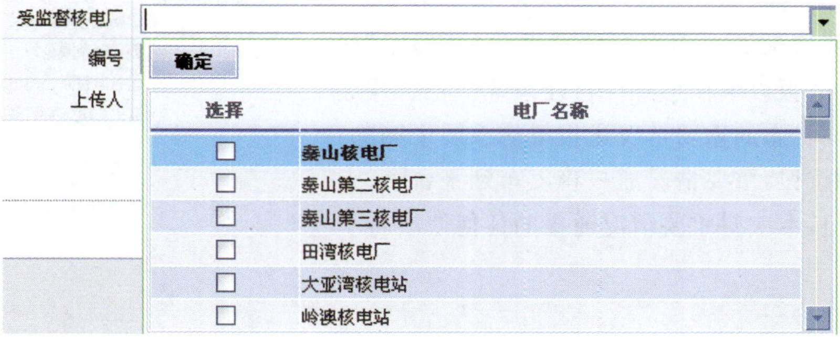

图 7-9 受监督核电厂复选框

点击核电厂监督月报填报窗口右下角的【保存】按钮，监督月报以草稿形式保存在系统中；点击【删除】按钮，草稿状态的监督月报将从系统中删除；点击【发布】按钮，监督月报将发布到平台上；点击【返回】按钮，本次对监督月报的任何修改将不会被保存。

7.3 上传重要情况通报

核与辐射地区监督站用户可在“监管信息”—“新建”—“地区监督站信息”—“重要情况通报”栏目中上传重要情况通报。

首先在菜单栏点击“监管信息”，然后在左边栏双击“重要情况通报”，在右边主信息区域打开了重要情况通报页面。点击页面右上角的【新建】按钮，弹出重要情况通报填报窗口，如图 7-10 所示。

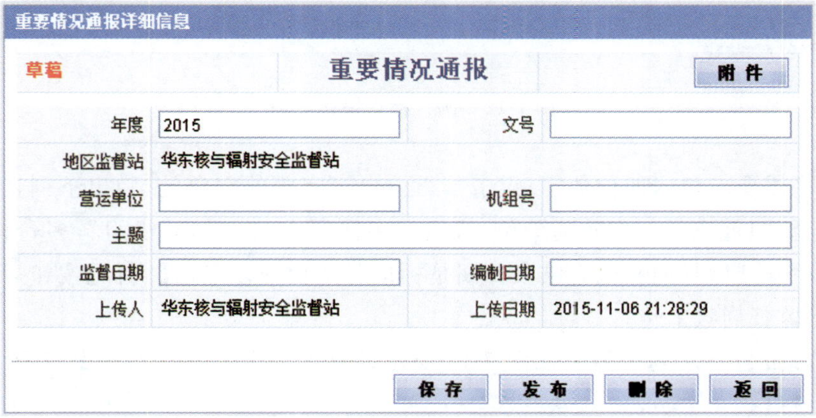

图 7-10 重要情况通报填报窗口

“年度”字段要求填入四位数字；点击“营运单位”字段的空白处，弹出如图 7-11 列选择框。注意，只能选择一个营运单位；机组号字段要求填入“x＃机组”，多台机组之间以逗号分隔；“监督日期”和“编制日期”是标准日历窗口。点击【附件】按钮后，可以上传附件，方法同监督周报上传。

点击重要情况通报填报窗口右下角的【确定】按钮，重要情况通报以草稿形式保存在系统中；点击【删除】按钮，草稿状态的重要情况通报将从系统中删除；点击“【发布】按钮，重要情况通报将发布到平台上；点击【返回】按钮，本次对重要情况通报的任何修改将不会被保存。

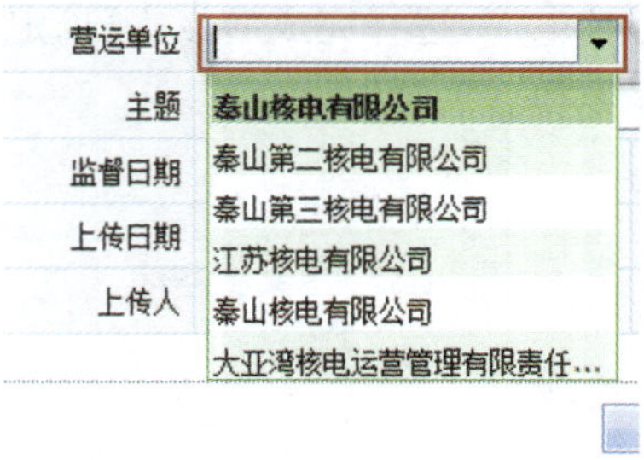

图 7-11 营运单位选择框

7.4 上传例行检查报告

核与辐射地区监督站用户可在“监管信息”—“新建”—“地区监督站信息”—“例行检查报告”栏目中上传例行检查报告。

首先在菜单栏点击“监管信息”，然后在左边栏双击“例行检查报告”，在右边主信息区域打开了例行检查报告页面。点击页面右上角的【新建】按钮，弹出例行检查报告填报窗口。本窗口分为两个 Tab 页：例行检查报告和例行检查报告要求列表，例行检查报告界面如图 7-12 所示。

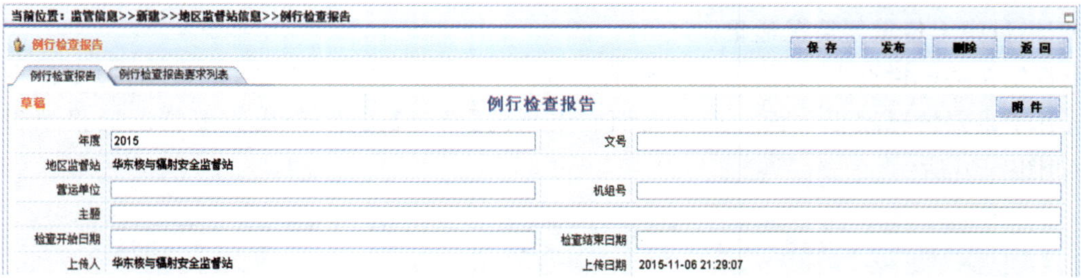

图 7-12 例行检查报告界面

“年度”字段要求填入四位数字；点击“营运单位”字段的空白处，弹出下列选择框，参见图 7-11。注意，只能选择一个营运单位；机组号字段要求填入“x # 机组”，多台机组之间以逗号分隔。检查开始日期和检查结束日期是标准日历窗口。点击【附件】按钮后，可以上传附件，方法同监督周报上传。

例行检查报告要求列表界面如图 7-13 所示。分为上半部分的列表窗口和下半部分的“详细信息”窗口。

点击“详细信息”中的【新增】按钮，填入责任单位、要求完成日期、备注、要求描述等内容。其中点击“责任单位”后弹出责任单位复选框，可复选，选择后点击【确定】按钮，不同电厂之间用逗号隔开；要求完成日期是标准日历窗口。内容填写完成后，可在上半部分的列表窗口看到相应内容。点击【增加】按钮可增加新的例行检查报告要求；如需删除例行检查

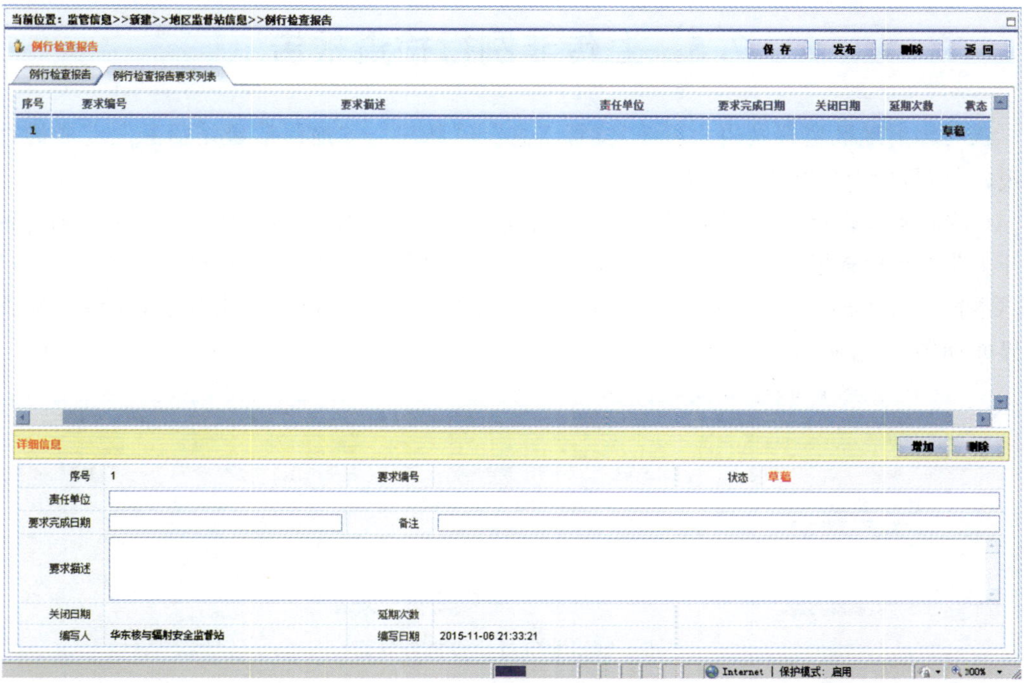

图 7-13　例行检查报告要求列表界面

报告要求，可在列表中选择该要求，选择高亮后，在下面的详细信息窗口中点击【删除】按钮即可。责任单位复选框见图 7-14。

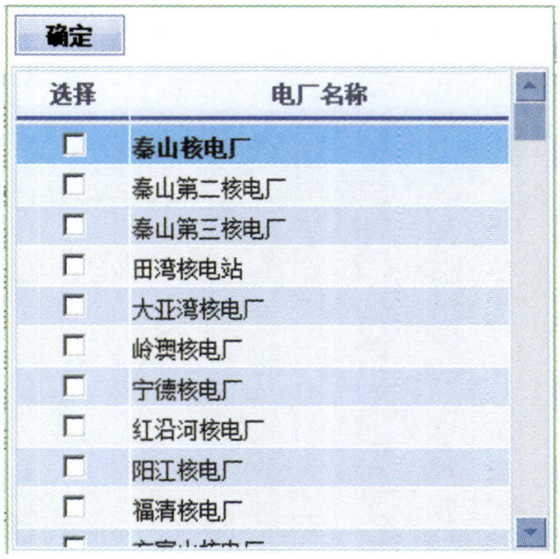

图 7-14　责任单位复选框

点击例行检查报告填报窗口右上角的【确定】按钮，例行检查报告以草稿形式保存在系统中；点击【删除】按钮，草稿状态的例行检查报告将从系统中删除；点击【发布】按钮，例行检查报告将发布到平台上；点击【返回】按钮，本次对例行检查报告的任何修改将不会被保存。

7.5 上传非例行检查报告

核与辐射地区监督站用户可在“监管信息”—“新建”—“地区监督站信息”—“非例行检查报告”栏目中上传非例行检查报告。

首先在菜单栏点击“监管信息”，然后在左边栏双击“非例行检查报告”，在右边主信息区域打开了非例行检查报告页面。点击页面右上角的【新建】按钮，弹出非例行检查报告填报窗口。

本窗口分为两个 Tab 页：非例行检查报告和非例行检查报告要求列表，非例行检查报告界面如图 7-15 所示。

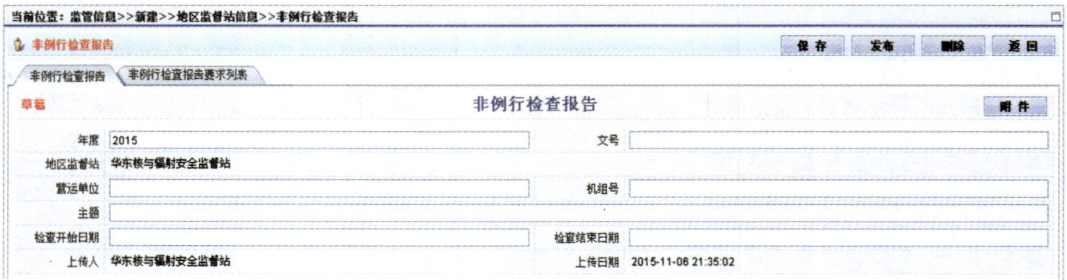

图 7-15 非例行检查报告界面

“年度”字段要求填入四位数字；点击营运单位字段的空白处，弹出下列选择框。注意，只能选择一个营运单位；机组号字段要求填入“x# 机组”，多台机组之间以逗号分隔。检查开始日期和检查结束日期是标准日历窗口。点击【附件】按钮后，可以上传附件，方法同监督周报上传。

非例行检查报告要求列表界面如图 7-16 所示。新增和删除方法参见例行检查报告要求列表。

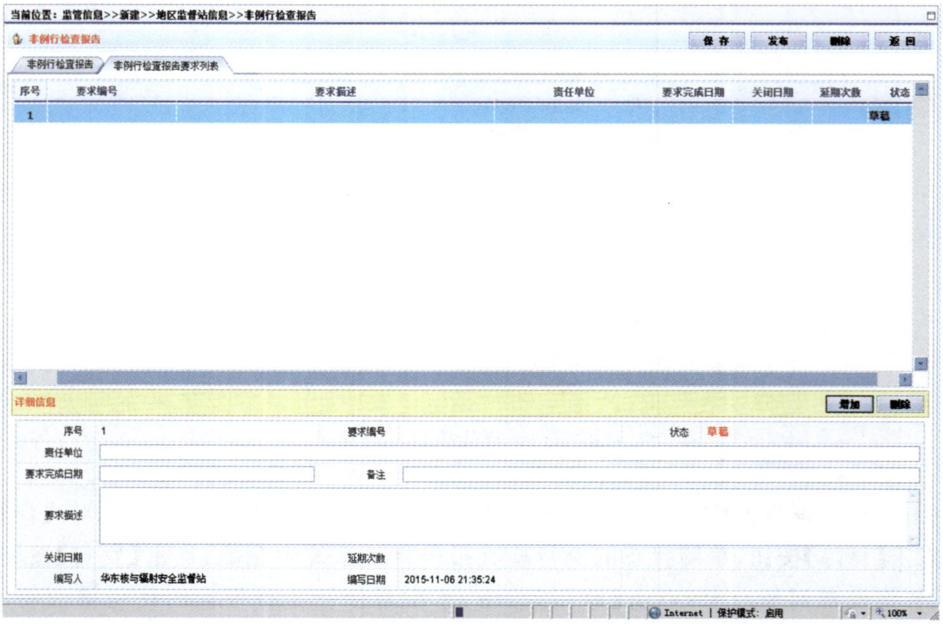

图 7-16 非例行检查报告要求列表界面

点击非例行检查报告填报窗口右上角的【确定】按钮，非例行检查报告以草稿形式保存在系统中；点击【删除】按钮，草稿状态的非例行检查报告将从系统中删除；点击【发布】按钮，非例行检查报告将发布到平台上；点击【返回】按钮，本次对非例行检查报告的任何修改将不会被保存。

7.6　上传国外事件

地区监督站用户可在“经验反馈信息”—“新建”—“事件”—“国外事件”栏目中上传国外事件，具体操作方法参见章节 6.4。

7.7　上传热点问题

地区监督站用户可在“经验反馈信息”—“新建”—“其他经验反馈信息”—“热点问题“栏目中上传热点问题，具体操作方法参见章节 6.15。

7.8　纠正行动的新增和查询、统计

1）新增纠正行动

地区监督站用户可在“行动跟踪”—“纠正行动”—“新增纠正行动”栏目中增加纠正行动。

首先在菜单栏点击“行动跟踪”，然后在左边栏双击“新增纠正行动”，在右边主信息区域打开了新增纠正行动页面。选择需要新增纠正行动的事件，该事件高亮后，点击页面右上角的【新增纠正行动】按钮，弹出新增纠正行动确认窗口，点击【确定】后，出现新增纠正行动窗口。窗口分上半部分的纠正行动列表和下半部分的详细信息窗口。新增和删除纠正行动的方法参见例行检查报告要求的新增和删除部分。如图 7-17 所示。

2）纠正行动查询

地区监督站用户可在“行动跟踪”—“纠正行动”—“事件纠正行动”查询栏目中查询纠正行动。

首先在菜单栏点击“行动跟踪”，然后在左边栏双击“事件纠正行动查询”，弹出图 7-18 所示的查询条件窗口，包括报告编号、名称、行动描述、责任单位、计划完成时间、厂内开始和关闭日期、编写日期等查询条件，选择相应条件后，点击【重置条件】可以清除现有查询条件，点击【查询】按钮开始查询。

责任单位的选择方法参见重要情况通报中营运单位的选择；点击“状态”弹出状态选择框（如图 7-19），仅能选择一个状态；计划完成时间、厂内开始和关闭日期、编写日期的起止时间都是标准日历窗口。

点击“事件纠正行动查询”中的【完成情况】按钮，可对纠正行动完成情况进行跟踪，如图 7-20 所示。

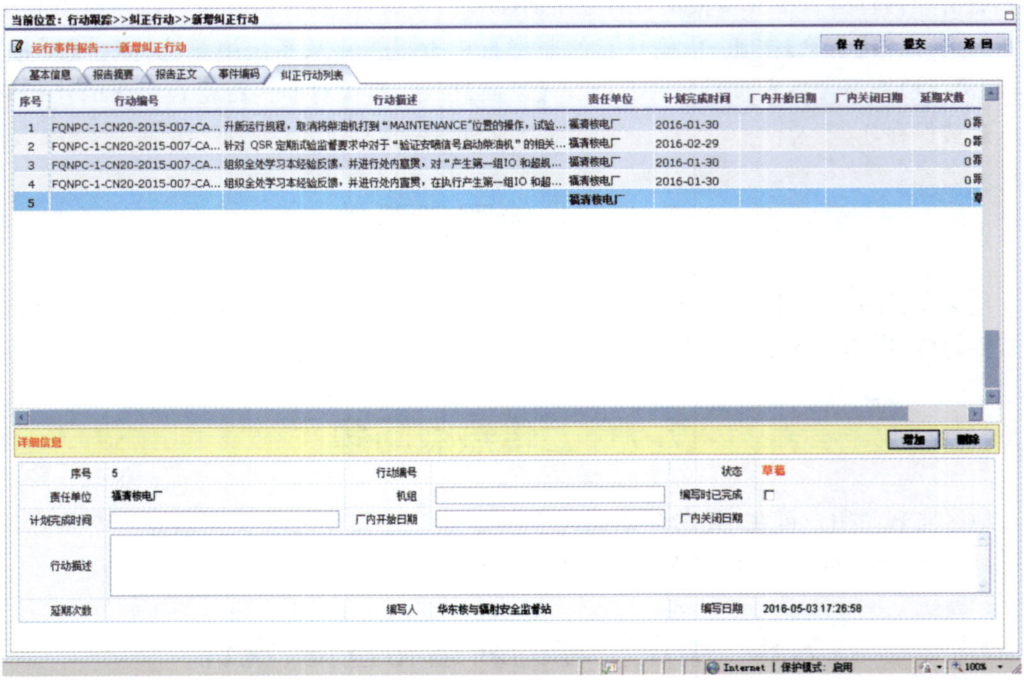

图 7-17 新增纠正行动窗口

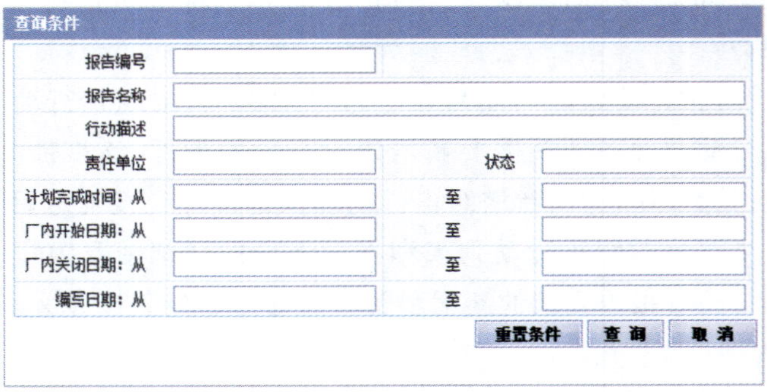

图 7-18 纠正行动查询条件窗口

点击【导出 Excel】按钮可以将查询结果窗口的内容导出为 Excel 文件，导出方法参见下载国外事件报告导入模板的操作，默认文件名为“dataset. xls”，可修改为需要的名称。

3）纠正行动统计

地区监督站用户可在“行动跟踪”—“纠正行动”—“事件纠正行动”统计栏目中统计纠正行动。

首先在菜单栏点击“行动跟踪”，然后在左边栏双击“事件纠正行动统计”，在右边主信息区域打开了事件纠正行动统计页面。上半部分是统计条件、统计条件选择、统计结果等子窗

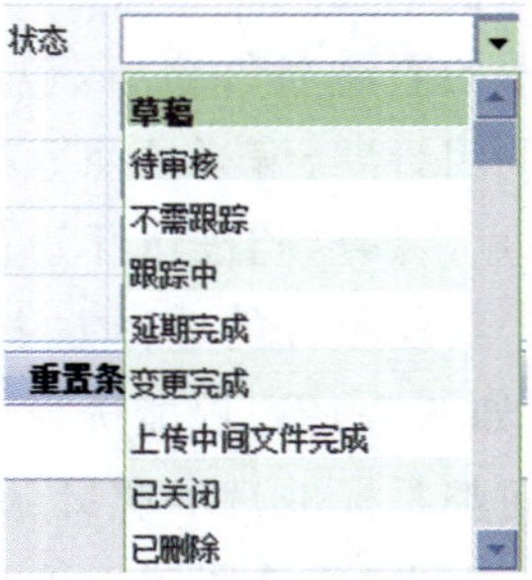

图 7-19 状态选择窗口

口时间范围选择框，下半部分是统计结果详细信息，如图 7-21 所示。

图 7-20　纠正行动完成情况窗口

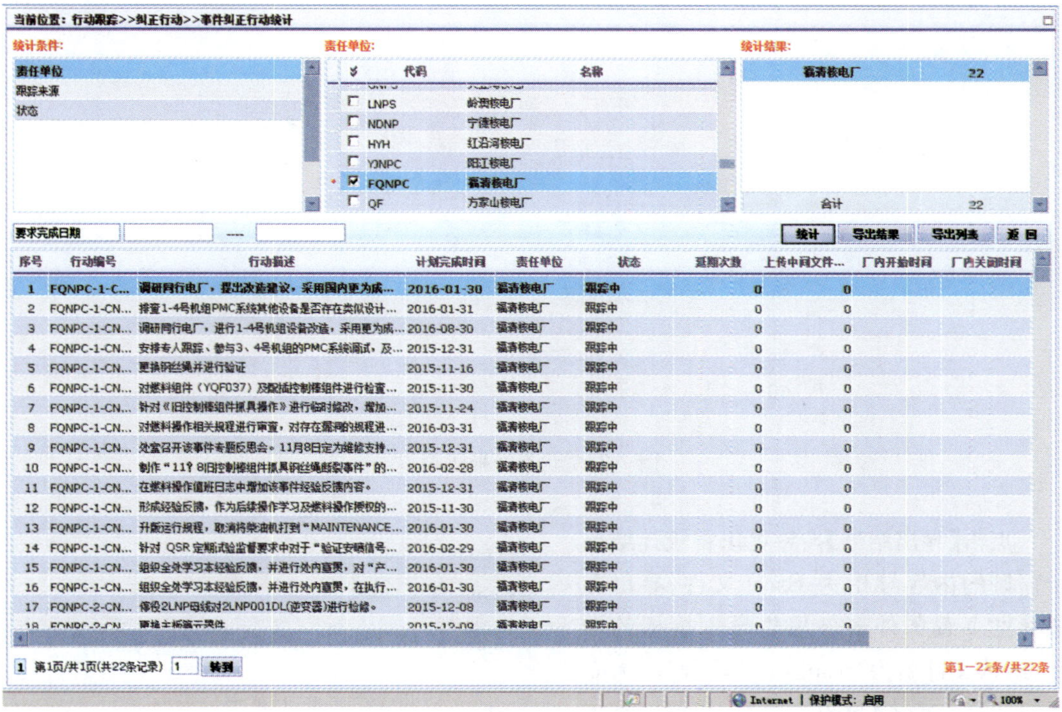

图 7-21　纠正行动统计页面

统计条件子窗口有责任单位、跟踪来源、状态三个可选条件，如图 7-22～图 7-24 所示。点击某个条件后，该条件高亮显示，在旁边的统计条件选择子窗口会根据不同的统计条件，显示相应选择子窗口，每个条件都可以复选。时间范围选择框中可以选择要求完成日期、厂内关闭日期、编写日期三个条件，条件的起止日期都是标准日历窗口，如图 7-25 所示。选择完相应统计条件和时间范围后，点击【统计】按钮开始统计，结果显示在右侧的统计结果子窗口，详细结果显示在下部的统计结果详细信息窗口。

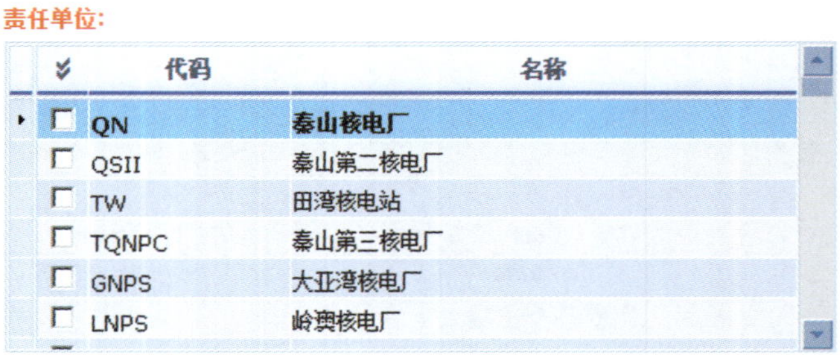

图 7-22 责任单位选择子窗口

图 7-23 跟踪来源选择子窗口

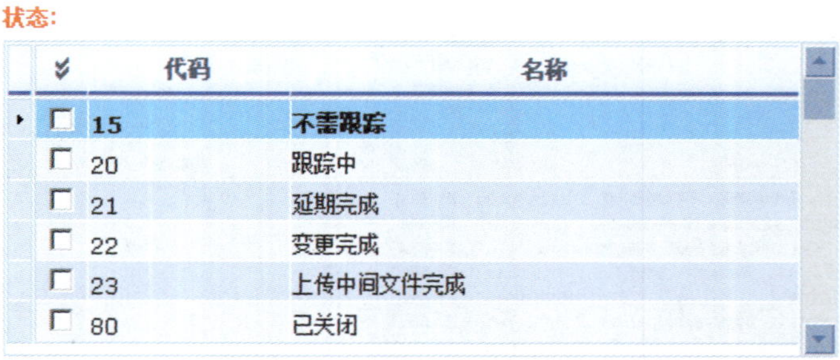

图 7-24 状态选择子窗口

点击【导出结果】按钮可以将统计结果子窗口的内容导出为 Excel 文件，导出方法参见下载国外事件报告导入模板的操作，默认文件名为“result. xls”，可修改为需要的名称。点击【导出列表】按钮可以将统

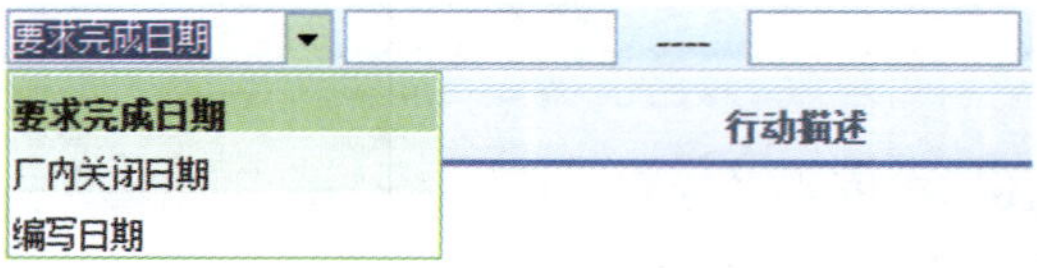

图 7-25 时间范围选择框

计结果详细信息窗口的内容导出为 Excel 文件，导出方法参见下载国外事件报告导入模板的操作，默认文件名为 calist. xls，可修改为需要的名称。

7.9　监督检查结果的管理及跟踪

1）监督检查结果查询

核与辐射地区监督站用户可在“行动跟踪”—“监督检查结果管理及跟踪”—“监督检查结果查询”栏目中查询监督检查结果。

首先在菜单栏点击“行动跟踪”，然后在左边栏双击“监督检查结果查询”，在右边主信息区域打开了“监督检查结果”查询页面。

点击【查询】按钮，弹出图 7-26 所示的窗口，包括查询范围、年度、责任单位、地区监督站、状态、要求完成时间、编写日期等查询条件，选择相应条件后，点击【重置条件】可以清除现有查询条件，点击【查询】按钮开始查询。

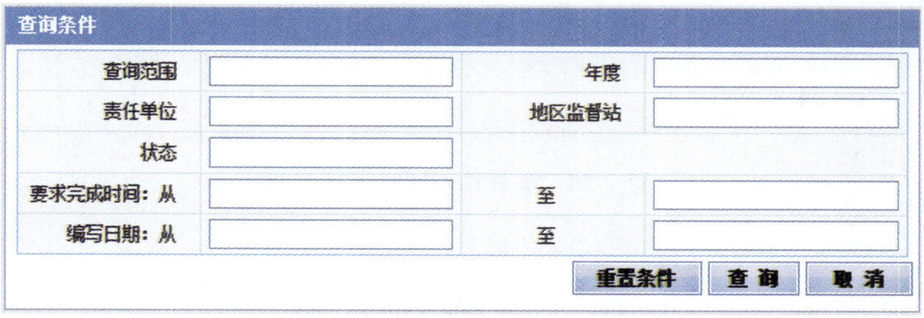

图 7-26　监督检查结果查询条件窗口

点击“查询范围”弹出查询范围选择框，如图 7-27 所示，仅能选择一个查询范围；责任单位的选择方法参见重要情况通报中营运单位的选择；状态的选择方法参见纠正行动查询状态的选择；要求完成时间、编写日期的起止时间都是标准日历窗口。

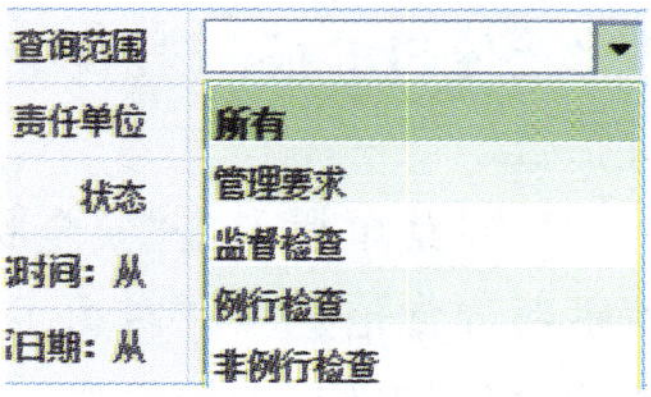

图 7-27　查询范围选择框

点击“导出 Excel”按钮可以将查询结果窗口的内容导出为 Excel 文件，导出方法参见下载国外事件报告导入模板的操作，默认文件名为“dataset. xls”，可修改为需要的名称。

2）监督检查结果统计

核与辐射地区监督站用户可在“行动跟踪”—“监督检查结果管理及跟踪”—“统计栏目”中统计监督检查结果。

首先在菜单栏点击“行动跟踪”，然后在左边栏双击“统计”，在右边主信息区域打开了监督检查结果统计页面，如图 7-28 所示。上半部分是统计条件、统计条件选择、统计结果、时间范围选择等子窗口，下半部分是统计结果详细信息。

“统计条件”和“时间范围”的选择以及结果和列表的导出参见事件纠正行动统计中的操作。

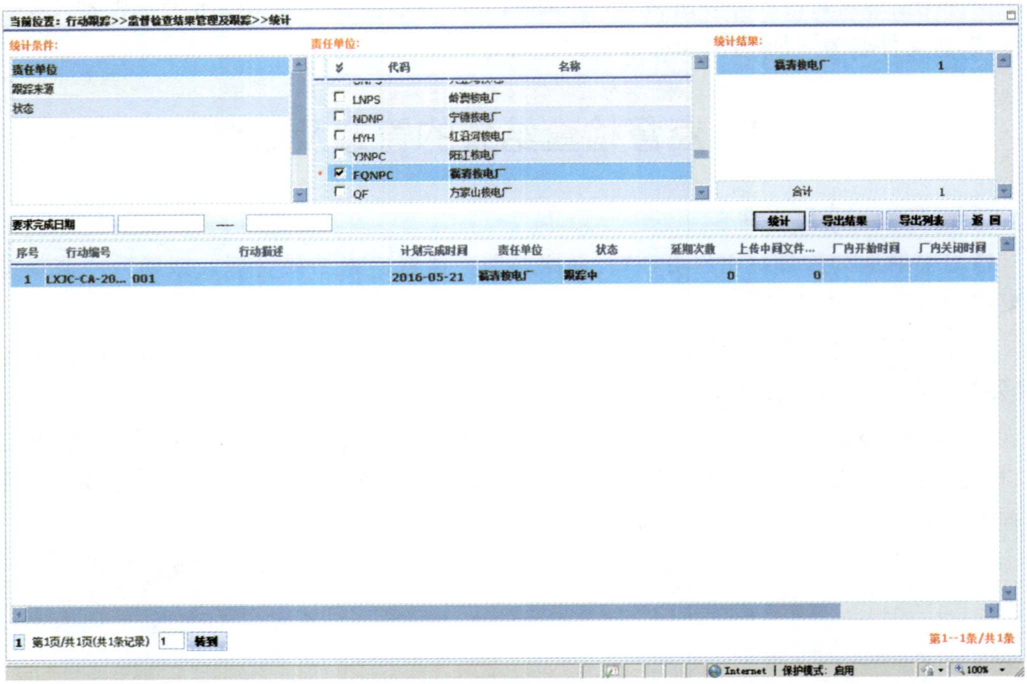

图 7-28 监督检查结果统计页面

7.10 上传 SDP 报告

核与辐射地区监督站用户可以在“安全状态评价”—“核电厂异常评价系统”—“SDP 报告”—“上传 SDP 报告”栏目中上传包括运行事件、内部事件、核电厂重要异常信息的 SDP 评价报告。

首先在菜单栏点击“安全状态评价”，然后在左边栏双击“运行事件”“内部事件”或“核电厂重要异常信息”，在右边主信息区域打开了相应事件或异常的页面。点击右上角的【上传评价报告】按钮，上传报告。具体方法参见第 10 章。

\\\ 第 8 章 \\\

核电厂用户职责

通过经验反馈平台，核电厂用户可以及时获取国家核安全局的核安全监管信息（信息通告、监管建议和管理要求等）、地区核与辐射安全监督站的监管信息以及其他诸如国内外核电厂运行事件、安全重要物项修改、良好实践等信息，同时各运行核电厂用户具有向平台上传相关信息的职责，包括：

（1）在运行事件发生后的 6 日内上传运行事件通告、33 日内上传运行事件报告（含运行事件补充报告）；

（2）每个季度开始后的 10 个工作日内上传核安全相关的内部事件清单和摘要，并根据国家核安全局的要求及时上传内部事件报告；

（3）每个月 10 日前上传核电厂运行阶段的月度报告，每年 4 月 1 日前上传年度报告；

（4）上传核电厂响应监管信息和良好实践信息。

本章将对上述的核电厂用户的职责进行详细的介绍。

8.1 上传运行事件

经验反馈平台收录了我国运行核电厂 1991 年至今的执照运行事件信息，供平台的所有用户查阅。根据《运行核电厂经验反馈信息收集和发布工作程序》中的规定“运行核电厂应分别在运行事件发生后 6 日和 33 日内，将运行事件通告和报告上传至国家核安全局经验反馈平台”，核电厂用户需将本电厂发生的运行事件通告和运行事件报告（补充报告）在规定的时间内上传到经验反馈平台。

核安全法规 HAF001/02/01《核电厂营运单位报告制度》对核电厂运行阶段的事件报告准则、程序、内容和格式作出了明确的规定。根据该法规要求，平台将运行事件分为运行事件通告、运行事件报告和运行事件补充报告，核电厂用户首先应填报运行事件通告，然后填报运行事件报告。如果事件有补充报告，则需要填写运行事件补充报告。因此，平台设计时，运行事件报告必须基于运行事件通告，同样，运行事件补充报告必须以运行事件报告为基础，具体操作如下。

8.1.1 运行事件通告

核电厂用户在完成登录后，可在“经验反馈信息”页面的左侧菜单中选择“新建”—“事件”—“运行事件”—“运行事件通告”栏目（见图 8-1），双击“运行事件通告”，然后在新窗口中通过点击右上角的“新建”按钮打开事件通告填写页面，如图 8-2 所示。

图 8-1　上传核电厂事件的进入界面

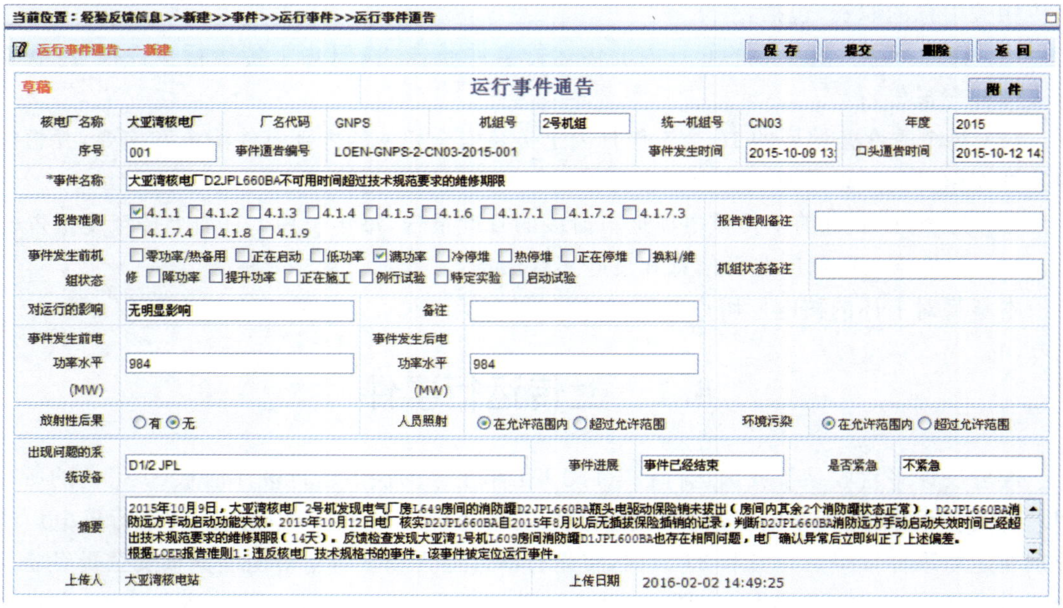

图 8-2　核电厂运行事件通告录入界面

该表单是根据 HAF001/02/01《核电厂营运单位报告制度》的相关要求设定的，根据用户的角色已设定好了“核电厂名称”和“厂名代码”，并对其他相关信息进行了匹配。核电厂用户需按照法规规定填写相关信息。其中，“机组号”已与用户匹配，只需选择合适的机组即可，如“1 号机组”“2 号机组”等；“事件发生时间”和“口头通告时间”，用户需根据下拉菜单选定某年某月某日的几点几分为止；其他内容按照法规要求填写即可。

表单中的所有字段都必须填写，否则无法提交。点击运行事件通告填写表单右上角顶部的【提交】按钮，运行事件通告将发布到平台上；点击【删除】按钮，运行事件通告将被删除；点击【保存】按钮，运行事件通告以草稿形式保存在系统中，可以在“运行事件通告—填写”页面重新打开编辑；点击【返回】按钮，本次对运行事件通告的任何修改将不会被保存。

点击运行事件通告填写表单右上角的【附件】按钮可以上传附件(如图 8-3 所示)。首先点击【浏览】按钮,弹出标准 Windows 文件对话框,选择文件后,点击【确定】,标准 Windows 文件对话框关闭,"请选择要上传的附件"栏内出现附件的本地存储地址,点击【上传】,则附件出现在"已上传的附件"区域。继续重复以上步骤可以上传多个附件。在"已上传的附件"区域选中某个文件,点击【删除附件】可以删除已经上传的附件。

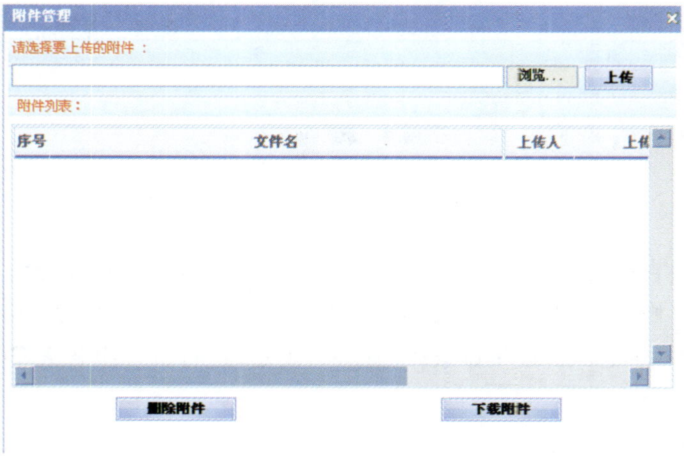

图 8-3　运行事件通告中上传附件界面

8.1.2　运行事件报告

核电厂用户可在"经验反馈信息"页面的左侧菜单中选择"新建"—"事件"—"运行事件"—"运行事件报告"栏目(见图 8-1),通过双击运行事件报告打开"运行事件报告-新建"页面(见图 8-4)。

图 8-4　核电厂运行事件报告上传界面

在"运行事件报告—新建"页面列出了该电厂用户新建的所有运行事件通告。选择某一条运行事件通告,点击页面右上角的【新建运行事件报告】按钮则会弹出确认对话框。点击【确定】按钮打开运行事件报告填写表单。

如果"运行事件报告—新建"页面列出的运行事件通告条目过多,用户可以点击【查询】按钮进一步缩小范围(见图 8-5)。核电厂名称从登录用户组织机构自动带入。机组与电厂也是互相关联的。通告日期是标准日历控件。

运行事件报告填写表单分为 5 个 Tab 页,分别是"基本信息""报告摘要""报告正文""事件编码""纠正行动列表"。新建运行事件报告时默认打开"基本信息"Tab 页,如图 8-6

图 8-5 核电厂用户的运行事件通告查询界面

所示。运行事件通告中已经填写的字段自动带入运行事件报告中，部分信息可以在运行事件报告表单中予以修改；如遇不可修改部分的修改，与系统管理员联系；各字段填写要求遵照 HAF001/02/01《核电厂营运单位报告制度》的规定；运行事件报告表单所有字段要求必须填写，否则无法提交。

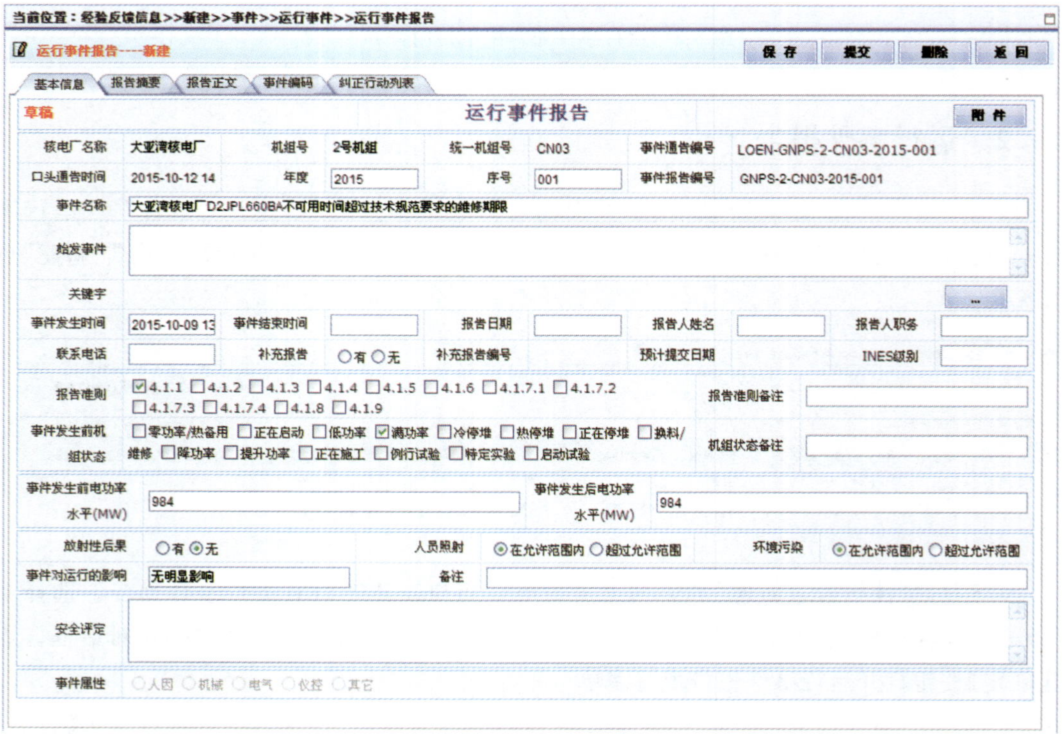

图 8-6 运行事件报告填写界面

“纠正行动列表”如图 8-7 所示，需要点击【增加】按钮，填报相关字段，其中行动编号、行动描述需输入字符，计划完成时间、厂内开始日期字段通过标准日历控件选择。

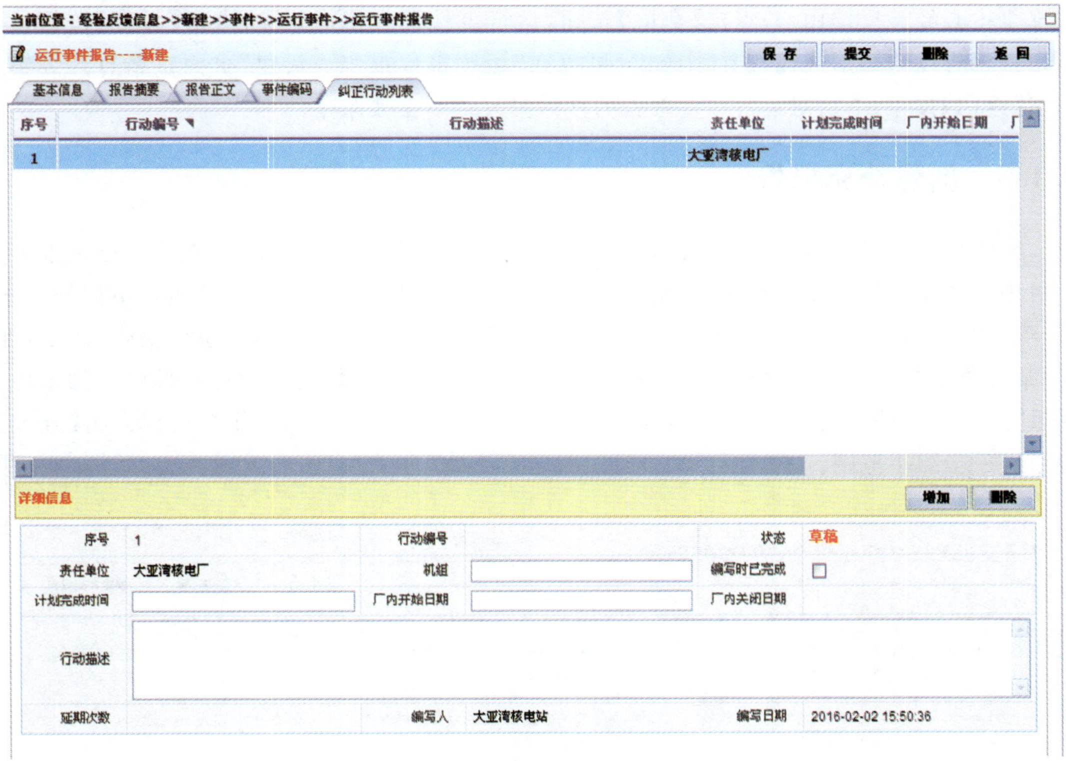

图 8-7 运行事件纠正行动填写界面

“事件编码”是为了方便平台用户查询运行事件而加入的，暂采用 WANO 编码。编码规则可参见《核电厂运行事件 WANO 编码规则》。具体使用方法如下：点击对应编码域右侧的【选择】按钮，弹出对应的编码选择窗口（如图 8-8 所示）；勾选编码前的复选框，可以多选；选择完成之后点击【确定】按钮；重复以上步骤依次选择其他编码。

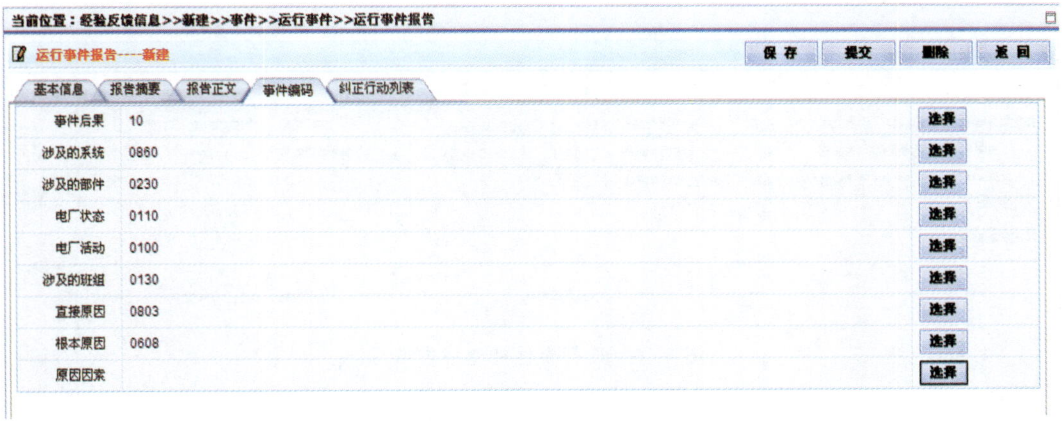

图 8-8 运行事件的 WANO 编码填写界面

点击运行事件报告填写表单右上角顶部的【提交】按钮，运行事件报告将提交给核与辐射安全中心经验反馈用户；点击【删除】按钮，运行事件报告将被删除；点击【保存】按钮，运行事件报告以草稿形式保存在系统中，可以在“运行事件报告—新建”页面重新打开编辑；点击【返回】按钮，本次对运行事件报告的任何修改将不会被保存。

8.1.3 新建补充报告

核电厂用户可在“经验反馈信息”—“新建”—“事件”—“运行事件”—“新建补充报告”栏目中上传运行事件补充报告，参见图 8-1。双击“新建补充报告”后进入“运行事件补充报告—新建”页面(见图 8-9)，此页面列出了该核电厂用户填写的所有运行事件报告，选定(加亮)某一条运行事件报告后点击页面右上角的【新建补充报告】，默认设置为排序 1 的事件。如果“运行事件补充报告—新建”页面列出的运行事件报告条目过多，用户可以点击【查询】按钮进一步缩小范围。

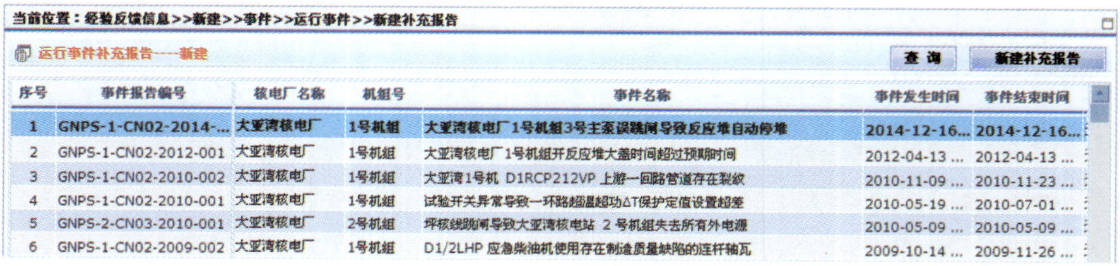

序号	事件报告编号	核电厂名称	机组号	事件名称	事件发生时间	事件结束时间
1	GNPS-1-CN02-2014-...	大亚湾核电厂	1号机组	大亚湾核电厂1号机组3号主泵误跳闸导致反应堆自动停堆	2014-12-16...	2014-12-16...
2	GNPS-1-CN02-2012-001	大亚湾核电厂	1号机组	大亚湾核电厂1号机组开反应堆大盖时间超过预期时间	2012-04-13 ...	2012-04-13 ...
3	GNPS-1-CN02-2010-002	大亚湾核电厂	1号机组	大亚湾1号机 D1RCP212VP 上游一回路管道存在裂纹	2010-11-09 ...	2010-11-23 ...
4	GNPS-1-CN02-2010-001	大亚湾核电厂	1号机组	试验开关异常导致一环路超温超功ΔT保护定值设置超差	2010-05-19 ...	2010-07-01 ...
5	GNPS-2-CN03-2010-001	大亚湾核电厂	2号机组	坪核线跳闸导致大亚湾核电站 2 号机组失去所有外电源	2010-05-09 ...	2010-05-09 ...
6	GNPS-1-CN02-2009-002	大亚湾核电厂	1号机组	D1/2LHP 应急柴油机使用存在制造质量缺陷的连杆轴瓦	2009-10-14 ...	2009-11-26 ...

图 8-9 运行事件补充报告

运行事件补充报告表单如图 8-10 所示，灰色字段无需用户填写，从关联的运行事件通告和运行事件报告中自动提取。核电厂用户只需填写“补充报告说明”“上传附件”等。

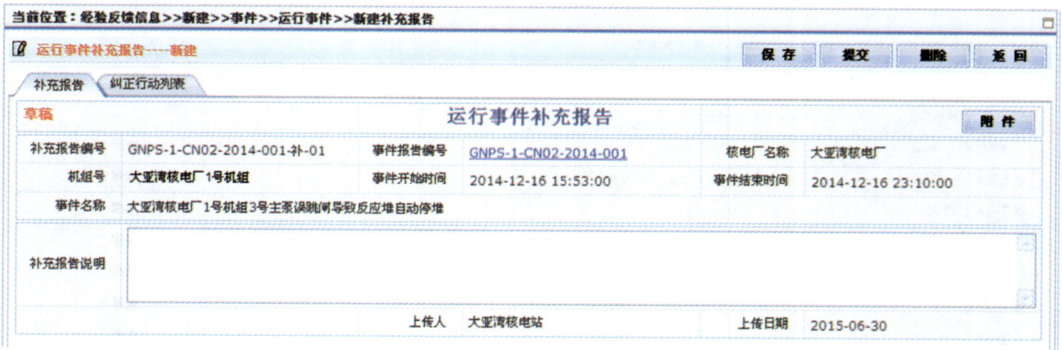

图 8-10 运行事件补充报告填写

点击运行事件补充报告填写表单右上角顶部的【提交】按钮，运行事件补充报告将发布到平台上；点击【删除】按钮，运行事件补充报告将被删除；点击【保存】按钮，运行事件补充报告以草稿形式保存在系统中，可以在“运行事件补充报告—新建”页面重新打开编辑；点击【返回】按钮，本次对运行事件补充报告的任何修改将不会被保存。

8.1.4 内部事件清单及内部事件报告

1）上传内部事件清单

国家核安全局 2012 年发布了《运行核电厂经验反馈管理办法》（国核安发[2012]65 号），其对核电厂营运单位的职责提出了“定期向国家核安全局提交内部事件的清单和摘要，并根据国家核安全局要求提交相应的内部时间报告”。《运行核电厂经验反馈信息收集与发布工作程序》同时规定“运行核电厂应于每个季度开始后的 10 个工作日内上传上个季度的内部事件清单和摘要至国家核安全局经验反馈平台，并将国家核安全局筛选后的内部时间报告及时上传至国家核安全局经验反馈平台”。

核电厂用户可在“经验反馈信息”—“新建”—“事件”—“内部事件”—“内部事件清单上传”栏目中上传内部事件清单，如图 8-1 所示。双击“内部事件清单上传”，在右边主信息区域打开了内部事件清单上传页面。点击页面右上角的【清单文件上传】按钮，弹出清单文件上传窗口，如图 8-11。

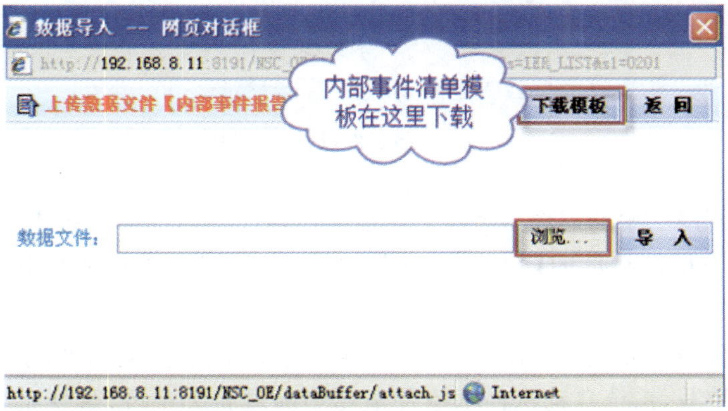

图 8-11　内部事件清单上传界面

内部事件清单需要按照模板编写，以方便导入到平台中。第一次上传时，在清单文件上传窗口右上角点击【下载模板】按钮下载内部事件清单上传的模板。内部事件清单模板为 Excel 文件，默认名称为“ier-list-template. xls”。用户可以自行重新命名。双击 ier-list-template. xls，使用 Excel 打开。

内部事件清单模板有 6 列，分别是事件报告编号、事件名称、电厂名称、机组号、事件发生日期和事件简要描述。事件报告编号按照电厂内部事件编号规则填写，电厂名称按照核电厂安全许可证件上的核设施名称填写，机组号按照“x”格式填写（x 代表一位数字），事件发生日期按照“yyyy-mm-dd”格式填写。

内部事件清单按模板填写完毕后，在清单文件上传窗口点击【浏览】按钮（图 8-11），将已经编辑好的内部事件清单 Excel 文件导入即可。选择【提交】按钮将内部事件清单提交到核与辐射安全中心进行筛选。

2）内部事件报告

核电厂用户登录到平台之后，在主页右下角“我的任务栏”中提示当前待填报的内部事件报告（如图 8-12）。

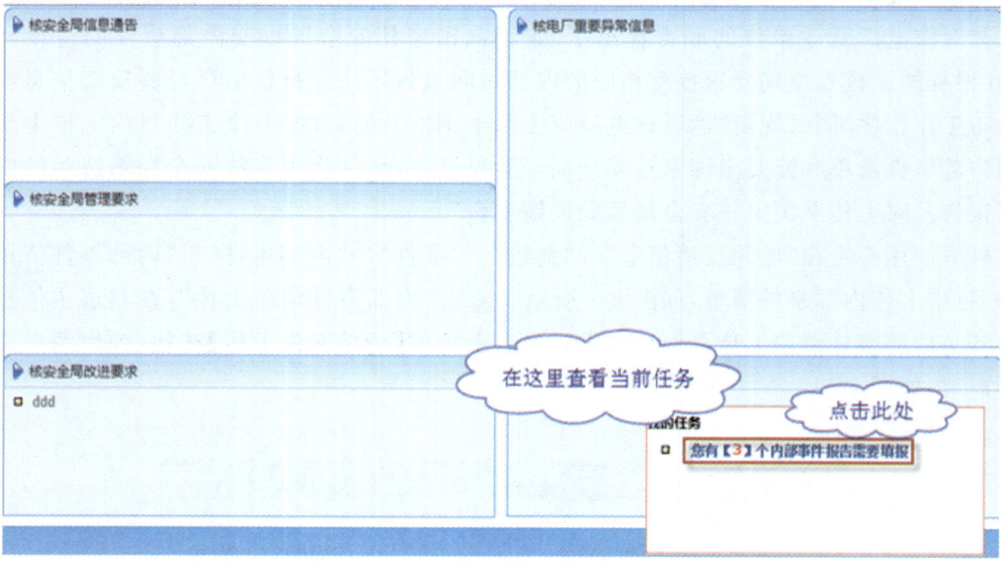

图 8-12　内部事件报告上传提醒

点击“我的任务栏”中的内部事件报告填报条目，打开“内部事件报告—填报”窗口。选中某一条记录，点击右上角的【填报内部事件报告】按钮，弹出内部事件报告表单（见图 8-13）。

内部事件报告表单分为事件简要信息区、事件正文区、事件编码区、事件属性区。事件简要信息区无需填写，系统自动从内部事件清单中提取相关字段；事件正文区域填写事件的详细信息；编码区填写事件的 WANO 编码，具体方法参见运行事件报告编码填写方法；事件属性区域选择事件反映的主要方面，只能单选。在内部事件报告表单右上角点击【附件】按钮可以上传附件。

点击内部事件报告表单右上角顶部的【保存】按钮，内部事件报告以草稿形式保存在系统中，可以在“内部事件报告—填报”窗口重新打开编辑；点击【提交】按钮，内部事件报告将发布到平台上；点击【删除】按钮，内部事件报告将被删除；点击【返回】按钮，本次对内部事件报告的任何修改将不会被保存。

8.1.5 国外事件

核电厂用户可在“经验反馈信息”—“新建”—“事件”—“国外事件”栏目中上传国外事件，具体操作方法参见章节 6.4。

图 8-13　内部事件报告填写模板

8.2　上传核电厂报告

8.2.1　运行阶段月度报告

HAF001/02/01《核电厂营运单位报告制度》中要求核电厂营运单位在每月 10 日前向所在地区监督站和国家核安全局递交上个月运行情况总结报告，并给出了报告的内容要求。《运行核电厂经验反馈信息收集和发布工作程序》要求核电厂在次月 10 日前向经验反馈平台上传定期报告，包括运行阶段月度报告。

核电厂用户可在“核电厂报告”—“运行阶段月度报告”栏目中上传运行阶段月度报告（见图 8-1）。双击“运行阶段月度报告”，在右边主信息区域打开了运行阶段月度报告页面。点击页面右上角的【新增】按钮，弹出运行阶段月度填报窗口，如图 8-14 所示。

年度字段要求填入四位阿拉伯数字，如“2015”；月份、营运单位以下拉菜单的形式给出；递交日期是标准日历窗口；点击右上角的【附件】按钮可以上传附件，方法参见 8.1.1 节。

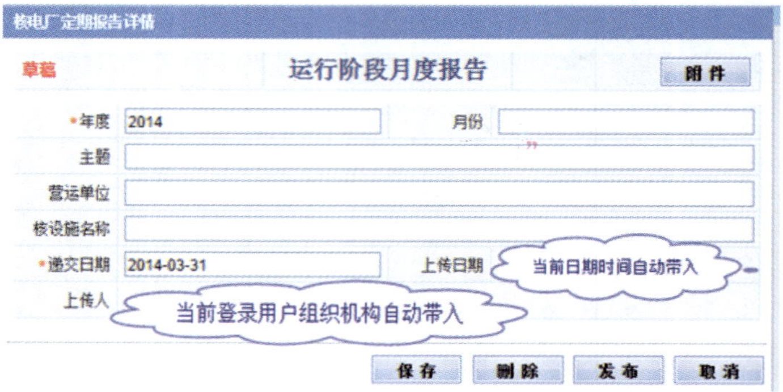

图 8-14 核电厂运行阶段月度报告导入界面

8.2.2 年度报告

年度报告也是核电厂营运单位定期向地区监督站和国家核安全局递交的报告之一，同样，核电厂用户在每年 4 月 1 日前须将上年度的年度报告上传到经验反馈平台。

核电厂用户可在“核电厂报告”—“年度报告”栏目中上传年度报告（见图 8-1）。双击“年度报告”在右边主信息区域打开了年度报告页面。点击页面右上角的【新增】按钮，弹出年度报告填报窗口（见图 8-15）。表单中的其他操作同 8.1 节，这里不再赘述。

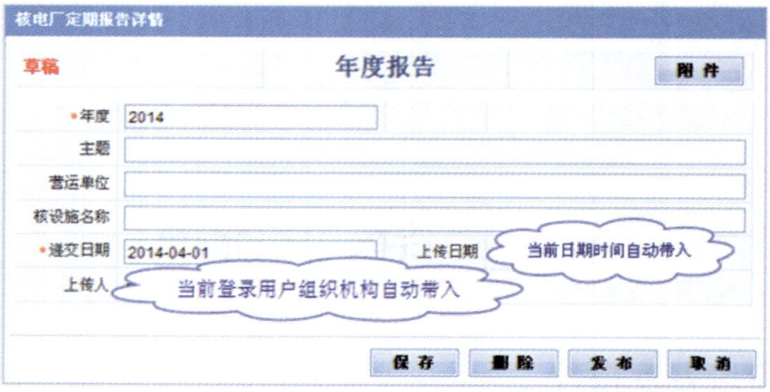

图 8-15 核电厂年度报告填写页面

8.3 上传良好实践

核电厂用户可在“核电厂报告”—“良好实践”栏目中上传良好实践。双击“良好实践”，在右边主信息区域打开了良好实践页面。点击页面右上角的【新增】按钮，弹出良好实践填报窗口，如图 8-16 所示。

“年度”为必填项，由下拉选择框选择年份（发生、发现年份？报告年份？）；“编号”也为必填项，字段要求填入 2 位阿拉伯数字；“营运单位”一栏给出的是国内核电厂营运单位；“适用堆型”可选择 ABWR、AGR、BWR、FBR、GCR（Maanox）、LMFBR、PHWR、PWR、PWR/

VVER;"电厂领域"中只能选领域 1;关键字部分可自己建立,也可选择。

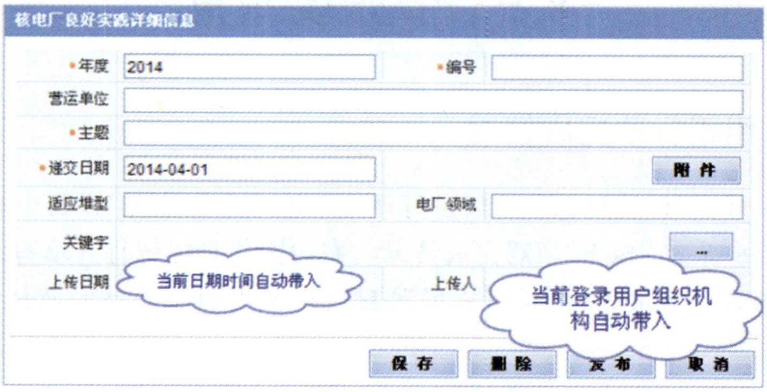

图 8-16　核电厂良好实践填写界面

8.4　核电厂响应监管信息填报

核电厂用户可在平台左侧栏"-核电厂报告"—"核电厂响应监管信息"栏目中上传核电厂响应监管信息(见图 8-1)。双击"核电厂响应监管信息",右边主信息区域打开核电厂响应监管信息页面。点击页面右上角的【新增】按钮,弹出"核电厂响应监管信息"填报窗口,见图 8-17。

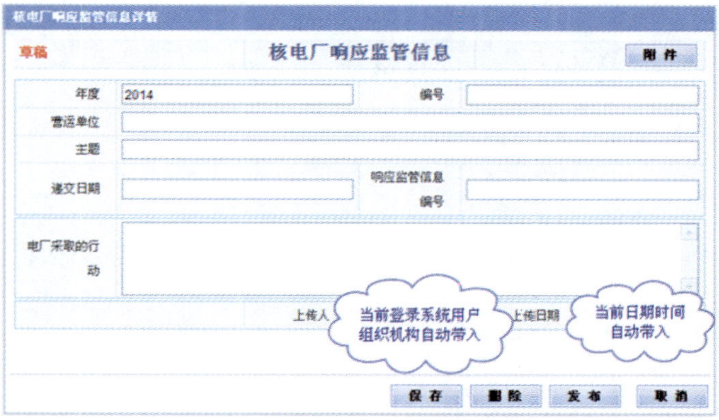

图 8-17　核电厂响应监管行动填写界面

年度字段要求填入四位阿拉伯数字;编号字段要求填入 2 位阿拉伯数字;点击营运单位字段的空白处,弹出下列选择框(注意,只能选择一个营运单位);递交日期是标准日历控件;响应监管信息编号为国家核安全局发文号;点击右上角的【附件】按钮可以上传附件。

点击核电厂响应监管信息填报窗口右下角的【保存】按钮,核电厂响应监管信息以草稿形式保存在系统中;点击【删除】按钮,草稿状态的核电厂响应监管信息将从系统中删除;点击【发布】按钮,核电厂响应监管信息将发布到平台上;点击【取消】按钮,本次对核电厂响应监管信息的任何修改将不会被保存。

8.5 行动跟踪填报

8.5.1 填写纠正行动完成情况

核电厂用户可在“行动跟踪”—“纠正行动”—“填写完成情况”栏目中填写纠正行动完成情况，如图 8-18 所示。双击“填写完成情况”，右边主信息区域打开填写纠正行动完成情况页面。点击页面右上角的【填写完成情况】按钮，弹出纠正行动完成情况填报窗口（见图 8-19）。

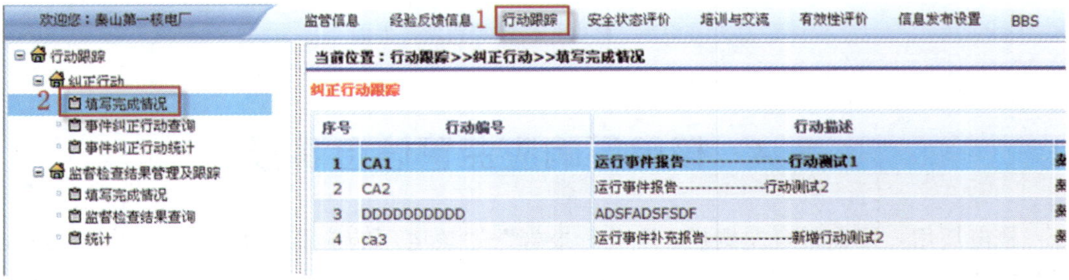

图 8-18　核电厂纠正行动跟踪填写界面

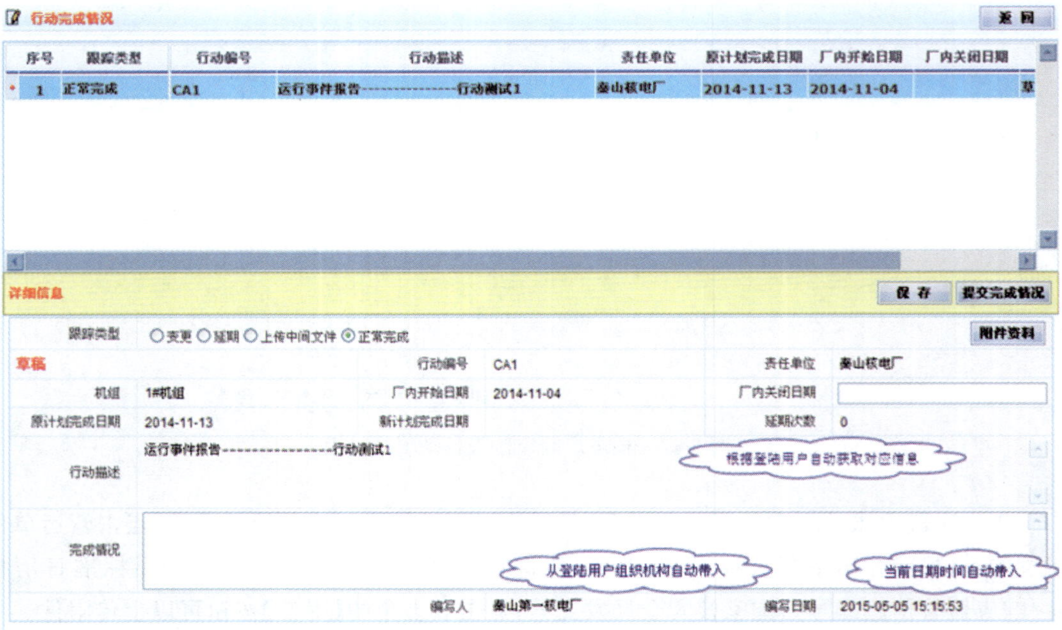

图 8-19　纠正行动跟踪

跟踪类型包括变更、延期、上传中间文件和正常完成几个选项，此选项与厂内关闭日期和新要求完成日期是否填写相关联；行动编号、责任单位、机组、厂内开始日期、原计划完成日期、行动描述等内容系统会自动关联，用户无须填写；厂内关闭日期、新要求完成日期字段是标准日历控件；完成情况需要用户填写；点击右上部的【附件资料】按钮可以上传附件。

8.5.2　填写监管要求完成情况

核电厂用户可在“行动跟踪”—“监督检查结果管理及跟踪”—“填写完成情况”栏目中填写监管要求完成情况，如图 8-18 所示。双击“填写完成情况”，右边主信息区域打开了填写监管信息完成情况页面（见图 8-20）。用户选中相应的检查要求，点击右上角【填写完成情况】按钮，弹出监管信息完成情况填报窗口（见图 8-21）。

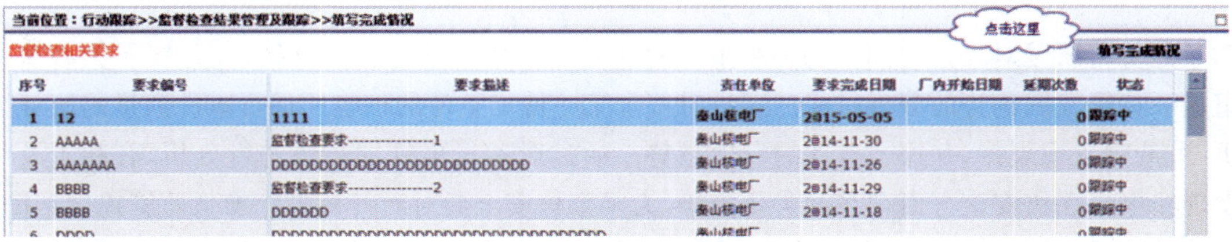

图 8-20　监管要求界面

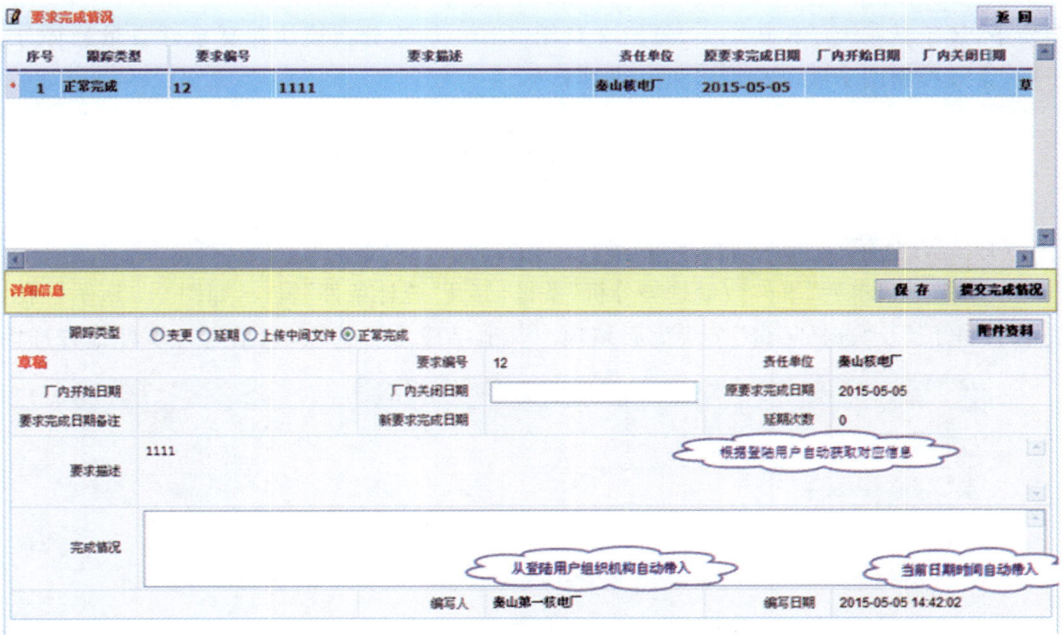

图 8-21　监管要求填写界面

\\\\ 第 9 章 \\\\

趋势分析系统使用指南

趋势分析是对一段时间内的一组事件的某一共性特征进行统计分析，以寻找所关心事件组这一特征发展趋势的分析过程。通过对符合某一特定条件的核电厂运行事件数量的统计分析，可从中发现规律，并探求事件的发生趋势。通过对运行事件的趋势进行分析，有利于及早发现核电厂在核安全方面存在的劣化趋势，为国家核安全局对运行核电厂加强监管提供帮助。

国家核安全局经验反馈平台提供了对核电厂运行事件进行趋势分析的功能，国家核安全局用户、监督站用户、核与辐射安全中心用户及各运行核电厂用户均有权使用安全状态评价模块进行趋势分析。趋势分析功能通过趋势分析模块实现，该模块位于安全状态评价模块下，属于其三大子模块之一，见第 2 章图 2-10。趋势分析模块包括事件数量趋势分析子项、常规控制图子项以及累积和控制图子项。

9.1 事件数量趋势分析

(1) 统计分析

双击左侧菜单栏“事件数量趋势分析”条目，打开“统计条件”窗口，如图 9-1 所示。在该表单中“电厂”及“选择年份”字段为必填项。其他字段为可选项，包括运行事件报告准则、

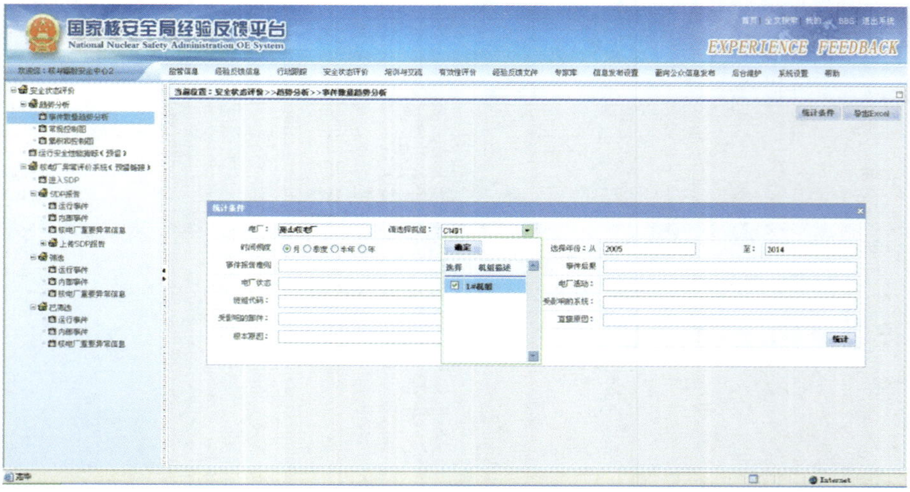

图 9-1 事件数量趋势分析“统计条件”窗口

事件后果(编码)、电厂状态(编码)、电厂活动(编码)、班组代码(编码)、受影响的系统(编码)、受影响的部件(编码)、直接原因(编码)、根本原因(编码)。用户可以多选,其关系为“与”的关系。例如,若需了解秦山核电厂 1 号机组 2005—2014 年的运行事件,设置如图 9-1 所示,填好后点击右下侧【统计】按钮,得到统计结果。

事件数量趋势图的趋势线有助于预测事件的发生情况。如果对该统计结果不满意,或需要重新筛选统计条件可点击右上角【统计条件】按钮,弹出统计条件窗口重新填写表单,如图 9-2 所示。

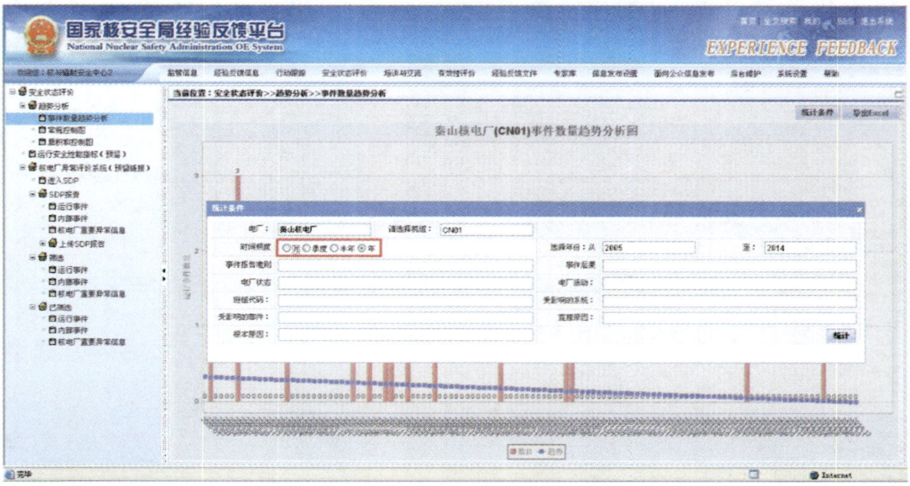

图 9-2 统计条件重新填写窗口

(2) 导出 Excel 功能

如果趋势分析涉及统计数据较多,需要对统计数据有更清晰的了解,可将数据寻出到 Excel 文件。点击右上角【导出 Excel】按钮,弹出“文件下载”窗口,将文件保存至指定位置,如图 9-3 所示。

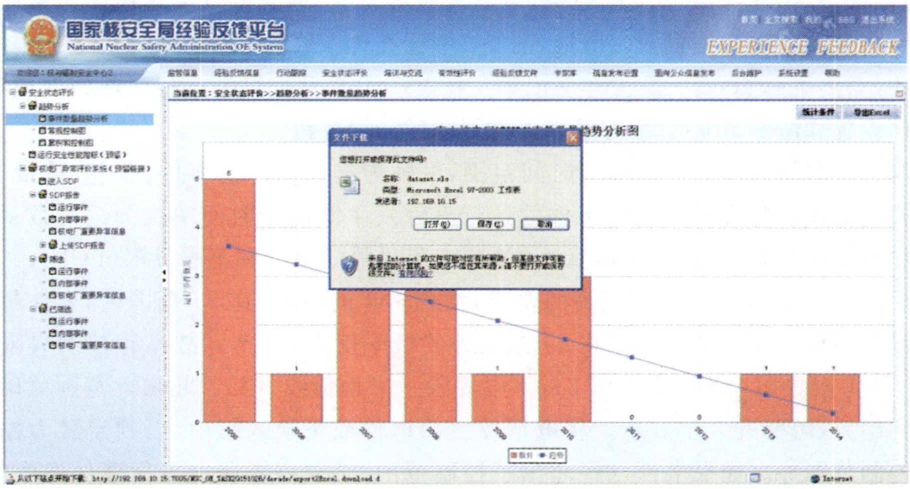

图 9-3 文件下载窗口

9.2　常规控制图

(1) 统计分析

双击左侧菜单栏“常规控制图”按钮，打开“统计条件”窗口，如图 9-4 所示。该表单中“电厂”及“选择年份”字段为必填项。其他字段为可选项，包括运行事件报告准则、事件后果(编码)、电厂状态(编码)、电厂活动(编码)、班组代码(编码)、受影响的系统(编码)、受影响的部件(编码)、直接原因(编码)、根本原因(编码)。用户可以多选，其关系为“与”的关系。

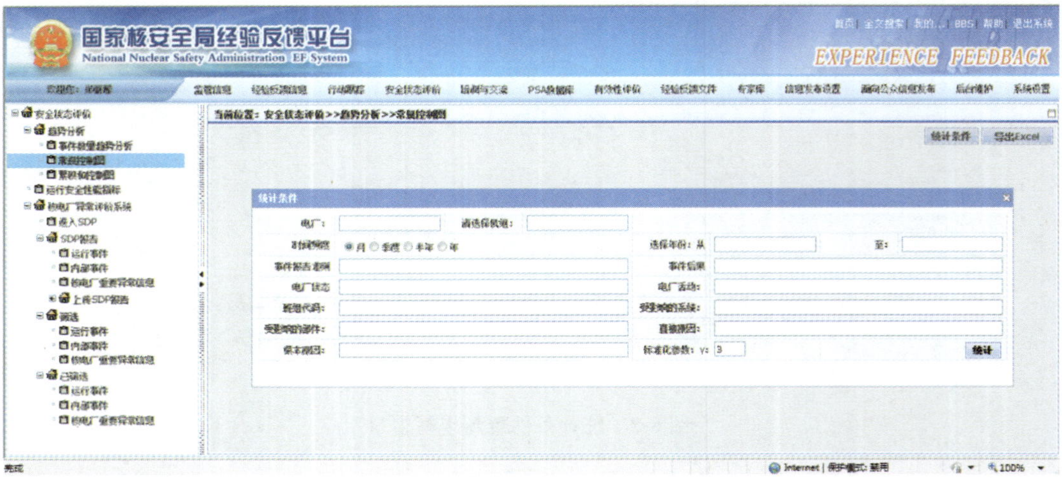

图 9-4　常规控制图“统计条件”窗口

由正态分布的性质可知：事件数据出现在平均值的正负三个标准偏差($|x|<3\sigma$)之外的概率仅为 0.27%。这是一个很小的概率，根据概率论“视小概率事件为实际上不可能”的原理，可以认为：出现在$|x|<3\sigma$ 区间外的事件是异常波动，它的发生是由于异常原因使其总体的分布偏离了正常位置。一般地，图 9-4 中标准化参数取 $y=3$。

例如，需要了解 2005—2014 年秦山第二核电厂 1、2 号机组的运行事件的常规控制图，统计条件设置如图 9-5 所示，填好后点击右下侧【统计】按钮。

常规控制图统计结果中横轴为时间范围，纵轴为符合条件的事件，蓝色“数量”曲线每一节点的高度代表符合用户选择条件的运行事件发生时间按时间单位分组的数量。常规控制图中有三条控制界限，即平均值线(CL)、上限界限(UCL)和下限界限(LCL)。

由于核工业对核安全有着至高的要求，结合多年的经验，在 3σ 范围内，事件超出此范围的数量相当少。同时事件数据在 2σ 范围外的概率仅为 4.6%。故推荐控制界限的宽度定为 2σ，即上限界限＝平均值线＋2σ，下限界限＝平均值线－2σ。超出此范围就确定存在潜在不良趋势，需要进一步分析。将电厂发生的事件数量绘入图中，以判定其为控制范围内还是控制范围外。如果事件已经超出了控制范围，必须调查研究分析事件发生的原因，采取有效的纠正行动措施消除偏差，防止同类事件重复发生，提高电厂的安全运行水平。

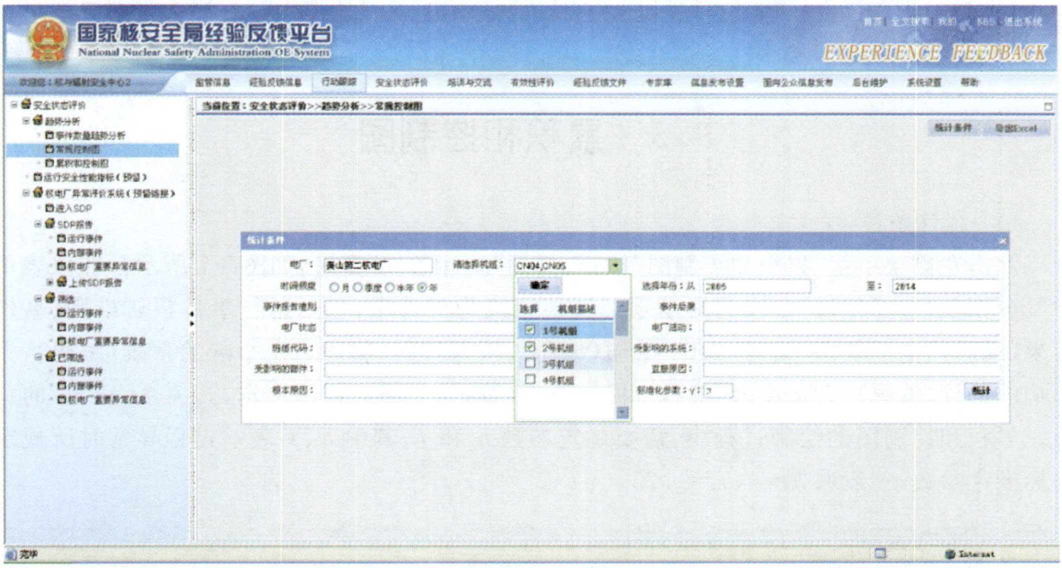

图 9-5　2005—2014 年秦山第二核电厂 1、2 号机组的运行事件常规控制图的“统计条件”

随着统计数据的增多，统计条件更为细化，可以通过该控制图，发现某一类运行事件的发展趋势，从而提醒监管部门及核电厂开展对事件的调查研究。

如果对该统计结果不满意，或需要重新筛选统计条件可点击右上角【统计条件】按钮，弹出“统计条件”窗口重新填写表单。如图 9-6 所示。

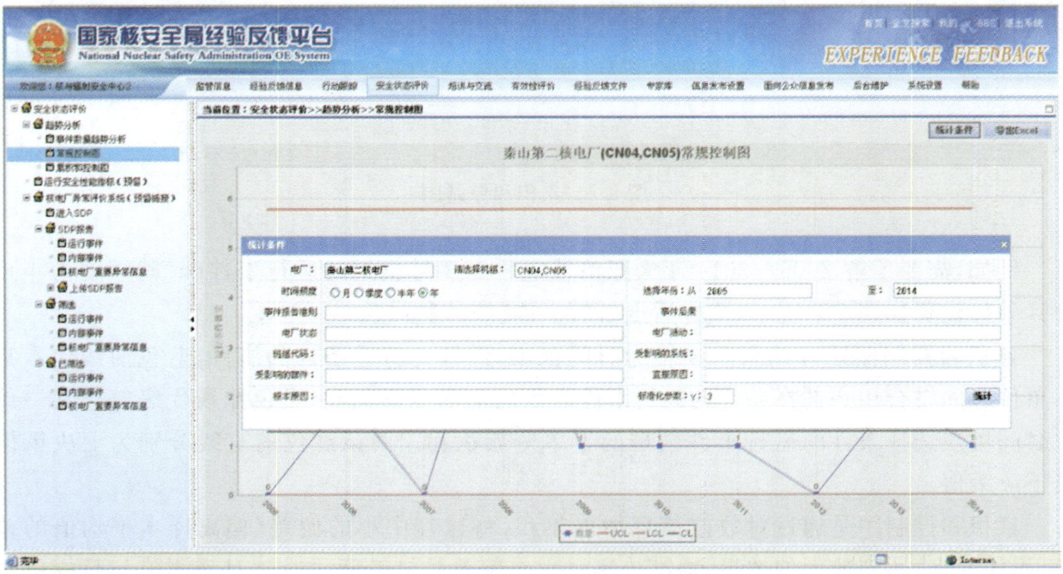

图 9-6　常规控制图“统计条件”重填窗口

(2) 导出 Excel 功能

如果趋势分析涉及统计数据较多，需要对统计数据有更清晰的了解，可将数据导出到

Excel 文件。点击图 9-6 右上角【导出 Excel】按钮，弹出“文件下载”窗口，将文件保存至指定位置。

9.3 累积和控制图

(1) 统计条件

双击左侧菜单栏“累积和控制图”按钮，打开“统计条件”窗口，如图 9-7 所示。在该表单中“电厂”及“选择年份”字段为必填项。其他字段为可选项，包括运行事件报告准则、事件后果(编码)、电厂状态(编码)、电厂活动(编码)、班组代码(编码)、受影响的系统(编码)、受影响的部件(编码)、直接原因(编码)、根本原因(编码)。用户可以多选，其关系为“与”的关系。累积和控制图的绘制过程中，需要确定参数 h 和 f，其中 h、f 表示过程异常时所规定的标准化参数，一般取 $h=4$，$f=0.25$。

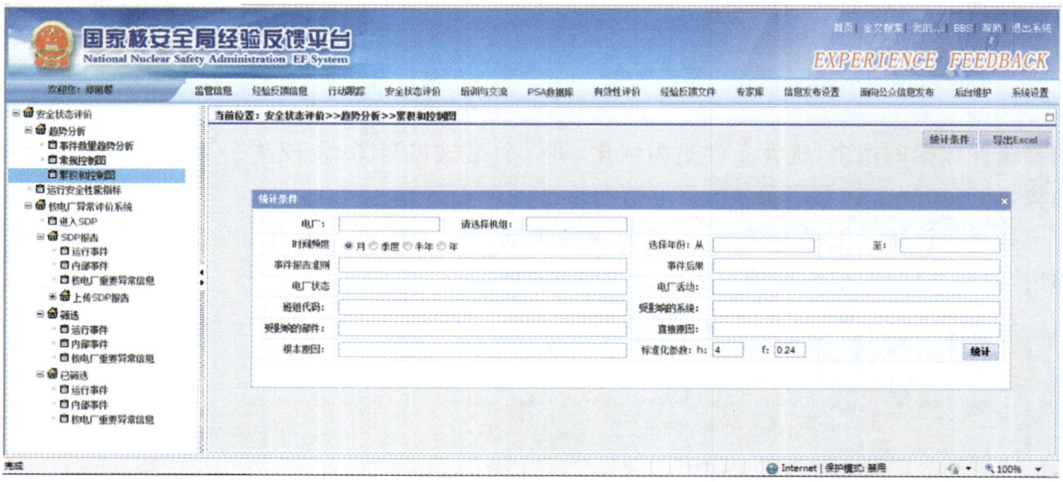

图 9-7　累积和控制图

例如，需要了解 2005—2014 年大亚湾核电厂 1、2 号机组的运行事件(时间频度为年)，统计条件设置如图 9-8 所示，填好后点击右下侧【统计】按钮。

累积和控制图统计结果中横轴为时间范围，纵轴为符合条件的事件，蓝色曲线代表某一单位时间符合用户选择条件的运行事件数量的上单侧累积和，黑色曲线代表符合某一单位时间用户选择条件的运行事件数量的下单侧累积和。两条红色的直线分别为上决策值及下决策值。

累积和控制图是通过对数据信息加以累积，将过程中小的偏差(偏离样本平均值的差值)累加起来，达到放大的效果，提高检测过程小偏差的灵敏度。通过对观测值与目标值之差的累积和来描点，充分利用了整个观测值序列的信息，因为它是累积的，所以即便是过程均值中的微小波动也会导致累积偏差值的稳定增加或降低事件数量趋势图的趋势线有助于预测事件的发生情况。

如果对该统计结果不满意，或需要重新筛选统计条件可点击图 9-8 右上角【统计条件】

图 9-8　累积和控制图“统计条件”窗口

按钮，弹出“统计条件”窗口重新填写表单。

(2) 导出 Excel 功能

如果趋势分析涉及统计数据较多，需要对统计数据有更清晰的了解，可将数据寻出到 Excel 文件。点击图 9-8 右上角【导出 Excel】按钮，弹出“文件下载”窗口，将文件保存至指定位置。

9.4　趋势分析的应用条件

根据趋势图的上升或下降幅度以及控制图中上下限来初步确定不利趋势，并根据分类事件的特点和电厂在该领域的具体要求来分析确定趋势的有利与否。针对不利趋势，需要进一步调查和分析存在的原因，并根据查找到的原因，制定相应而有效的纠正行动。当一个潜在的趋势确定后，相应的数据应该进行分析，以便确定事件的原因和制定有效的纠正行动。

趋势分析系统是一个方便用户进行趋势分析的电子化分析工具，在使用的过程中，用户主观对信息的选择也非常重要。为减少了事件信息在后期的特征分析中的步骤，保证趋势分析的有效性，用户需要充分利用自己的专业素质在填选“统计条件”窗口中的各项信息。

进行事件趋势分析必须具备以下条件。

• 必须具有数据数量基础才能实行：

对核电厂或行业趋势数据，一般进行趋势分析至少需要 8 个数据点，最好为 25 个数据点。

• 数据信息分类准确：

事件数据收集和分类阶段是整个趋势分析过程的基础，起到至关重要的作用。只要收集的数据分类全面、准确，才能为后续的趋势分析查找、确定不利趋势提供强有力的保证。

• 基于数据的分类编码：

利用代码对收集到的信息进行分类，即给每个事件报告正确的属性(代码)是信息流通的重要组成部分，因为它减少了事件信息在后期的特征分析中的步骤。正确的代码分类是一个数据库价值的体现，它简化了后期的事件分析。代码的分类有很多种，包括事件活动分类、事件根本原因分类、事件直接原因分类、电厂状态分类、事件发生位置分类，电厂活动分类，根据系统分类等。收集的数据最终都需要转换为事件分类编码中的代码，分析人员应认真分析事件特征，明确事件中的关键信息，确保事件代码能够正确反映事件的特征。利用代码进行趋势分析的要点在于允许分析人员根据自身需要对具体的事件采取事件评价，根据事件评价的结果，然后确定与评价结果相符合的代码。应该特别注意的是必须保证不同的个体，对事件代码的确定是基本相同的，即需要有统一的编码标准，良好的标准分析方法，减少数据的变化。

• 数据要能够易于统计：

收集的事件数据由于繁多且冗杂，需要一套科学、完整、全面的编码对数据进行分类分组，以便后续对数据组进行趋势分析。本系统的事件分类编码采用的是目前国内核电厂普遍使用的 WANO 事件分类编码。

第 10 章

核电厂异常重要性判定系统使用指南

核电厂异常重要性判定系统是以美国核安全管制委员会(NRC)现行的异常重要性判定方法(Significance Determination Process,SDP)为基础,结合我国核电机组实际情况开发的事件和异常重要性判定工具。目前已开发了 M310 及改进型核电机组功率工况、停堆工况下的模型,以及 VVER 核电机组功率工况下的模型。该系统可用于评价发生在这些机组上的重要安全设备降级或不可用、重要安全相关系统及支持系统降级或不可用、始发事件、不利瞬态等影响安全的事件或潜在事件的风险度,评定结果按现行国际准则进行分级,以便指导核安全监管单位采取行动,提高核电厂的安全性。本章对核电厂异常重要性判定系统进行介绍,包括软件功能和具体操作步骤,以便用户了解系统的使用范围和使用方法。

10.1 软件功能简介

本节介绍系统的软件平台登录界面和主界面的功能分布和主要操作,后续安全事项评估以大亚湾核电厂 M310 机组模型为例进行说明。

10.1.1 用户登录

核电厂异常重要性判定系统在国家核安全局经验反馈平台安全状态评估栏中设有链接。系统的用户权限在经验反馈平台设置,目前国家核安全局、地区核与辐射安全监督站、核与辐射安全中心用户可以使用该系统进行安全事项的评估。使用者可以根据权限通过经验反馈平台直接登录系统,见第 2 章图 2-10。

使用者可以根据自身需求,对经验反馈平台"事件数据库中"的事件进行评估;也可以直接进入系统,对新的事件和异常进行评估,其判定方法和过程是一致的。只是系统可以直接将"事件数据库"事件的相关信息自动导入系统,而新的事件和异常进行评估,其信息只能由使用者人工填写。

10.1.2 系统主界面介绍

登录成功后,首先进入的主界面如图 10-1 所示。

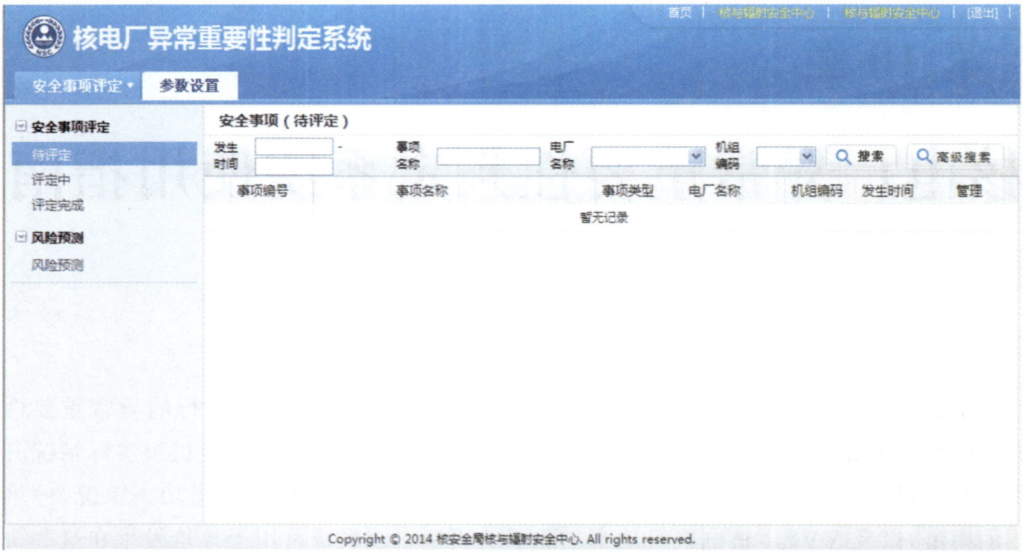

图 10-1　SDP 系统登录后首页

图 10-1 中主界面的左侧以及顶部为导航菜单栏，包含安全事项评定和参数设置（管理员权限）两个模块。其中安全事项评定菜单中包含安全事项评定和风险预测两种评定方式，在风险预测中，用户可以添加新的事件信息而不需要从“事件数据库”中进行导入，评定计算方式与安全事项评定一致，但是结果是单独保存的。

参数设置包括电厂机组、模型信息、事件树等系统参数的设置以及评定数据导入功能，该模块只能在管理员账号中出现。主界面的右侧为对应模块的内容区，鼠标在菜单栏中单击选择某个模块后，右侧便显示对应内容。图 10-2 是电厂机组的内容。

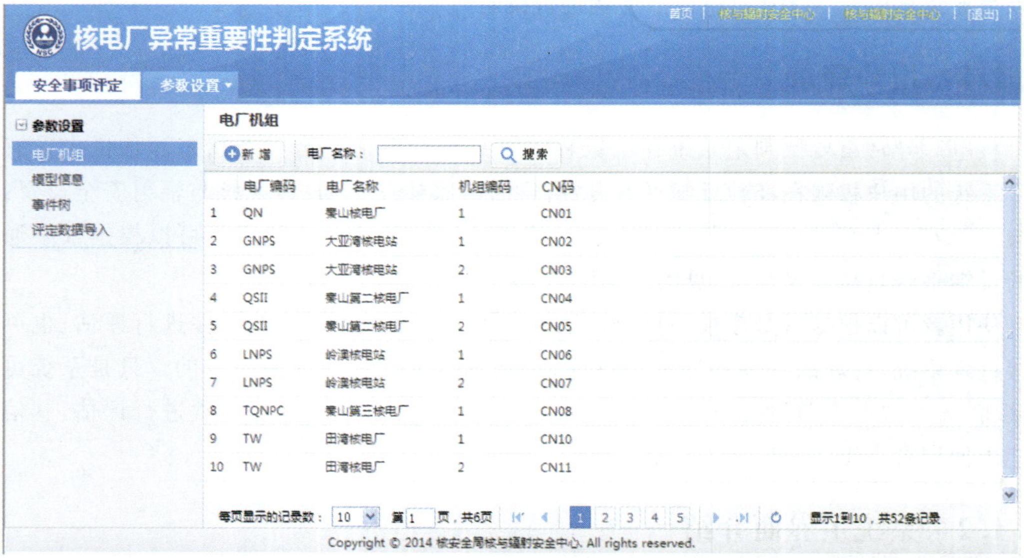

图 10-2　电厂机组界面

10.2　安全事项评定

安全事项评定包括安全事项评定和风险评定，其中安全事项评定中又分为待评定、评定中和评定完成三个列表，如图 10-3 所示。

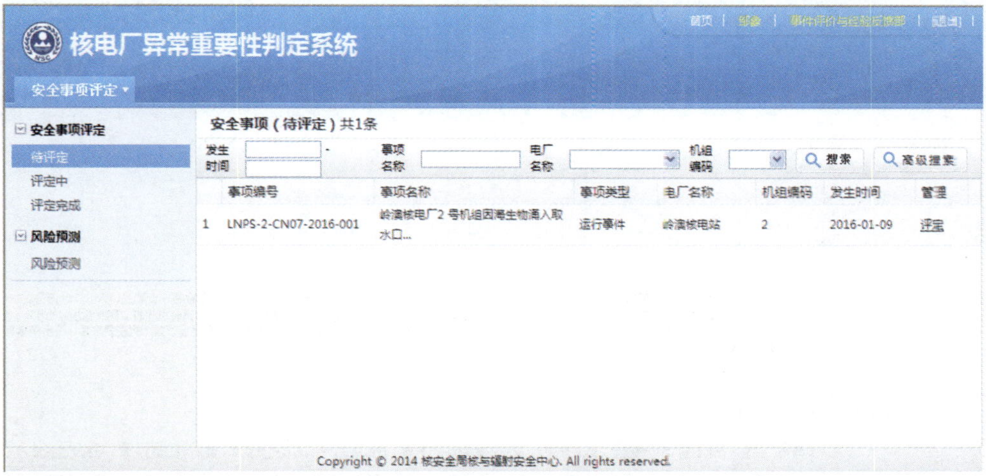

图 10-3　安全事项评定界面

10.2.1　安全事项评定

进行安全事项评定前需要筛选所要评定的运行事件或内部事件，如图 10-4 所示，选择“筛选”运行事件，在事件列表中选取需要评定的事件，然后点击【确认筛选】按钮，事件信息就会传输到 SDP 系统准备待评定，如图 10-4 右侧界面。

图 10-4　事件和异常筛选

此时,该运行事件可以进入相应的评定过程了,点击图 10-3 右侧“评定”,进入 SDP 系统评估过程。如图 10-5 所示,分析人员填写安全事项的基本信息,其中部分信息系统已根据事件信息自动填写完成,其他信息填写需要分析人员进行判断。

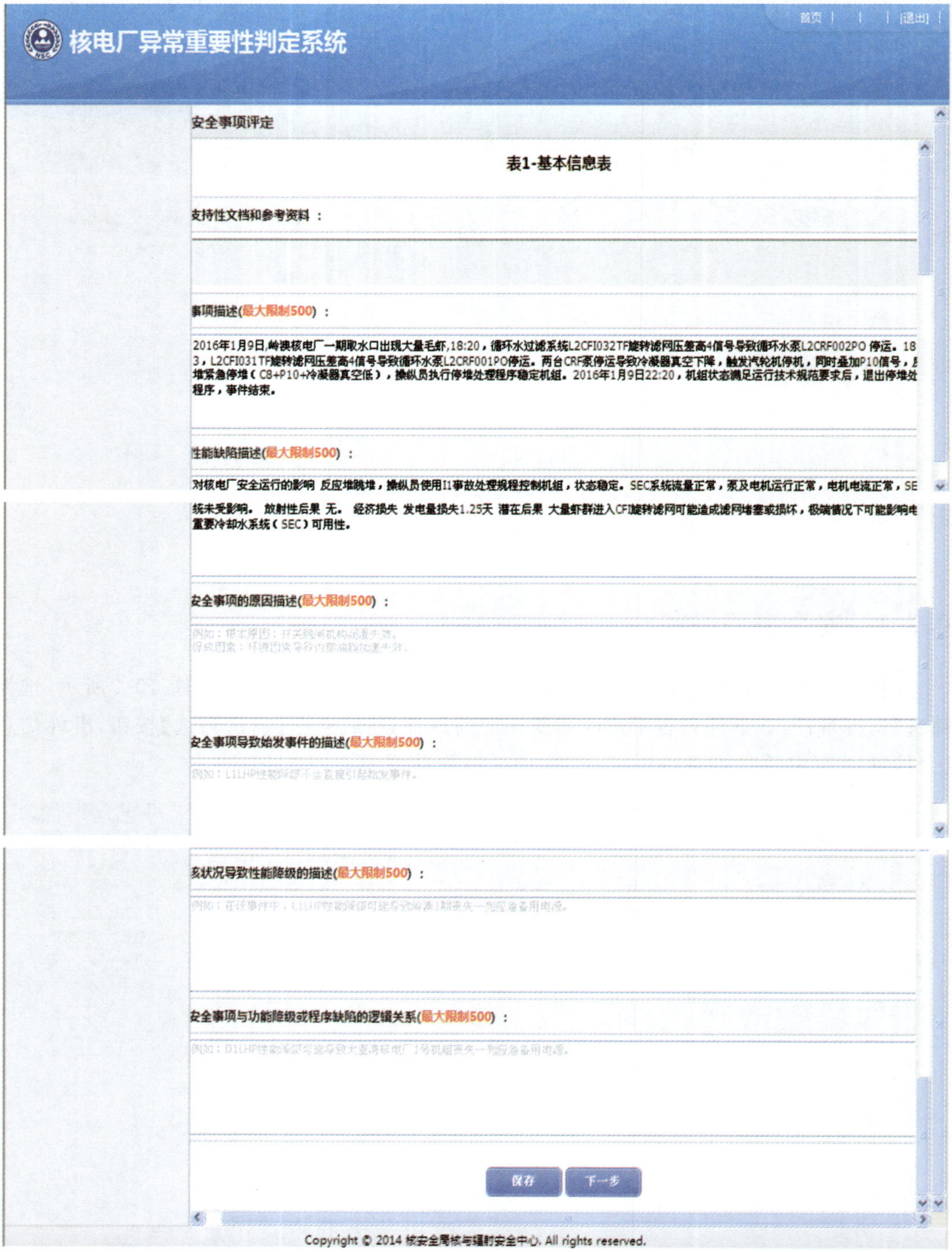

图 10-5 安全事项基本信息

用户修改或补充安全事项的信息后，可以点击【保存】以保存信息，或者点击【下一步】进行 SDP 引导评定。此后安全事项信息将转入“评定中”列表中。

10.2.2　引导评定

引导评定就是 SDP 引导的过程，评定的流程分为三个步骤，步骤一：发现项的相关信息描述；步骤二：识别发现项影响的安全基石；步骤三：指引发现项至合适的 SDP 程序进行下一步评估。评定成功之后，数据转到“评定完成”列表中。如图 10-6，进入 SDP 引导表 1，填写安全事项基本信息表。

图 10-6　SDP 引导表 1-安全事项基本信息

在引导表 1 中点击【保存】，会提示保存成功，在表 1 中点击下一步，进入 SDP 引导表 2-功能降级或系统性缺陷所影响的安全基石，如图 10-7。

图 10-7　SDP 引导表 2-功能降级或系统性缺陷所影响的安全基石

在引导表 2 中，点击上一步，返回到引导表 1 中。在表 2 中点击无法确认，系统引导流程结束跳转到安全事项列表中，评定结果为定性准则评估 SDP 评估程序。在表 2 中点击下一步，进入到 SDP 引导表 3-SDP 引导程序，如图 10-8 所示。

图 10-8　SDP 引导表 3-SDP 引导程序

在引导表 3 中，点击【上一步】回到引导表 2 中。

在表 3 根据情况进行数据选择后，点击【下一步】，假如引导结果是转向功率工况 SDP 评估程序，则继续评定并且跳入功率工况 SDP 评定程序第一阶段，否则 SDP 评定流程结束(目前系统只开发了部分机组功率工况的判定模型)，跳转到“评定完成”列表中，事项信息同样转入“评定完成”，如图 10-9。

对于评定完成的事项信息可以点击“评定”进行更改。

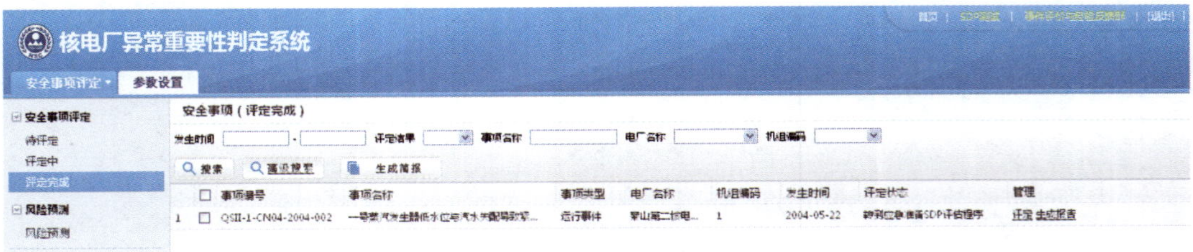

图 10-9 评定流程结束

10.2.3 功率工况 SDP 评估过程

10.2.3.1 功率工况 SDP 第一阶段

假如 SDP 引导评定的结果是转向功率工况 SDP 评估程序，则跳入功率工况 SDP 评定程序第一阶段的工作表 1，如图 10-10。

图 10-10 功率工况 SDP 第一阶段工作表 1

评价人员可在本列表中对安全事项信息进行补充，尤其是可以填入降级的系统/列以及暴露时间，并可以点击【缺陷暴露准则】获得暴露时间选择的帮助。系统会根据评定人的输入自动提取降级的系统/列以及暴露时间进行后续阶段的计算。

当评定人觉得安全事项较严重时，可以直接点击右上角"跳到功率工况 SDP 第二阶段评估"按钮进入功率工况 SDP 第二阶段评估，功率工况 SDP 第二阶段评估下文会详细介绍。

在功率工况第一阶段工作表 1 中，点击【上一步】，回到 SDP 引导表 3。点击【保存】按钮并退出，数据在"评定中"列表中出现，在"评定中"列表中点击本次安全事项的评定，会直接进入现有的评定阶段。在工作表 1 中点击【下一步】，将进入功率工况 SDP 第一阶段工作表 2，评价人员将根据事项信息，对缺陷导致的安全基石和功能降级进行选择和筛选，如图 10-11 所示。

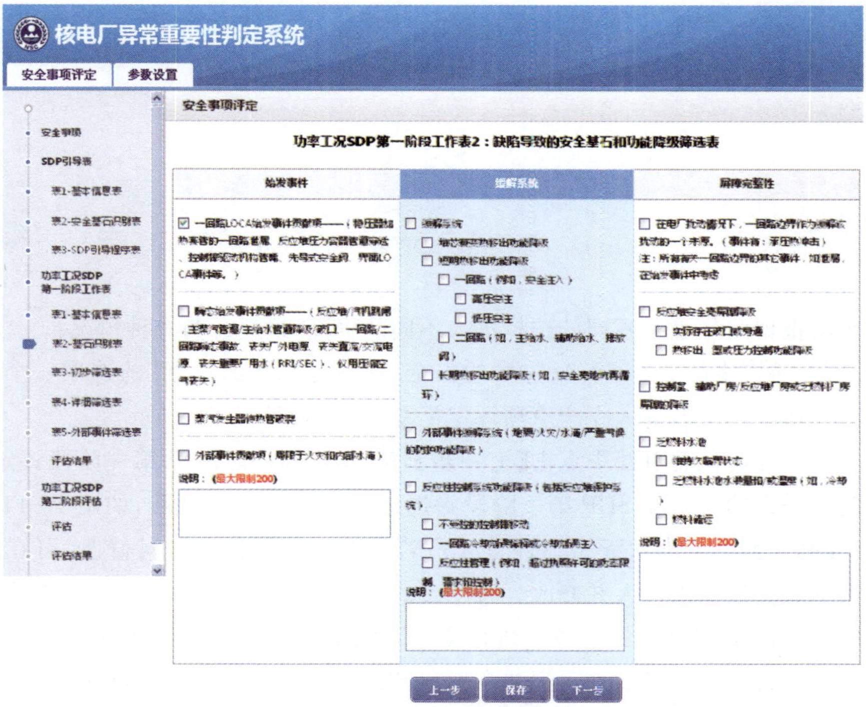

图 10-11 功率工况 SDP 第一阶段工作表 2

在工作表 2 勾选了信息后，点击【保存】按钮并退出，数据在"评定中"列表中出现，在"评定中"列表中点击本次安全事项的评定，会直接进入现有的评定阶段。在工作表 2 中点击【下一步】，将进入功率工况 SDP 第一阶段工作表 3。系统会根据评价人员在工作表 2 中选定的信息，将工作表 3 对应的信息进行选中，评价人员也可以自行进行修改，如图 10-12 所示。

在工作表 3 勾选了信息后，点击【保存】按钮并退出，数据在"评定中"列表中出现，在"评定中"列表中点击本次安全事项的评定，会直接进入现有的评定阶段。在工作表 3 点击【下

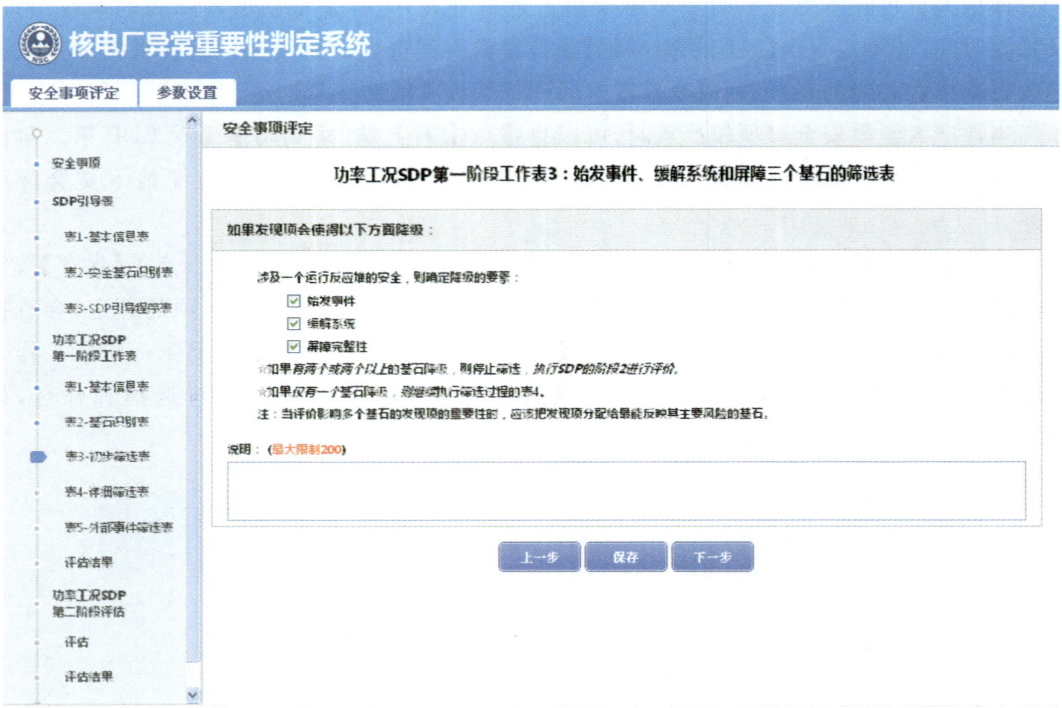

图 10-12　功率工况 SDP 第一阶段工作表 3

一步】，系统将根据工作表中不同的选择进入不同的页面，这里分为三种情况：

（1）当表 3 的“涉及一个运行反应堆的安全，则确定降级的要素”的选项一个也没被勾选的时候，点击【下一步】，进入安全事项评定汇总页面，如图 10-13 所示。

在安全事项评定汇总页面中点击【上一步】，回到功率工况 SDP 第一阶段评定表 3 中，点击【确定】则进入功率工况 SDP 第一阶段筛选过程的结果保存页面，如图 10-14。在结果页面中点击【确定】，结束本次评定。评价人员若要对之前的信息进行修改，可在左侧的向导栏中点击的流程步骤以进入并修改。

（2）当表 3 的“涉及一个运行反应堆的安全，则确定降级的要素”的选项有且只有一个被勾选的时候，点击【下一步】，进入到功率工况 SDP 第一阶段工作表 4，如图 10-15。

表 4 中的选项按模块划分，只有一个模块可以选择，这里有约束条件：例如，当表 3“涉及一个运行反应堆的安全，则确定降级的要素”的选项是始发事件时，在表 4 中就只关心始发事件的选择，其他事件则不做考虑，同理，如果选项是缓解系统，到表 4 就只关心缓解系统的选择。

另外，表 4 复选框只能进行单选，当勾选第一个选项，则第一个之后的选项全部不可选，当勾选第二个选项，则第二个之后的选项为不可选状态，而第二之前的选项（也就是第一个选项）还可以进行选择，其他情况类似。

在表 4 中，点击【上一步】回到功率工况第一阶段评定表 3 中。点击【下一步】，会根据不同的选择进入到不同的页面，有可能会跳到安全事项评定汇总页面中结束本次评定或者进

图 10-13　安全事项评定汇总页面

入到功率工况第二阶段评定，也可能进入到功率工况第一阶段工作表 5。其中，在表 4 的缓解系统基石模块选择第二项，点击【下一步】则会进入功率工况第一阶段工作表 5，如图 10-16 所示。

图 10-14 功率工况 SDP 第一阶段筛选过程的结果

在工作表 5 中，击【上一步】回到工作表 4。评价人员通过对事项信息的分析进行问题判断，选定信息并点击【下一步】，系统将根据不同的选择将流程导向不同的页面：

- 若问题 1、2 答案都是否，则该事项的重要性为绿色，点击【下一步】将进入安全事项评定汇总表。
- 若问题 1、2 有一个是真，则流程导向 SDP 第三阶段，评价人员需要用更细致的风险分析工具对安全事项进行安全评估。

(3) 当表 3 的“涉及一个运行反应堆的安全，则确定降级的要素”的选项有且有两个以上被勾选时，点击【下一步】，进入安全事项评定汇总页面，在汇总页面点确定，进入功率工况 SDP 第二阶段评估，如图 10-17 所示。

10.2.3.2 功率工况 SDP 第二阶段

在功率工况 SDP 第二阶段评估中，机组数据读取自安全事项，点击选择受影响的系统(列)进入系统设备选择弹出层，系统会根据第一阶段评定表 1 填写的“该状况导致性能降级的系统/列”关键词数据自动索引系统设备，将其放在前面显示并且设置颜色为黄色，如图 10-18 所示。人因事件选择弹出层与系统设备弹出层类似，如图 10-19 所示，但是没有索引功能。

若之前的流程没有给出受影响的系统或者人因事件，或者系统未能检索正确，评价人员可进行修改。评价人员还需要根据事项信息确定安全事项存在期间始发事件频率变化，包括选择受影响的始发事件与频率增加幅度。

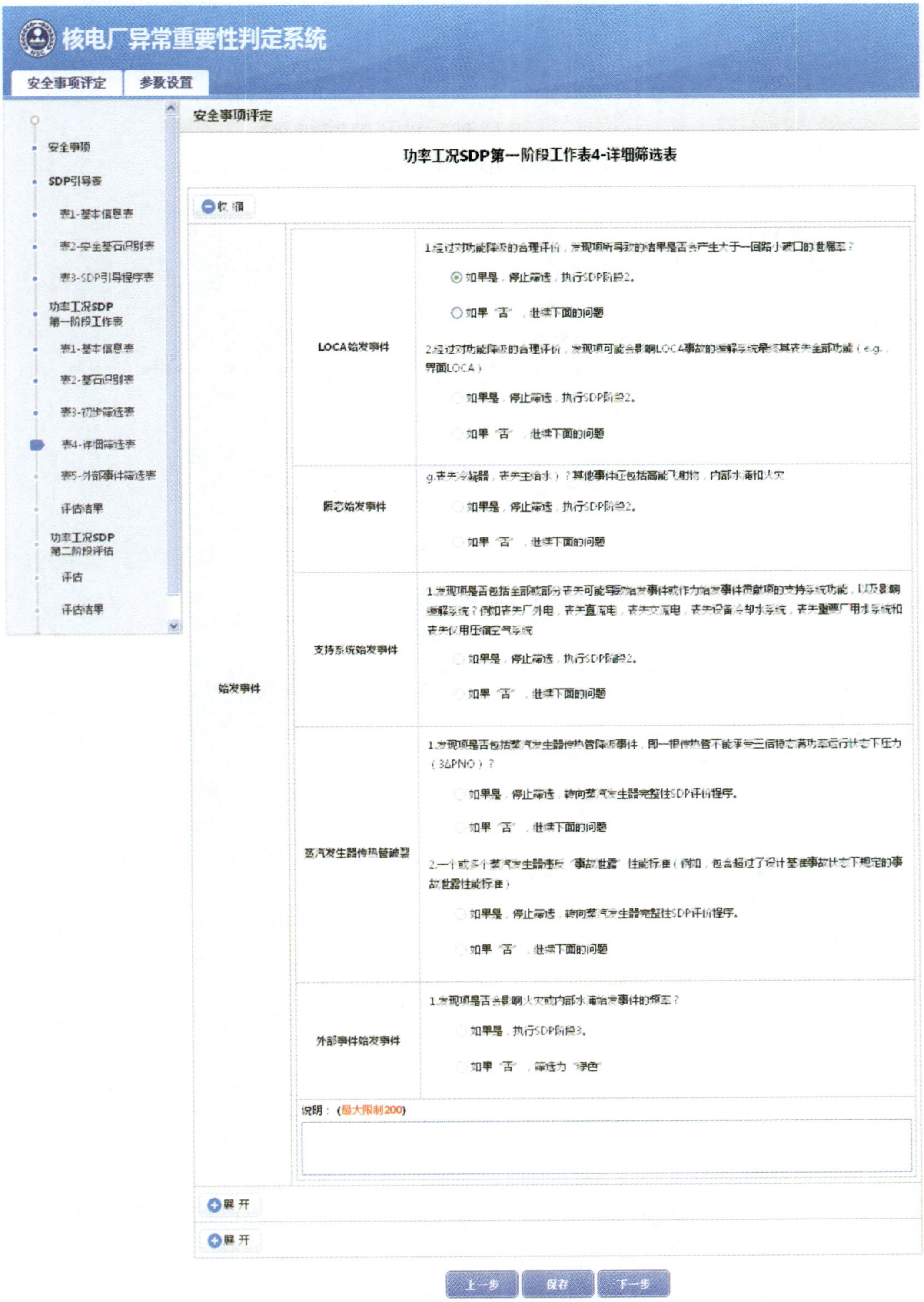

图 10-15　功率工况 SDP 第一阶段工作表 4

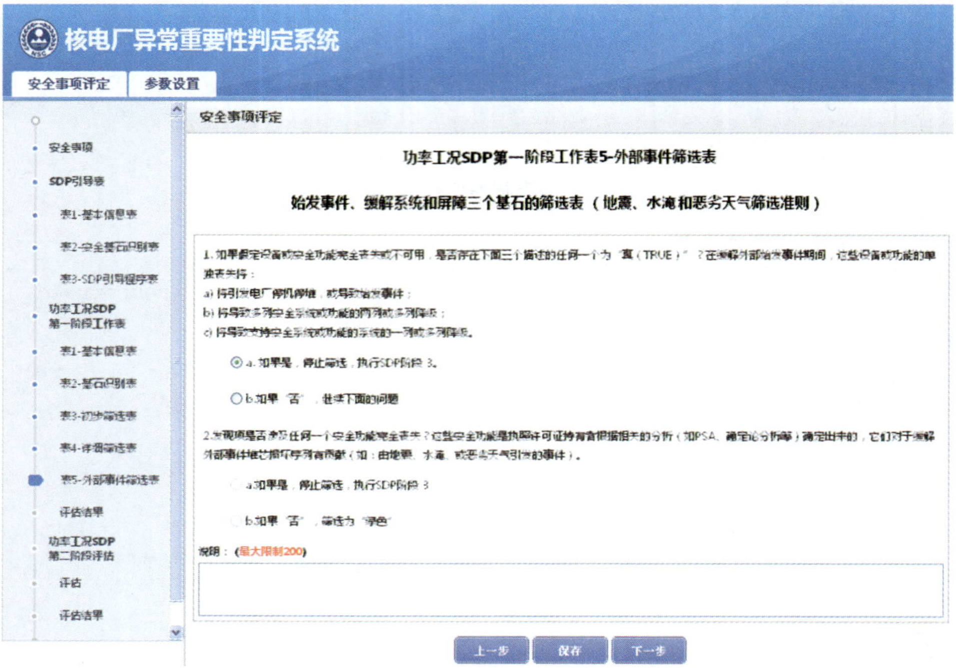

图 10-16 功率工况 SDP 第一阶段工作表 5

图 10-17 功率工况 SDP 第二阶段

图 10-18　受影响的系统(列)选择页面

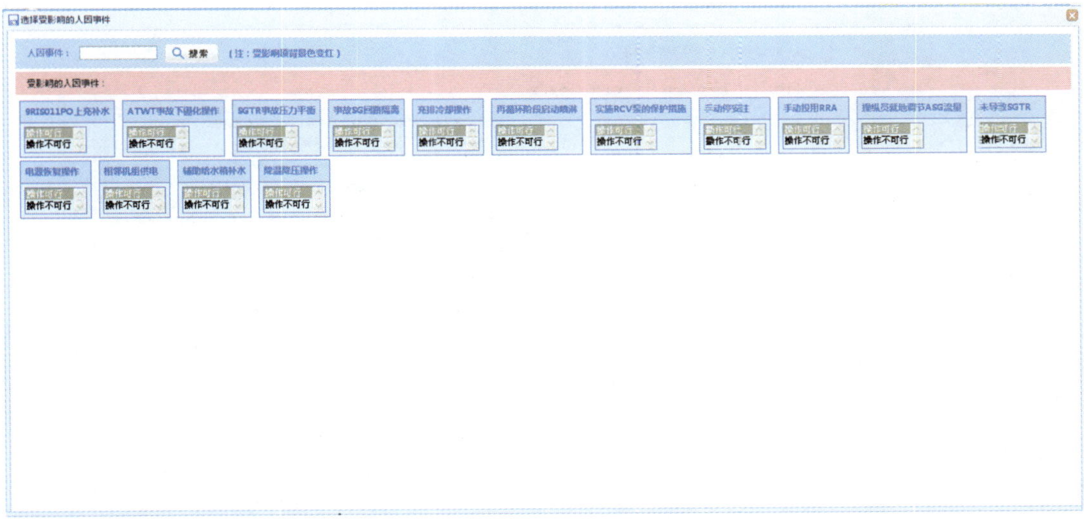

图 10-19　受影响的人因事件选择页面

暴露时间由系统根据之前的信息自动填写，同样可以修改。添加受影响的系统设备、添加受影响的人因事件、添加受影响的始发事件及其频率变化、选择暴露时间后，点击提交计算按钮，系统会根据输入的信息进行计算，计算成功后，跳入评估结果页面，如图 10-20 所示。

图 10-20　功率工况 SDP 第二阶段评估结果

在评估结果页面中，可以修改事件序列的描述，修改完成后，点击【保存评定结果】按钮，保存数据进入到评定完成列表中。点击【上一步】则返回功率工况 SDP 第二阶段评估。

10.2.4 评定索引以及复评

在对安全事项评定的过程中，评价人员可以利用页面左边的评定索引很方便地查看到之前填写的数据，把鼠标放到评定索引中，会浮出该阶段的主要数据，点击索引则会进入到对应评定阶段中，如图 10-21 所示，在索引中，每个阶段不同的状态都会用不同的颜色表示，灰色代表该阶段还未评，蓝色箭头代表该阶段正在进行中，蓝色圆点则代表该阶段已完成。

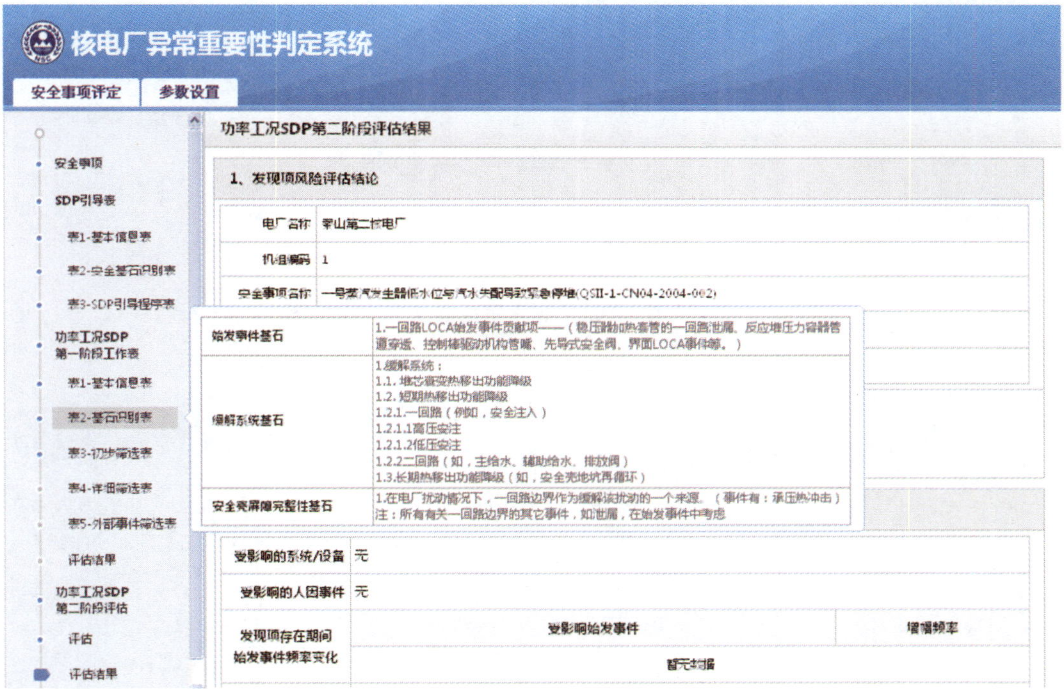

图 10-21 评定复评

对于已经评定完成的安全事项，可以对其复评，当复评只是修改数据而不会涉及流程时，会按正常的评定流程走，而对于会更改流程的复评，系统会给出警告提示，如图 10-22 所示，在提示中点【确定】，会更改评定流程并清空该阶段之后的数据。

10.2.5 搜索和删除

在“待评定”“评定中”“已评定”列表中，可以通过在文本框中输入要查找的条件，点击搜索后如果符合查找条件，记录会显示在列表中，如果不符合查找条件列表中不会显示。列表中点击高级搜索，在右侧的搜索层中，选择或输入要查找的条件如图 10-23 所示，点击搜索后如果符合查找条件，记录会显示在列表中，如果不符合查找条件列表中不会显示。

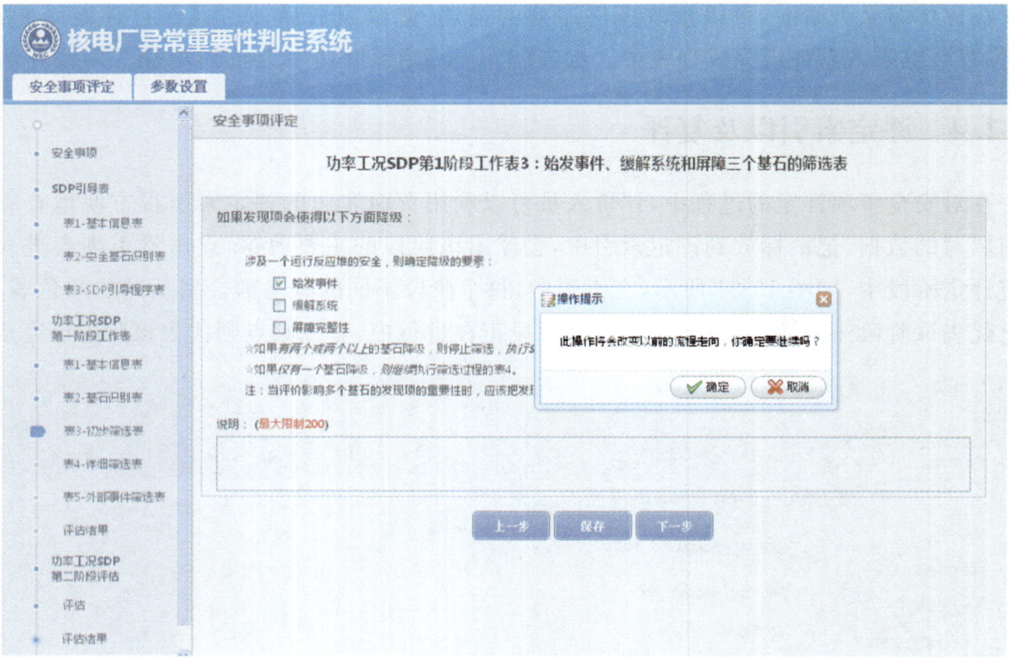

图 10-22　评定更改确认

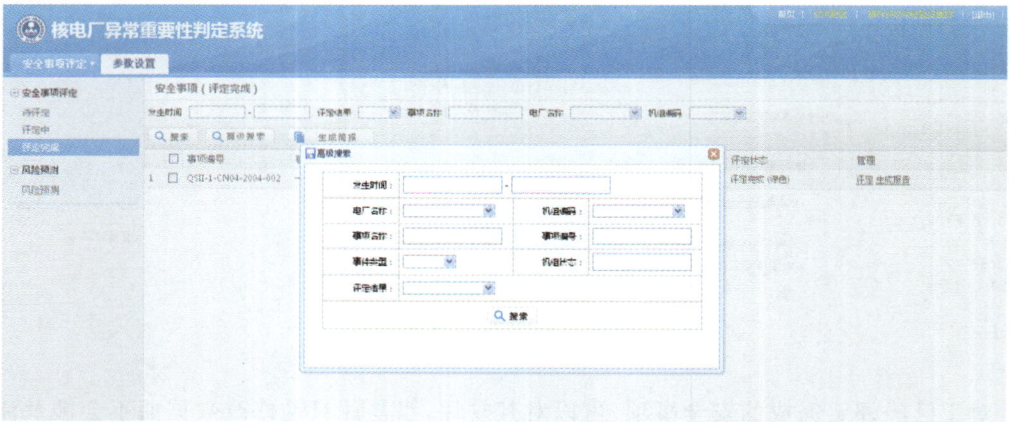

图 10-23　评定项目删除

列表中选择数据后，点击【删除】，提示信息中点击确定删除成功，数据从列表中消失，点击【取消】则取消删除。

10.2.6　生成报告

对于已经评定完成的安全事项，在“评定完成”列表中点击其对应的“生成报告”按钮，会出现该安全事项的报告，报告分为两种：安全事项评定分析报告以及安全事项评定详细报告。

安全事项评定分析报告包含评定流程的基本数据并可以打印，安全事项评定详细报告包含安全事项评定流程的全部表单数据以及第二阶段评估的详细流程数据并可以打印。安全事项评定分析报告如图 10-24 所示。

图 10-24　安全事项评定分析报告

表3-SDP引导程序表	
安全事项和与之相关的功能降级或系统缺陷存在于电厂的：	始发事件、缓解系统或屏障完整性安全基石
引导结果	转向功率工况SDP评估程序

功率工况SDP第1阶段工作表1：始发事件基石的筛选表	
参考标题	QSII-1-CN04-2004-002：一号蒸汽发生器低水位与汽水失配导致紧急停堆
性能缺陷	对核电厂运行的影响 紧急停堆 放射性后果 无 经济损失 损失数小时的发电。 潜在后果 无
事项描述	事件发生前机组的状态： 一号机组满功率运行，各系统运行正常。 事件发生前安全系统的可用性：没有发生安全系统的不可用。 事件进展序列，初因事件，子事件： 3：38：53，1ARE031VL压缩空气供气管线突然脱落，主给水调节阀1ARE031VL自动关闭，主给水流量快速下降，1#SG水位快速下降。 3：39：26，1#SG低水位与汽水失配相符合（主给水130 t/h、主蒸汽1925 t/h），触发停堆、停机。两台蒸汽发生器主给水旁路调节阀保持开启状态，主给水泵保持运行，流量为268 t/h，辅助给水泵未启动。 3：44：41，操纵员执行DEC并进入I1规程后进行停堆动作确认。将机组稳定在热停堆状态。 3：45：32，1#SG水位开始回升。 3：50：55，1#SG窄量程水位升高到-0.49m（1ARE052MN），操纵员调节给水流量使之稳定。 5：10，机组重新达到临界状态，临界棒位：D棒96步、临界硼浓度：1060ppm。 6：34：52，机组重新并网。 12：15，机组达到满功率并稳定运行。
该状况导致性能降级的系统/列	
该状况导致性能降级的描述	
安全事项导致的始发事件描述	
暴露时间（天）	
说明	

功率工况SDP第1阶段工作表2：缺陷导致的安全基石和功能降级筛选表	
始发事件	1.一回路LOCA始发事件贡献项——（稳压器加热套管的一回路泄漏、反应堆压力容器管道穿透、控制棒驱动机构管嘴、先导式安全阀、界面LOCA事件等。）
缓解系统	
屏障完整性	1.在电厂扰动情况下，一回路边界作为缓解该扰动的一个来源。（事件有：承压热冲击）注：所有有关一回路边界的其它事件，如泄漏，在始发事件中考虑

功率工况SDP第1阶段工作表3：始发事件、缓解系统和屏障三个基石的筛选表
发现项会使得以下方面降级：
☆如果***有两个或两个以上***的基石降级，则停止筛选，***执行SDP的阶段2进行评价。*** ☆如果***仅有一个***基石降级，***则继续***执行筛选过程的表4。 ***注：当评价影响多个基石的发现项的重要性时，应该把发现项分配给最能反映其主要风险的基石。***
说明:

SDP第二阶段评估		
电厂名称	秦山第二核电厂	
机组编码	1	
受影响的系统/设备		
受影响的人因事件		
发现项存在期间始发事件频率变化	受影响始发事件	增量频率
	暂无数据	
说明		
暴露时间	暴露时间小于3天	

评估结果	
风险量级	无
G 绿色	

图 10-24　安全事项评定分析报告(续)

安全事项评定详细报告部分截图如图 10-25 所示。

图 10-25　全事项评定详细报告

查阅报告时，可以通过右侧的索引栏直接定位所需要的信息。并且可以点击“修改评定”进入功率工况 SDP 第二阶段的评估结果页面，进行修改。还可以通过点击“生成 Word”输出文字版的报告。

对于多个安全事项，可以选中后，点击列表上方的生成简报按钮，批量生成振告，报告中每一个安全事项是主体，里面包含其主要评定信息，该报告可打印，如图 10-26 所示。

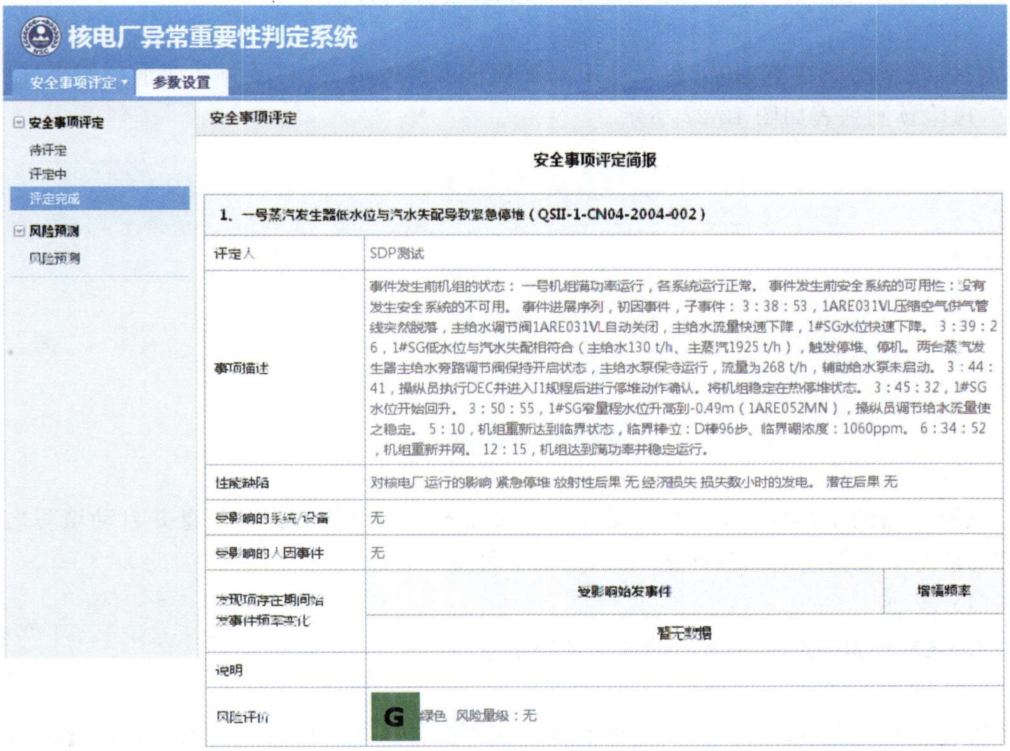

图 10-26　安全评定简报

2、CRF202TF鼓网故障，手动降负荷停机；升功率过程中氙振荡引起ΔI超出运行带（QSII-1-CN04-2003-003）	
评定人	SDP测试
事项描述	事件发生前机组的状态：满功率运行（电功率670MWe） 事件发生前安全系统的可用性：没有发生安全系统的不可用。 事件进展序列，初因事件，子事件： 2002年2月18日，1CRF202TF鼓形滤网网片破损和螺栓脱落需紧急处理 10：15 主控停运1CRF202TF，现场操纵员用就地试验盒控制鼓网配合检修； 11：03 主控发现1CRF202TF鼓网前后压差高报警信号（1CRF904AA）出现，联系现场停止检修，启动1CRF202TF未成功，电气、机械人员到现场处理，同时派现操隔离对应SEN系统入口阀1SEN002VC； 13：07 常规岛闭式冷却水（SRI）温度快速上升，采取对SEN管线放气，及对SRI系统进行换水等干预措施，但水温仍快速上升； 13：11 主控室开始快速降负荷； 13：44 常规岛闭式冷却水（SRI）温度上升至58.88℃，汽机轴承温度升至98.52℃，并仍有上升趋势，手动停机，维持堆功率约10%FP； 14：20 手动提升控制棒准备冲转并网，核功率从10%上升到18%，控制棒从168步提升到183步 16:16 机组以较快的速度升功率，电功率从55MW上
性能缺陷	对核电厂运行的影响 降功率（87%以下）运行十多个小时。放射性后果 无 经济损失 损失了一部分发电量。潜在后果 无。
受影响的系统/设备	无
受影响的人因事件	无
发现项存在期间始发事件频率变化	受影响始发事件 | 增幅频率 暂无数据
说明	
风险评价	G 绿色 风险量级：无

图 10-26　安全评定简报(续)

10.3　风险预测

在风险预测模块中，其信息完全来源于评价人员的填写，与经验反馈平台的事件库相独立，风险预测列表如图 10-27 所示。

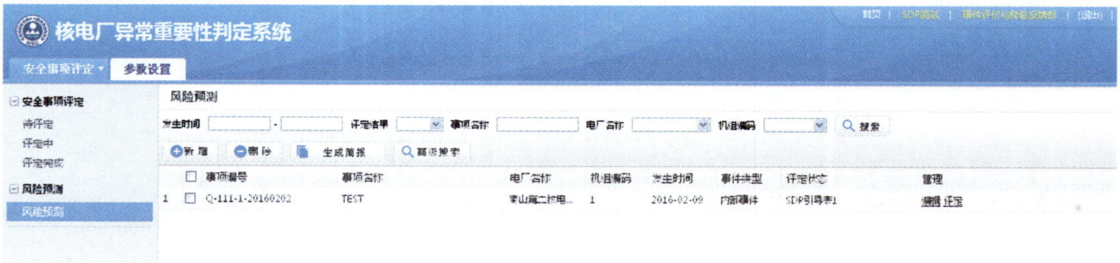

图 10-27　风险预测列表

风险预测的工作流程，除了不能向经验反馈平台的事件库提取信息并自动填写之外，具体功能与上文描述的风险评估一致，这里不再一一叙述。

（1）新增

点击【新增】按钮，可添加新的风险预测信息，如图 10-28 所示。

（2）编辑

风险预测列表中，点击“编辑”，可对风险预测信息的基本信息进行修改，点击【确定】后提示修改成功出现在列表中。

图 10-28　新增风险预测信息

（3）评定

列表中点击“评定”按钮，即可进入 SDP 评定流程。该流程与上文描述的风险评估一致，这里不再一一叙述。

10.4　系统参数设置

参数设置模块用于为 SDP 系统后台设置相应参数(仅限管理员用户)，包括参数设置包括电厂机组、模型信息、事件树等系统参数的设置以及评定数据导入功能，在系统参数设置完成后，有相应权限的用户方可对已设置参数的电厂机组进行安全事项评定。

10.4.1　电厂机组

（1）新增

点击参数设置，电厂机组中进入到列表点击新增，如图 10-29 填写数据后，点击【提交】，提示新增成功，点击【确定】后数据显示在列表中。点击【提交并继续】，弹出层不会关闭，可以继续添加数据。

（2）搜索

列表中输入搜索条件，点击【搜索】，符合条件的记录就会显示在列表中。如图 10-30。

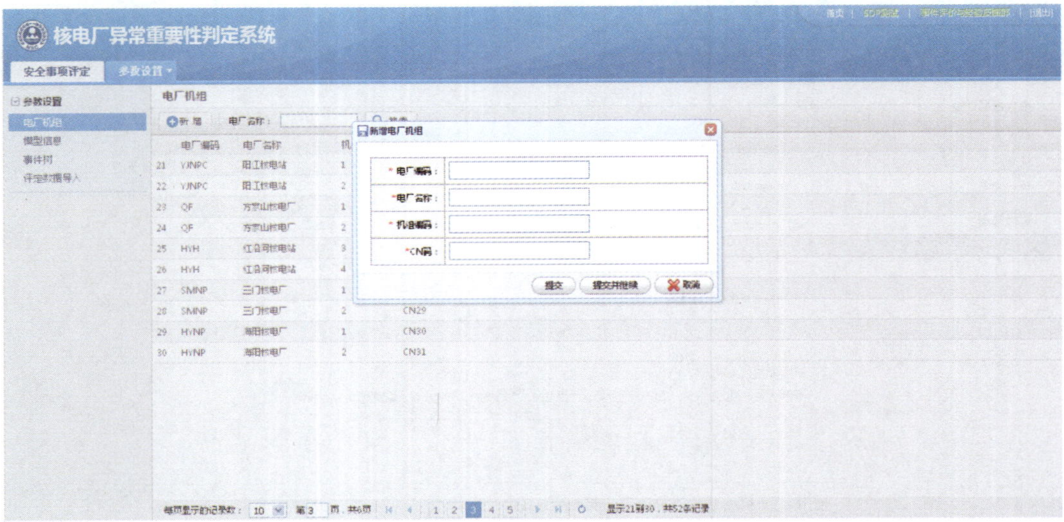

图 10-29　新增电厂机组

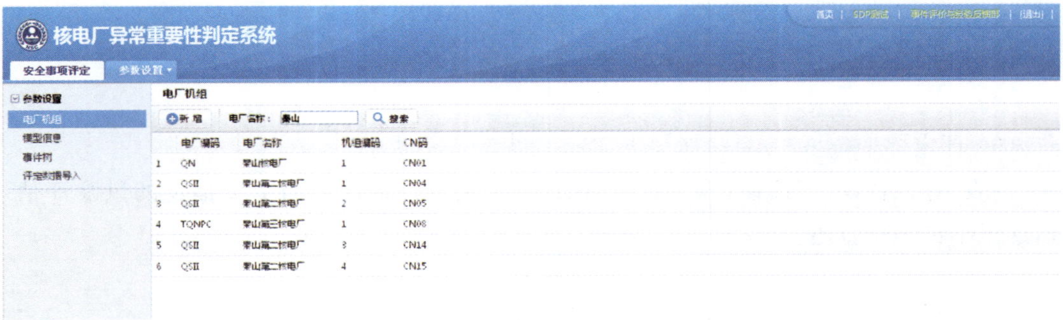

图 10-30　电厂机组信息搜索

10.4.2　模型信息

点击“参数设置”—“模型信息”，右侧栏目列表点击【新增】，在如图 10-31 中填写数据。数据填写完成后，点击【提交】，提示新增成功，点击【确定】后数据显示在列表中；点击【提交并继续】，弹出层不会关闭，可以继续添加数据。

10.4.3　事件树

事件树由始发事件、相关的功能事件以及对应的事件序列组成。

(1) 搜索

列表中输入搜索条件，点击搜索，符合条件的记录就会显示在列表中。如图 10-32。

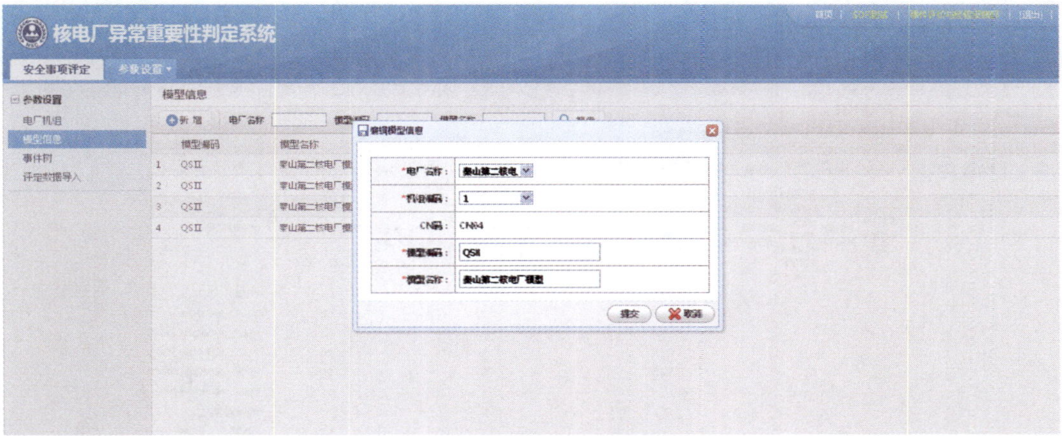

图 10-31 模型信息填写

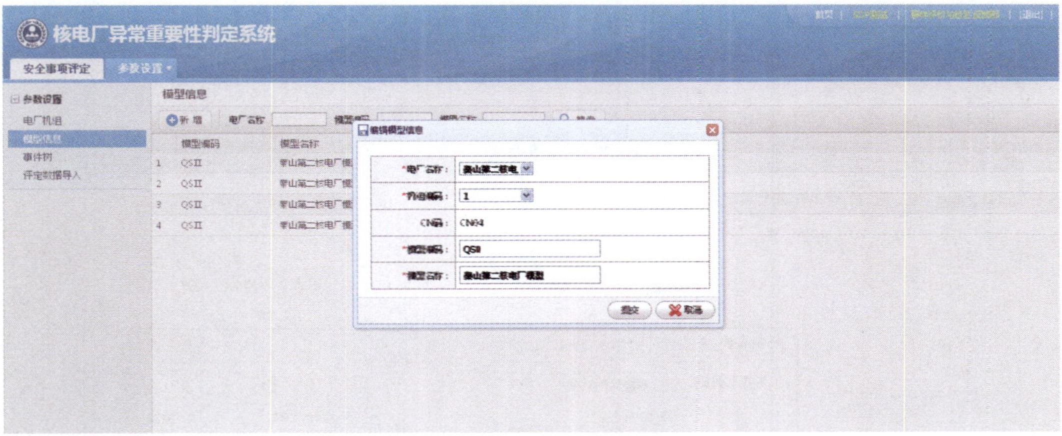

图 10-32 事件树信息搜索

(2) 查看

列点击事件树列表页面的“查看事件树”按钮，对该事件树进行查看，如图 10-33。在查看页面中点击【返回】按钮，返回到列表页面。第一列是始发事件及其描述，后面列是缓解始发事件的功能事件。

10.4.4 评定数据导入

评定数据导入模块用于导入功率工况 SDP 评定第二阶段计算所需的模型数据。在页面中点击模版下载后下载数据导入模版并填入数据，然后点击【上传】按钮，出现导入弹出层，在弹出层中选择刚才已经填写完毕的模型数据导入文件。如图 10-34 所示。

上传完毕后，点击【导入】按钮，执行数据导入，并给出导入结果，如图 10-35 所示。

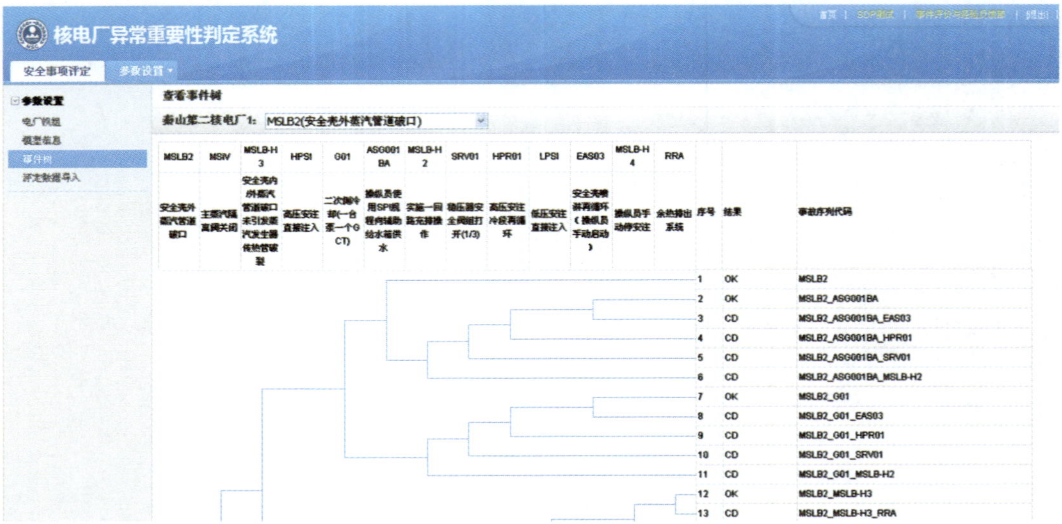

图 10-33　事件树信息查看

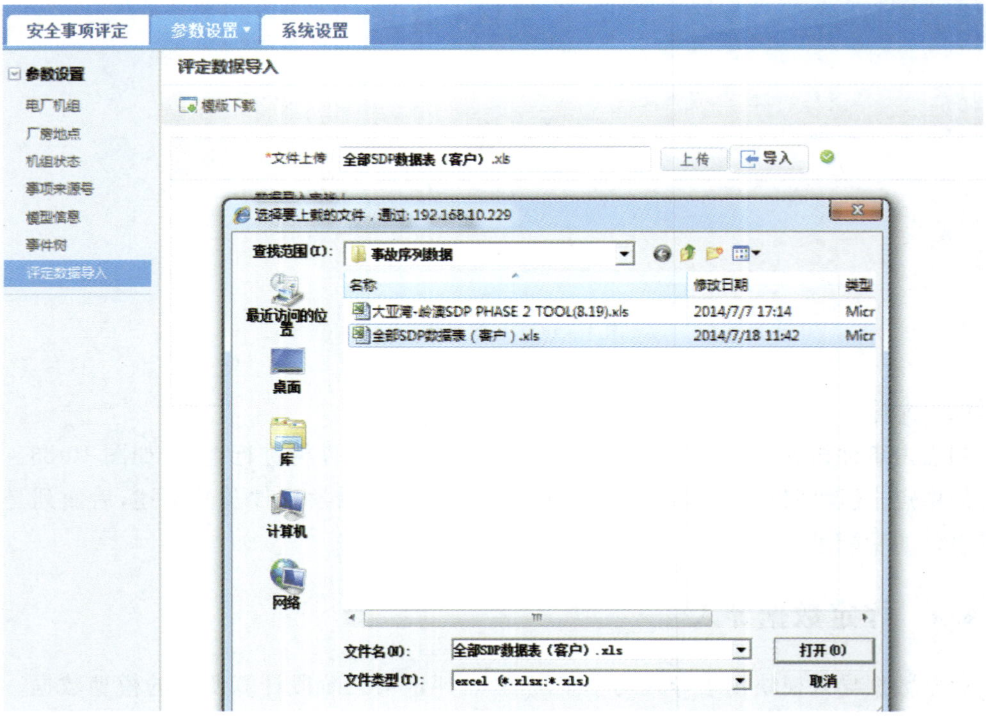

图 10-34　评定数据导入

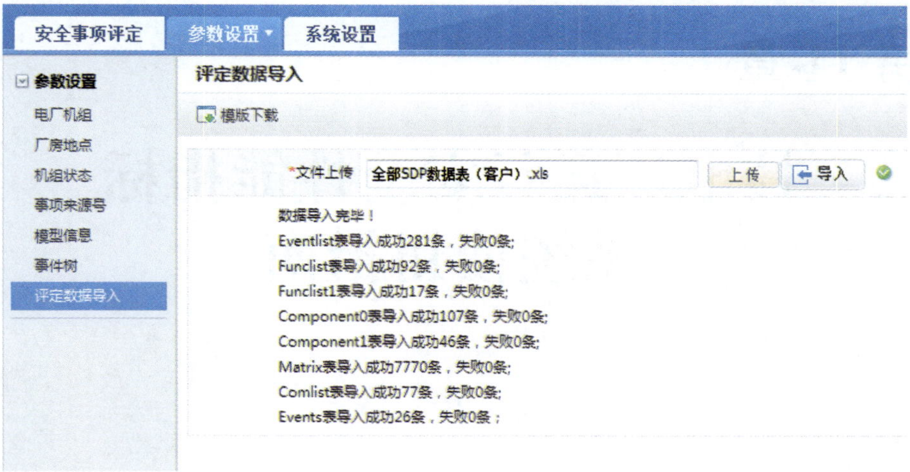

图 10-35　评定数据导入完毕

\\\ 第 11 章 \\\

核电厂运行安全性能指标系统使用指南

核电厂运行安全性能指标是当前国际上使用较多的一种核电厂运行安全评价工具。核安全监管机构可以从核电厂获取重要的安全性能指标数据，并能在核电厂之间进行横向与纵向的对比，找出核电厂运行安全的薄弱环节，不断提高核电厂的安全性。我国也建立了运行安全性能指标体系，指标数据是评价核电厂安全状态的重要依据之一，通过对电厂安全状态的科学评判，有利于国家核安全局抓住监管重点，合理分配监管资源。为了配合安全性能指标的报送、计算工作以及满足查询的需要，国家核安全局组织开发了核电厂运行安全性能指标系统，并将该系统集成到国家核安全局经验反馈平台，以实现各系统用户的统一登录。本章将对核电厂运行安全性能指标系统的使用进行介绍。

11.1 运行安全性能指标内容介绍

核电厂安全管理的最终目标是确保核电厂内职工和周边民众的辐射健康和安全，为达到该目标首先要保证核电厂的辐射安全，为了能较全面监督电厂的安全运行性能，对以下四个领域进行监测与评价：反应堆安全、辐射安全、应急准备和电厂保卫。在这四个领域内根据评价的需要详细划分出七个安全要素，在七个安全要素下又提出了更加详细的指标，最终形成等级式的指标框架，如图 11-1 所示。

每个指标按照准则进行衡量，使用颜色代码表明其安全性能：

- 绿色：性能达到预期水平，满足相应的安全基础的目标；
- 白色：性能偏离预期水平，满足相应的安全基础的目标；
- 黄色：满足相应的安全基础的目标，安全裕度微小降低；
- 红色：说明该指标所代表的领域在安全裕度上出现了很大的降级。

通过对这些性能指标数据的评价，并结合监督检查可以对电厂安全性能提供一个更全面的评价。某一指标性能的降级说明说明这一方面性能出现了弱化迹象，由于核电厂的设计中采用多道屏障、纵深防御等设计理念，关键系统部件都是冗余设计、多样化设计，满足单一故障准则，所以性能弱化并不一定意味着实际发生了什么后果，只是说明某方面安全裕度有所降低。因此核电厂性能指标工作的意义在于找出核电厂核安全中的相对薄弱点，以便更优化地配置核电厂及核安全监管机构的资源，使保障核安全的工作更加“有的放矢”。

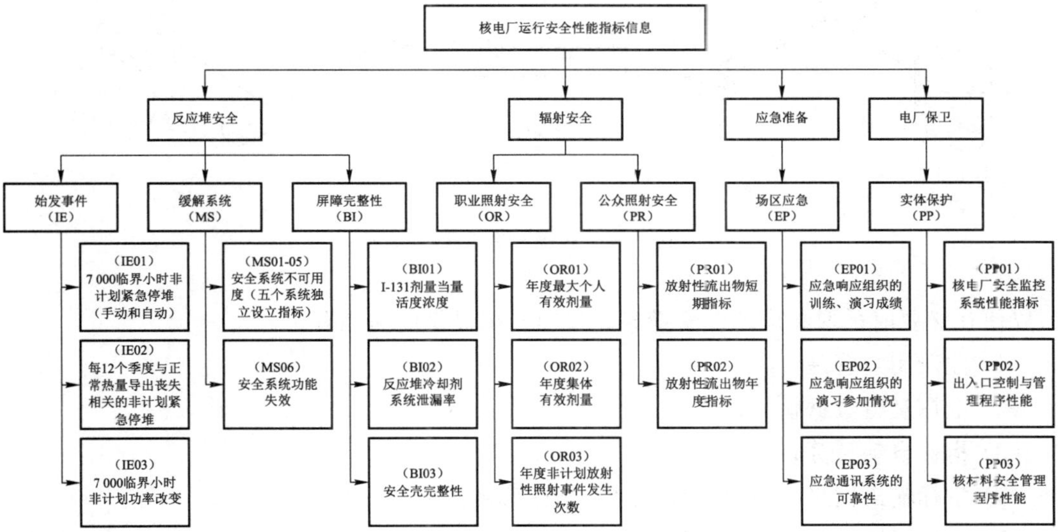

图 11-1　性能指标系统框架图

11.2　核电厂运行安全性能指标管理系统

核电厂运行安全性能指标管理系统的目的是为核电厂运行安全性能指标的实施提供操作平台，最优地实现对性能指标的评价和数字化管理，为将来性能指标体系的广泛应用提供必要条件。

核电厂运行安全性能指标管理系统作为一个核电厂运行状态监查工具，任务是收集各电厂机组的运行状态数据，计算出指标值，并输出结果。因此将会有不同的用户，具有一定程度的浏览开放性。电厂作为原始数据输入者，也有较强的分散性。同时，系统本身也要求快速处理数据，简洁明了显示各种指标结果，包括表格、图形以及指标状态指示灯等。

核电厂运行安全性能指标管理系统采用互联网页面与数据库结合，网络浏览器作为数据输入输出终端，中央服务器进行数据处理。该配置设计无论从人机接口、算法优化还是成本节约方面来说都是最佳选择。

核电厂运行安全性能指标管理系统将通过虚拟专用网络（VPN）连接整合到国家核安全局经验反馈平台，国家核安全局经验反馈平台在安全状态评价部分下设有性能指标模块，用户可在此进入运行安全性能指标管理系统。核电厂运行安全性能指标管理系统与国家核安全局经验反馈平台连接方案如图 11-2 所示。

核电厂运行安全性能指标管理系统实质上是一个基于互联网运行的网站。系统部署在一台位于专用网路的服务器上，用户只要具备互联网连接，便可利用 VPN 技术接入专用网络使用各项系统功能。用户按照技术手册的要求在网页上输入数据后，系统能给予实时的指标输出反馈。监管部门根据输出的指标数据可动态地掌握和评价电厂的运行安全状

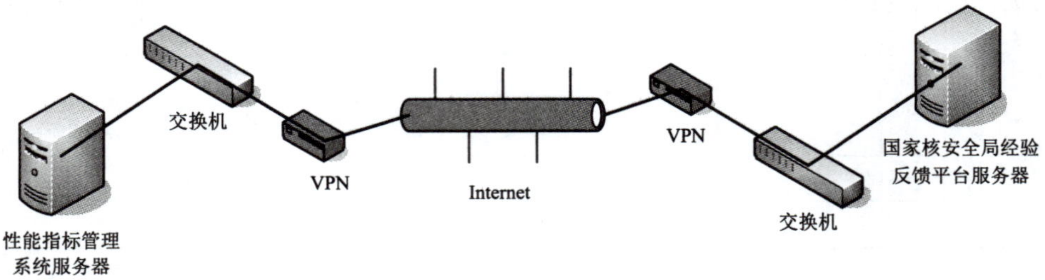

图 11-2 系统网络连接方案

况，以便在必要时采取相应的监管措施。目前系统提供的功能有：

(1) 注册用户管理；

(2) 电厂运行数据输入；

(3) 指标自动计算；

(4) 指标输出结果(包括指示灯颜色、指标值和图表)查询；

(5) 电厂间输出结果(包括指示灯颜色、指标值和图表)对比。

其中，VPN 的使用避免了系统直接暴露在互联网复杂的环境中，是保证系统安全性的一项措施。核电厂运行安全性能指标管理系统在国家核安全局经验反馈平台上的链接见第 2 章图 2-10。

11.2.1 国家核安全局经验反馈平台中的展示页面

点击国家核安全局经验反馈平台“安全状态评价”—“运行安全性能指标”，进入机组运行安全性能指标页面，如图 11-3 所示。

请选择您要查看的机组：(点击此处访问核电厂运行安全性能指标管理系统了解详情)

机组名称	业主	所属监督站	查看
秦山第一核电厂			
秦山一期一号机组	中核核电运行管理有限公司	上海监督站	查看
大亚湾核电厂			
大亚湾一号机组	大亚湾核电运营管理有限责任公司	广东监督站	查看
大亚湾二号机组	大亚湾核电运营管理有限责任公司	广东监督站	查看
秦山第二核电厂			
秦山二期一号机组	中核核电运行管理有限公司	上海监督站	查看
秦山二期二号机组	中核核电运行管理有限公司	上海监督站	查看
秦山二期三号机组	中核核电运行管理有限公司	上海监督站	查看
秦山二期四号机组	中核核电运行管理有限公司	上海监督站	查看
秦山第三核电厂			
秦山三期一号机组	中核核电运行管理有限公司	上海监督站	查看
秦山三期二号机组	中核核电运行管理有限公司	上海监督站	查看
岭澳核电厂			
岭澳一期一号机组	大亚湾核电运营管理有限责任公司	广东监督站	查看
岭澳一期二号机组	大亚湾核电运营管理有限责任公司	广东监督站	查看
岭澳二期一号机组	大亚湾核电运营管理有限责任公司	广东监督站	查看
岭澳二期二号机组	大亚湾核电运营管理有限责任公司	广东监督站	查看
田湾核电厂			
田湾一期一号机组	江苏核电有限公司	北方监督站	查看
田湾一期二号机组	江苏核电有限公司	北方监督站	查看
红沿河核电厂			
红沿河一期一号机组	辽宁红沿河核电有限公司	东北监督站	查看
红沿河一期二号机组	辽宁红沿河核电有限公司	东北监督站	查看
宁德核电厂			
宁德一期一号机组	宁德核电有限公司	广东监督站	查看

网页上有错误。 Internet 115%

图 11-3 机组运行安全性能指标页面

此页面可以选择机组查看其性能指标概览数据，如图 11-4 所示。通过设置页面左上方的年、月下拉菜单，可查询不同时间的核电厂运行安全性能指标。

图 11-4　核电厂运行安全性能指标概览

如果需要查询具体指标信息或进行指标数据的输入等，可以通过授权用户登录进行操作，国家核安全局经验反馈平台用户默认只能查看我国核电厂运行安全性能指标概览。

11.2.2　核电厂运行安全性能指标管理系统页面

（1）首页

核电厂运行安全性能指标管理系统的首页是系统的主界面，提供系统简介、数据更新以及系统导航等功能，如图 11-5 所示。

① 为标题和导航菜单区域。这个区域的内容固定，不随用户的操作而变化。在任何时候，点击导航菜单中的“首页”，可返回系统首页；点击“按机组检索”，可选择一个机组查看其指标输出指示灯；点击“按指标检索”，可查询所有电厂在某些指标上的对比（此功能对公众不开放）。

② 为展示首页内容的主要区域，包括系统简介、指标简介和最新消息等三个部分。

③ 为用户工具栏区域。注册并经过审核的用户在此登录后才能获得对应的操作权限和系统功能，若不登录，那么系统将视其为公众用户。

④ 底部导航区域。这个区域提供了系统的版权等信息。点击区域右侧的“回到顶部”按钮可自动返回页面顶端。

（2）数据输入

核电厂营运单位和管理员都可以输入电厂数据。用户登录后，可通过图 11-6 右侧区域

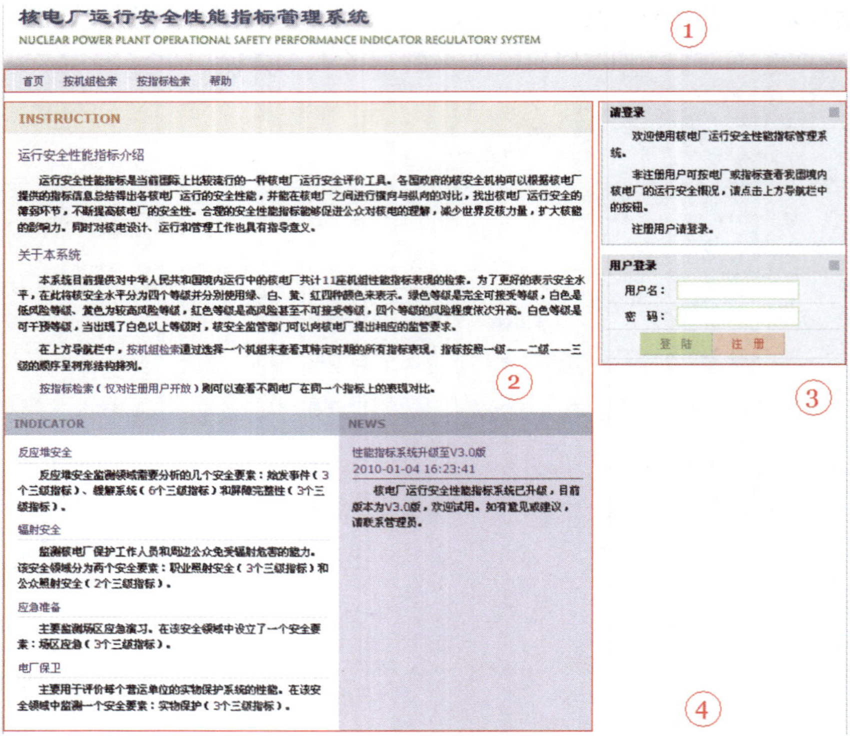

图 11-5 核电厂运行安全性能指标管理系统首页

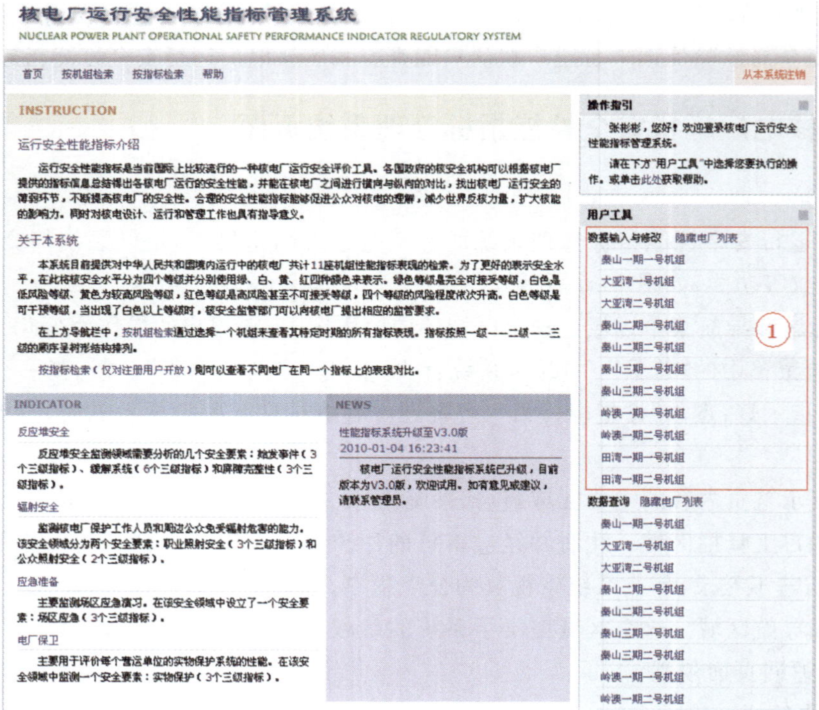

图 11-6 系统主界面

①列出的快捷访问方式选择机组。核电厂只能看见用户所在单位运营的机组列表，管理员可以看见所有机组的列表。点击相应的链接后，出现如图 11-7 所示的数据输入页面。

在图 11-7 中，①区域可选择需要输入的数据对应时间。当用户在下拉菜单选择月份时，如选择 1、2、4、5、7、8、10、11 月，则只出现如图所示的“月度数据输入”表格，因为只有这些指标需要每月输入一次数据。如选择 3、6、9 月，则除了出现“月度数据输入”表格外，还会出现“季度数据输入”表格。类似的，如选择 12 月，则出现“月度数据输入”“季度数据输入”和“年度数据输入”三张表格。

在图 11-7 中，②区域可一次性勾选所有输入项，以免在④区域反复勾选。③区域为数据输入框。请输入正确的数据格式(支持科学计数法)。④区域中的复选框只有处于勾选状态时，③区域相应的数据输入框数据填写才有效。⑤为【提交】按钮。点击该按钮后，系统会打开一个新页面确认之前输入的数据，如图 11-8 所示。

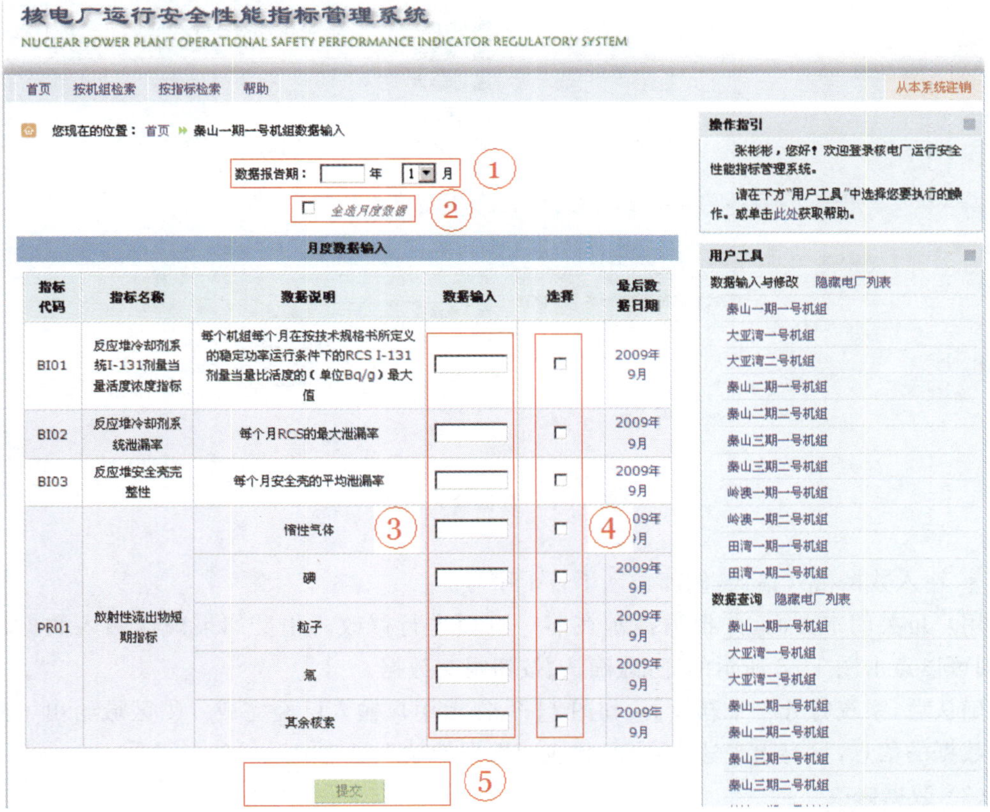

图 11-7　数据输入界面

在新打开的图 11-8 数据输入确认页面中：① 确认之前选择的时间是否正确；② 确认之前输入的数据是否正确；③ 若输入出现问题，系统会以文字的形式提示，可能出现的问题主要有：

- 未勾选输入数据对应的复选框，或者勾选了复选框但未输入相应数据；
- 该时间该指标的数据已被输入过(修改输入数据的方法将在后文介绍)；

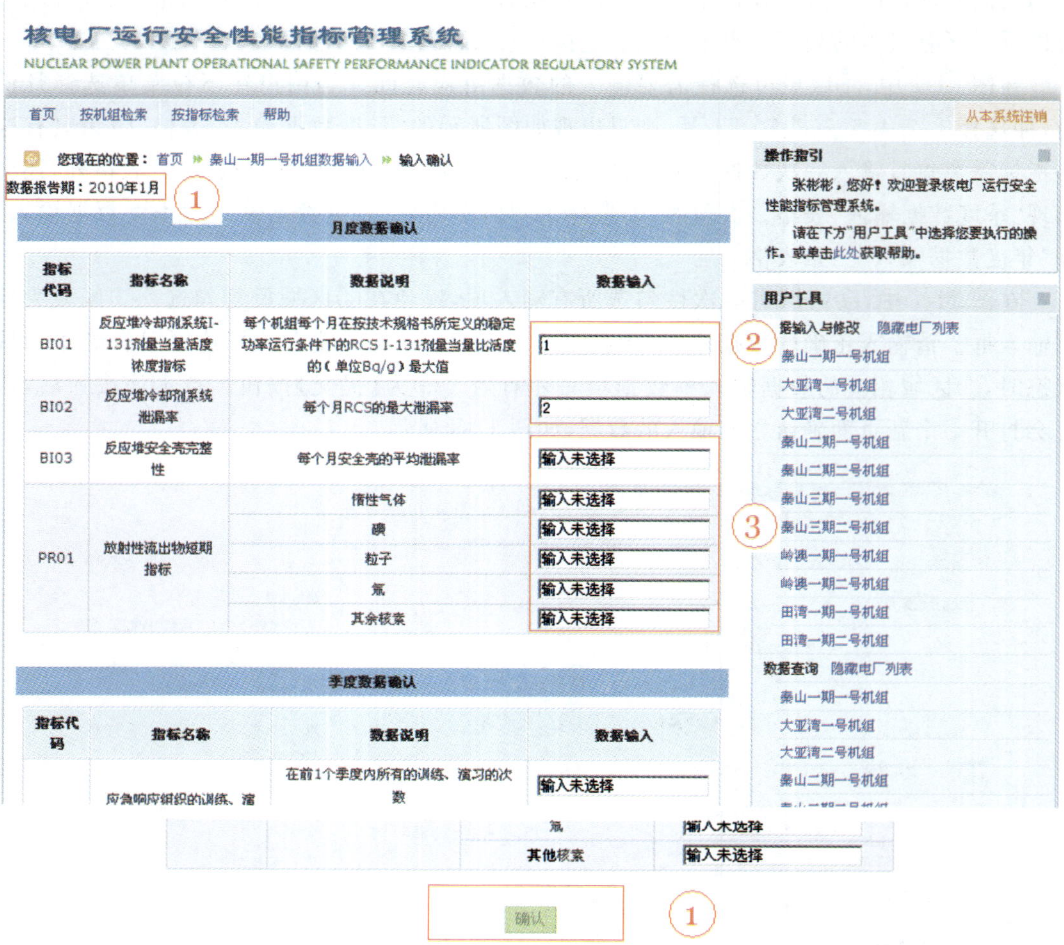

图 11-8 数据输入确认

• 输入数据格式错误，例如输入了若干字母。

用户可关闭本页面，并根据提示在前一页面进行修改。相反如果确认输入数据均正确，则可以点击图 11-8 所示的底部【确认】按钮提交数据。

确认后，系统打开一个新页面，如图 11-9，提示用户输入已经完成。①区域给出了此次输入数据的信息，只有出现这个页面，才表明数据的输入已完成。

(3) 数据修改

如果在输入完成后发现数据有误，可进行修改。与数据输入类似，先通过图 11-6 中右侧快捷访问方式选择要修改的机组，然后进入数据输入页面，如图 11-10。

①区域显示了指标的最新数据时间，点击这些链接可进入单个指标的修改页面。如图 11-11 所示。

①区域显示当前修改的指标信息。②区域显示已输入的数据。③区域可输入修改后的值。④区域显示还未修改时该时间输入数据对应的输出结果，例如本图中待修改的输入数据为“EP01A”，那么其对应的指标是“EP01”。⑤确认修改无误点击此按钮提交。系统将

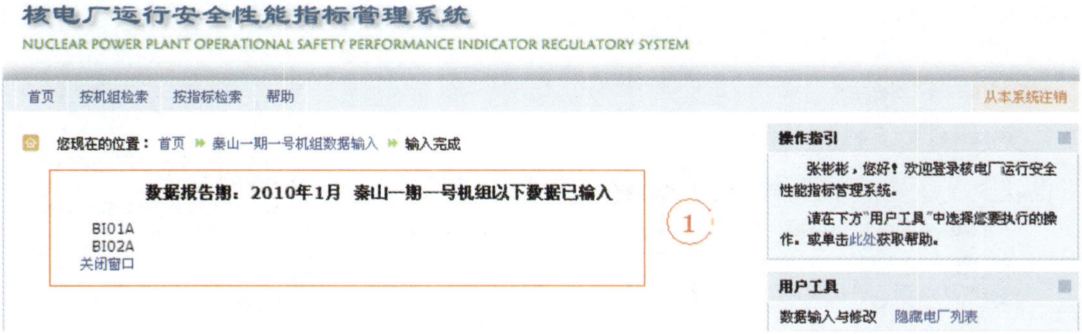

图 11-9　数据输入完成

图 11-10　最后数据日期

对数据进行校验，如果操作成功，将打开一个新的页面，如图 11-12 所示。

①域给出了此次修改数据的信息，只有出现这个页面，才表明数据的修改已完成。

图 11-11　数据修改

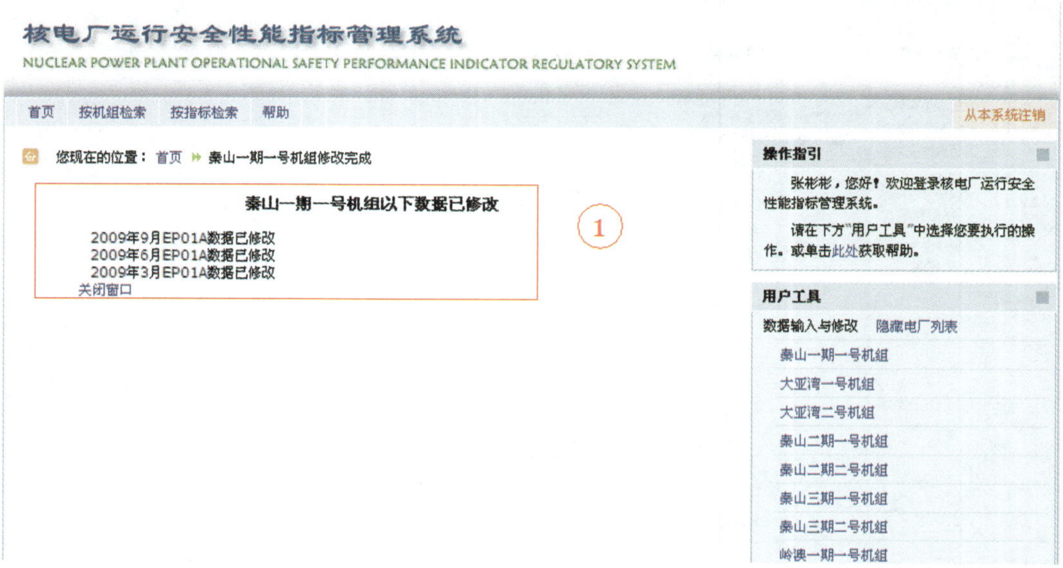

图 11-12　数据修改完成

(4) 按机组检索

点击首页的“按机组检索”后，可以选择一个电厂查看其指标结果，如图 11-13。

①为二级导航菜单。这个菜单会提示用户目前所处的系统位置，并给出其上一级页面的链接，方便用户操作。②为机组列表。③为转向单个机组的链接，用户点击相应的“查

图 11-13 查看界面

看”按钮，可打开单个机组的指标输出结果页面（显示指示灯信息），如图 11-14 所示。

① 为时间选择区域。

② 提供“安全系统不可用度（SSUI）”和“缓解系统性能指标（MSPI）”的切换功能。若切换到“缓解系统性能指标（MSPI）”，则此页面中“应急电源系统不可用度（MS01）”“高压安注系统不可用度（MS02）”“辅助给水系统不可用度（MS03）”“设备冷却水系统不可用度（MS04）”和“重要厂用水系统不可用度（MS05）”等五个指标将由 MS07 至 MS11 等五个缓解系统性能指标代替。

③ 为指标指示灯显示区域，区域底部给出了不同的指示灯颜色代表的安全状态。如果要返回机组列表，可点击③区域下方的“返回机组列表”链接，或者点击①区域上方的二级导航菜单中的“机组”链接。对于公众（或者已注册但未登录的用户），指示灯不可点击。而注册用户在登录后可点击指示灯查询详细的输出数据和图表，如点击“7 000 小时非计划功率改变”，则转到图 11-15 所示的页面。

图 11-15(1)为页面的上半部分。①区域所表示的二级导航菜单可回到指示灯页面。②对所查询指标（这里指“7 000 小时非计划功率改变”）的名称、描述、评价准则、计算来源、最近的记录时间等信息进行说明。③是注销按钮，在用户登录后与导航菜单一同出现，为保证数据安全，用户每次结束访问时请务必点击该按钮从系统注销。④在用户登录后出

图 11-14 指标输出结果界面

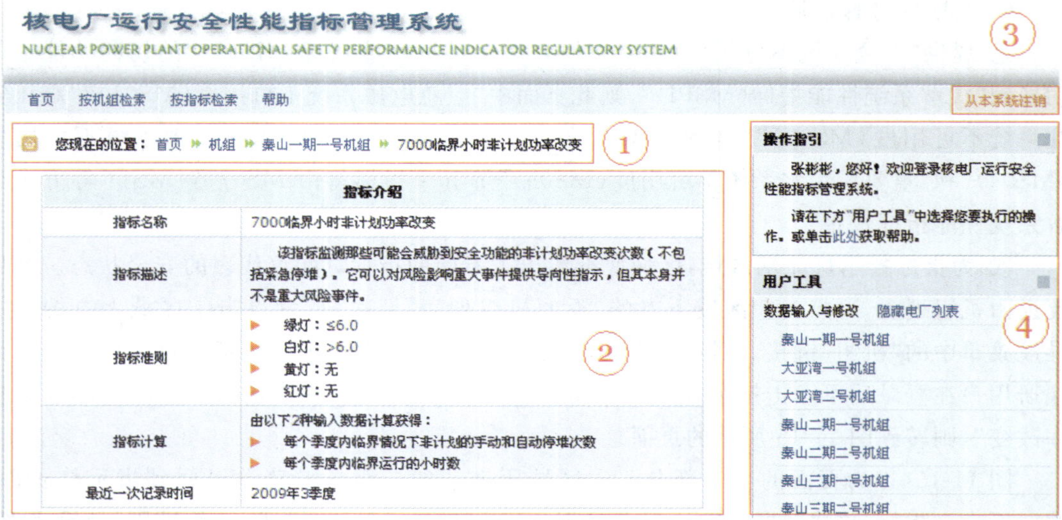

图 11-15(1) 7 000 小时非计划功率改变

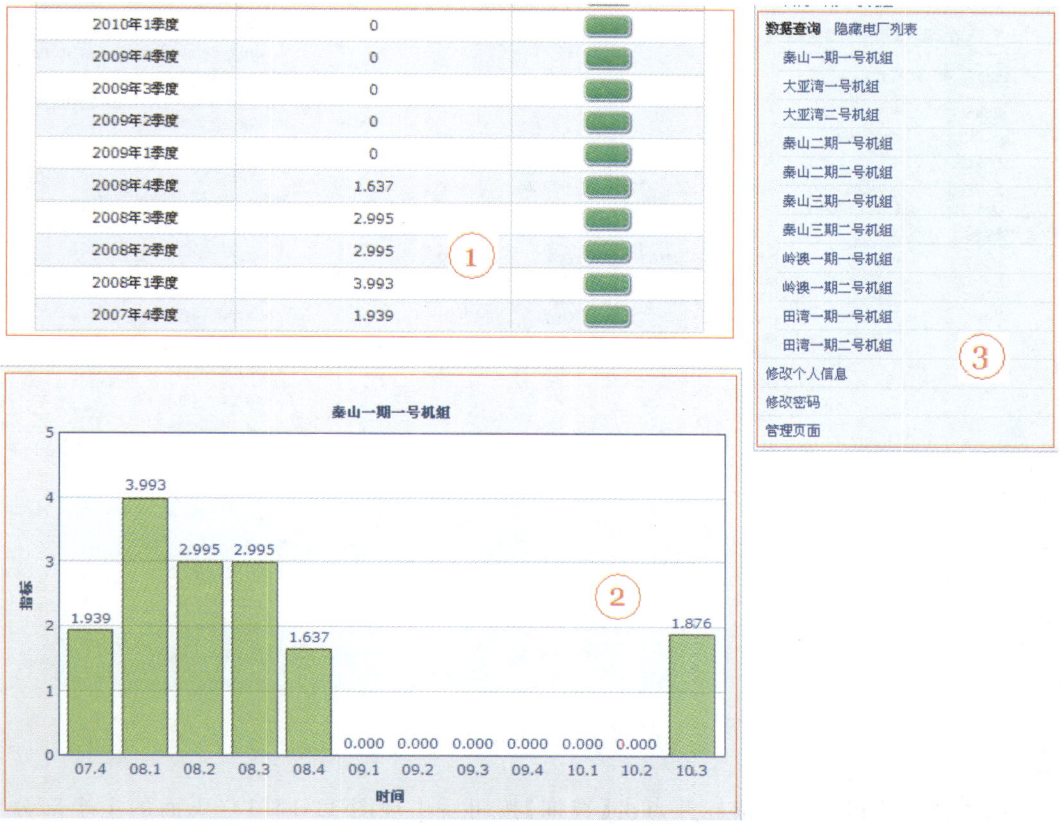

图 11-15(2)　7 000 小时非计划功率改变

现，根据用户的不同权限提供系统功能(如数据输入、结果查询等)的快捷访问方式。

页面的下半部分如图 11-15(2)所示。①给出了所查询指标(这里指“7 000 小时非计划功率改变”)的指标结果，“时间”列标题不同于“指标结果”和“状态”两列标题，呈为深蓝色，表示目前的结果按时间降序排列。点击“时间”标题可按时间升序排列，再点击一次又回到按时间降序。按指标结果升降序和按状态升降序排列的操作与此类似。②区域以柱状图形式给出了近 12 个指标结果的反馈。如果已产生的指标结果不满 12 个，则给出全部的结果。横坐标表示时间，纵坐标表示结果。柱体的颜色与指标结果对应的状态一致(本图中指标结果均为“可接受状态”，故柱体的颜色为绿色)。③区域是图 11-15(1)中④区域的下半部分，提供系统功能的快捷访问方式，由于目前系统尚未正式在互联网运行，故暂时不开放“修改个人信息”“密码修改”和“管理页面”等功能，仅供系统测试使用。

(5) 按指标检索

用户登录后点击导航菜单中的“按指标检索”，出现如图 11-16 所示的页面(未登录时点击该链接无效)。

①区域选择需要查询的时间。②区域选择需要查询的指标，可以选择多个。注意本图中因为选择了 2008 年 9 月，故“OR01”和“PR02”两个指标呈灰色且不可选(这两个指标每年产生一个结果)。

图 11-16　按指标检索界面

选择“BI01”和“BI02”指标并点击【查询】按钮后出现图 11-17(1)(页面的上半部分)。①区域可重新选择时间及指标。点击②区域的链接可转到所指标对比数值表格，表格位于页面底部。③区域显示每个机组该时间(这里指“2008 年 9 月”)在该指标(这里指“BI01”)上的柱状图对比。横坐标为指标结果，纵坐标是机组名称，柱体颜色与指标状态一致。

图 11-17(2)为页面的下半部分，①区域显示每个机组该时间(这里指“2008 年 9 月”)在该指标(这里指“BI02”)上的柱状图对比。横坐标为指标结果，纵坐标是机组名称，柱体颜色与指标状态一致。

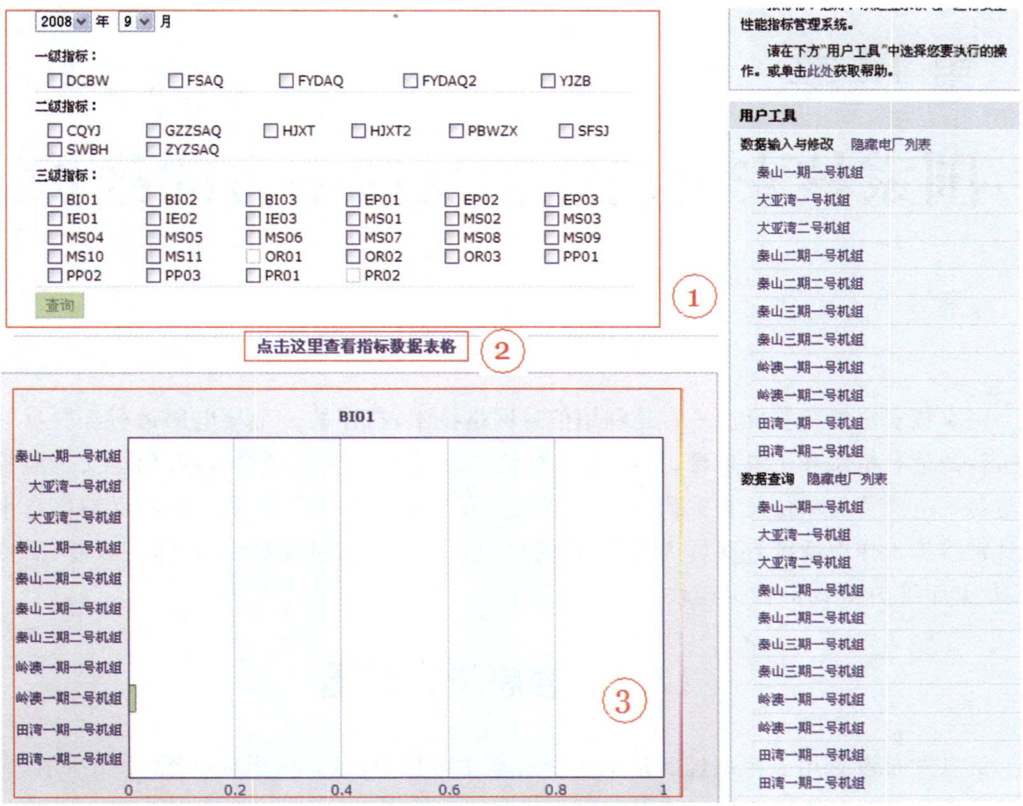

图 11-17(1)　按指标检索结果

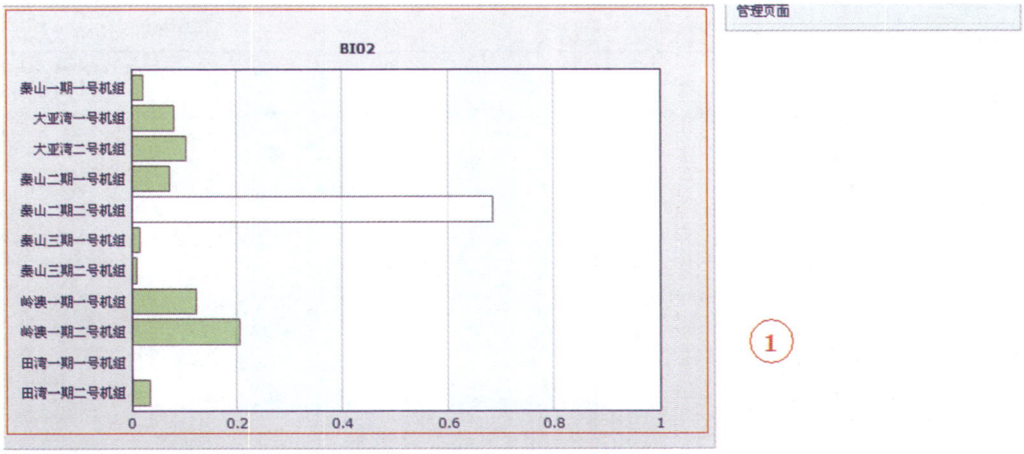

图 11-17(2)　按指标检索结果

第 12 章

国家核安全局经验反馈平台的维护

国家核安全局经验反馈平台是利用信息网络技术，搭建的一个核电厂运行经验反馈体系运转的信息枢纽和工具平台，对经验反馈信息进行有效收集与发布，实现核安全监管系统与各核电厂营运单位及相关研究院之间经验反馈信息的充分共享。经验反馈信息平台的日常维护工作由系统管理员负责，主要的维护工作分为信息发布设置、系统设置、后台维护、专家库维护和 BBS 四大模块。

12.1　信息发布设置

信息发布设置用于控制经验反馈平台首页中各模块的内容，页面如图 12-1 所示，主要包括监管信息和经验反馈信息两大模块。

图 12-1　信息发布设置页面

监管信息包括核安全局信息通告、核安全局管理要求、核安全局改进要求、监督检查报告、核安全局年报、监督站重要情况通报；经验反馈信息包括运行事件通告、运行事件报告、内部事件报告、国外运行事件、核电厂重要异常信息、经验反馈专题报告和综合报告、国外经验反馈信息、其他重要审评信息、安全重要物项修改、热点问题。

页面右上的【查询】按钮用于查询所需的数据内容；【导出 Excel】用于将所选数据以 Excel 形式导出；【发布/置顶】用于控制所选数据是否在主页上显示，而且还可以设置置顶期限。

点击【发布/置顶】弹出图 12-2 对话框。在此页面可以设置是否发布及置顶，还可以设置置顶起始时间和截止时间。非管理员用户在此版块只能设置自己权限内的数据内容，管理员可以设置首页中所有的数据内容的发布和置顶情况。

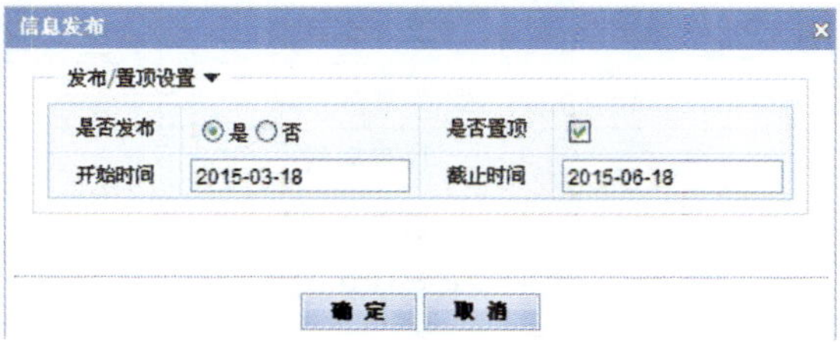

图 12-2　信息发布对话框

12.2　后台维护

后台维护用于经验反馈平台中数据库的维护，页面如图 12-3 所示，可以对数据库里的

图 12-3　后台维护页面

内容进行修改或删除。经验反馈平台维护的主要内容及用户权限如表12-1所示。【查询】按钮用于查询所需的数据内容；【导出 Excel】按钮用于将所选数据以 Excel 形式导出。双击选中的数据便可展开其内容，可以对内容进行修改或删除操作。

表12-1 后台维护的主要内容及用户权限

项目			权限	
			上传(浏览)	浏览
监督信息	国家核安全局	信息通告	3	1,2,3,4,5,6
		监管建议	1	1,2,3,4,5,6
		管理要求	1	1,2,3,4,5,6
		监督检查报告	1	1,2,3,4,5,6
		核安全局年报	1	1,2,3,4,5,6
	地区监督站	监督周报	2	1,2,3
		监督月报	2	1,2,3
		重要情况通报	2	1,2,3
		例行检查报告	2	1,2,3,4,5,6
		非例行检查报告	2	1,2,3,4,5,6
经验反馈信息	事件	运行事件	4	1,2,3,4,5,6
		内部事件	4	1,2,3,4,5
		国外事件	1,2,3,4,5,6	1,2,3,4,5,6
	核电厂报告	核电厂运行阶段月度报告	4	1,2,3
		核电厂年度报告	4	1,2,3
		良好实践	4,5	1,2,3,4,5,6
		核电厂响应监管信息	4	1,2,3,4,5,6
	其他经验反馈信息	初步安全分析报告评价报告	3	1,2,3,4,5,6
		最终安全分析报告评价报告	3	1,2,3,4,5,6
		十年定期安全审查报告评价报告	3	1,2,3,4,5,6
		核电厂重要异常信息	3	1,2,3,4,5,6
		安全重要物项修改	3	1,2,3,4,5,6
		其他重要审评信息	3	1,2,3,5
		经验反馈专题报告和综合报告	3,5,6	1,2,3,4,5,6
		研究成果	3	1,2,3,4,5,6
		国外经验反馈信息	3,5,6	1,2,3,4,5,6
		经验反馈过滤会纪要	3	1,2,3

续表

项目			权限	
			上传(浏览)	浏览
培训与交流	培训	培训计划	3	1,2,3,4,5,6
		培训教材	3	1,2,3,4,5,6
	交流	会议	3	1,2,3,4,5,6
		专题研讨	3	1,2,3,4,5,6
有效性评价	自我评估报告			1,2,3,4,5,6
	最终评估报告			1,2,3,4,5,6
经验反馈体系文件				1,2,3,4,5,6
专家库				1,2,3,4,5,6

注:1 为国家核安全局;2 为地区核与辐射安全监督站;3 为核与辐射安全中心;4 为核电厂;5 为机械院可靠性中心、苏州核安全中心、核二院安审中心等国家核安全局其他审评技术支持单位;6 为上述以外的其他相关单位。

12.3　系统设置

系统设置功能用于配置系统所有菜单的分层结构、页面关系以及页面显示内容,管理员可以在此基础上对系统菜单进行增加或者删除。系统设置主要包括的内容有:

- 日志查询;
- 基础数据维护;
- 组织机构设置;
- 用户设置;
- 系统功能设置;
- 系统权限设置;
- 系统维护通知;
- 修改登录口令。

12.3.1　日志查询

日志查询可以查询经验反馈平台用户的登录和信息变更情况,设置页面如图 12-4 所示。

日志查询内容分三部分:登录日志、用户信息变更日志和角色变更日志。登录日志用于记录经验反馈平台用户的登录时间和登出时间;用户信息变更日志用于记录用户个人信息发生变化的时间;角色变更日志用于记录用户角色发生变化的时间。

12.3.2　基础数据维护

基础数据维护包括“静态数据维护”“电厂机组设置”“WANO 代码”“国家/地区_电厂_机组”“地区监督站_核电厂对应关系设置”五部分。

图 12-4　日志查询页面

（1）静态数据维护

“静态数据维护”主要用于维护经验反馈平台数据库内的数据字典，页面如图 12-5 所示。

图 12-5　静态数据维护页面

静态数据包含了各种枚举型数据，每个数据都用编码、名称、备注和排序号四个字段表示。页面右上角的【添加代码】按钮用与添加当前聚焦选中的某静态数据的代码；【删除代码】按钮用户删除当前聚焦选中的代码；【保存】用于保存以上操作；【返回】按钮用于返回空白页面。

(2) 电厂机组设置

“电厂机组设置”用于维护电厂下面对应的机组情况，可以实现各个电厂和机组的灵活配置，该处的电厂名称和电厂代码来源于组织结构设置里的核电厂，页面如图 12-6 所示。页面右上方【新增机组】按钮为当前聚焦的核电厂增加一个机组；【删除机组】按钮可删除当前聚焦选中的机组；【保存】用于保存以上操作。

图 12-6 电厂机组设置页面

(3) WANO 代码

“WANO 代码”主要用于配置 WANO 代码，页面如图 12-7 所示。左边的树是本系统所使用的 WANO 代码字段，右边是该 WANO 代码的统一编号、描述、上一级编号、WANO 编码、IAEA/IRS 编码等信息。页面【新增机组】按钮为当前聚焦的 WANO 代码类别增加一个 WANO 代码内容；【删除机组】按钮可删除当前聚焦选中的 WANO 代码；【保存】按钮用于保存以上操作；【返回】按钮返回空白页。

(4) 国家/地区_电厂_机组

“国家/地区_电厂_机组”主要用于配置各个国家的电厂及机组信息，页面如图 12-8 所示。左边的树第一级菜单显示的是国家，单击后在右边显示的是该国家的相关信息，如国家代码、国家/地区。页面【新增国家/地区】按钮用于新增加一个国家/地区；【删除国家/地区】按钮可删除当前聚焦选中的国家/地区;【新增电厂】按钮在当前国家/地区下增加一个电厂;【保存】按钮用于保存以上操作。

图 12-7 WANO 代码页面

图 12-8 国家/地区_电厂_机组页面

(5) 地区监督站_核电厂对应关系设置

“地区监督站_核电厂对应关系设置”主要用于配置地区监督站和核电厂的对应关系，页面如图 12-9 所示。左边的树显示的是地区监督站列表，右边显示的是核电厂列表，点击左侧的地区监督站，可在右侧勾选该监督站对应的核电厂。页面【保存设置】按钮用于保存以上操作；【关闭】按钮可关闭该窗口。

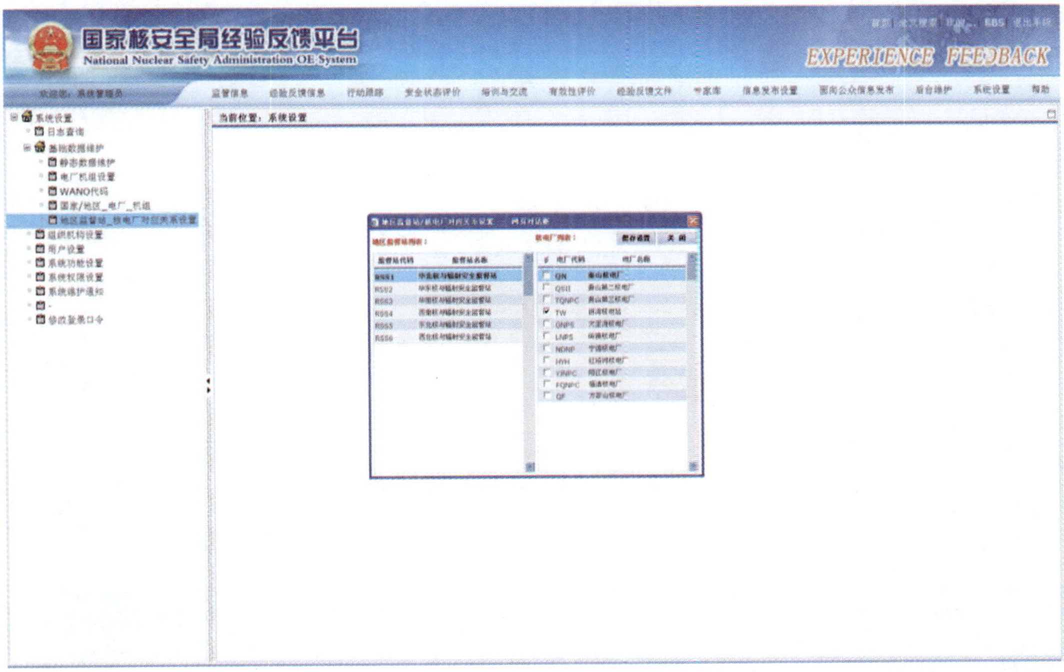

图 12-9　地区监督站_核电厂对应关系设置页面

12.3.3　组织机构设置

“组织机构设置”用于设置经验反馈平台用户所属的单位组织，可灵活配置，目前主要有国家核安全局、核与辐射安全中心、地区监督站、核电厂、审评技术支持单位和其他技术支持单位六类用户，设置页面如图 12-10 所示。

【添加下级机构】可添加当前聚焦的下一级机构；【添加机构】用于添加当前聚焦的同级机构；【删除机构】可删除当前聚焦机构；【保存】用于保存当前操作。

“机构代码”字段用于定义机构的代号；“机构名称”字段定义机构的名称；“机构类型”字段规定机构的类型；“排序号”字段用于区分同一层次的机构的序号。

12.3.4　用户设置

“用户设置”是基于组织机构设置里的组织机构下面继续添加、编辑或删除用户，设置页面如图 12-11 所示。

图 12-10　组织机构设置页面

图 12-11　用户设置页面

点击【添加人员】按钮可以打开添加页面，如图 12-12 所示。

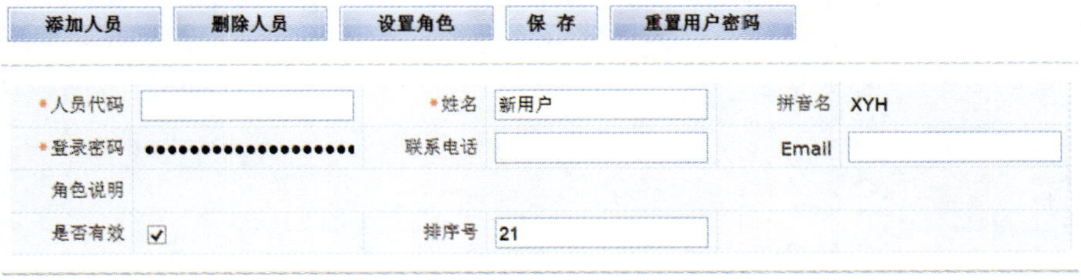

图 12-12　添加人员对话框

在此页面可填写人员代码、姓名、拼音名（根据姓名自动带出来）、登录密码、联系电话、E-mail、角色说明、是否有效（选中代表该页面是有效的、不选代表该页面是无效的）、锁定、排序号。点击【删除人员】则该新建用户即被删除；点击【保存】则保存以上所有操作；点击【重置用户密码】可以将正在编辑用户的密码重置为默认密码；点击【设置角色】打开图 12-13 对话框。

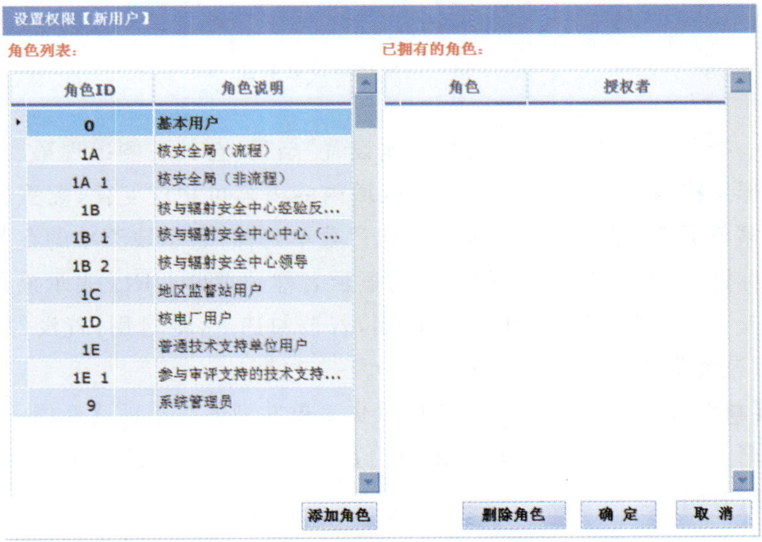

图 12-13　设置角色对话框

左边是所有的角色列表，右边是该用户拥有的角色，通过下面的【添加角色】和【删除角色】按钮进行调整。所有用户都拥有“基本用户角色”，所以，一个用户的角色＝基本用户＋其他非基本用户角色。

12.3.5　系统功能设置

系统功能设置用于配置系统所有菜单的分层结构、页面关系以及页面显示内容，管理员可以在此基础上对系统菜单进行增加或者删除，设置页面如图 12-14 所示。

图 12-14 系统功能设置页面

在左边第一级树形结构中双击“系统功能设置”条目，在其右侧出现第二级树形结构，单机第二级树形结构内的条目，右边的配置区域内的内容可相应变化，配置区域内各字段的说明如下：“菜单 ID”代表该菜单的唯一标识；“菜单名称”表示该菜单的在数据库中存储的名字；“中文标题”表示该菜单在系统页面的显示名称；“菜单 URL”表示该菜单页面对应的 JSP 文件；“是否有效”表示该菜单是否启用，若被勾选上，则启用，若没勾选上，则未启用；“父节点”指该菜单的上一级节点的菜单 ID。

配置按钮【新增菜单项】用于新增与当前聚焦菜单并列的菜单项；【新增子菜单项】按钮用于新增当前聚焦菜单的子菜单；【删除菜单项】按钮用于删除当前聚焦菜单；【保存】按钮用于保存之前所有操作。

12.3.6 系统权限设置

“系统权限的设置”用于设置给角色的菜单权限，设置页面如图 12-15 所示。选中左边树的某个角色，在右边菜单列表里进行配置，打勾为选中该菜单，相应角色便具有操作该菜单的功能。

12.3.7 系统维护通知

“系统维护通知”用于通知经验反馈平台用户系统的维护计划，设置页面如图 12-16 所示。

图 12-15　系统权限设置页面

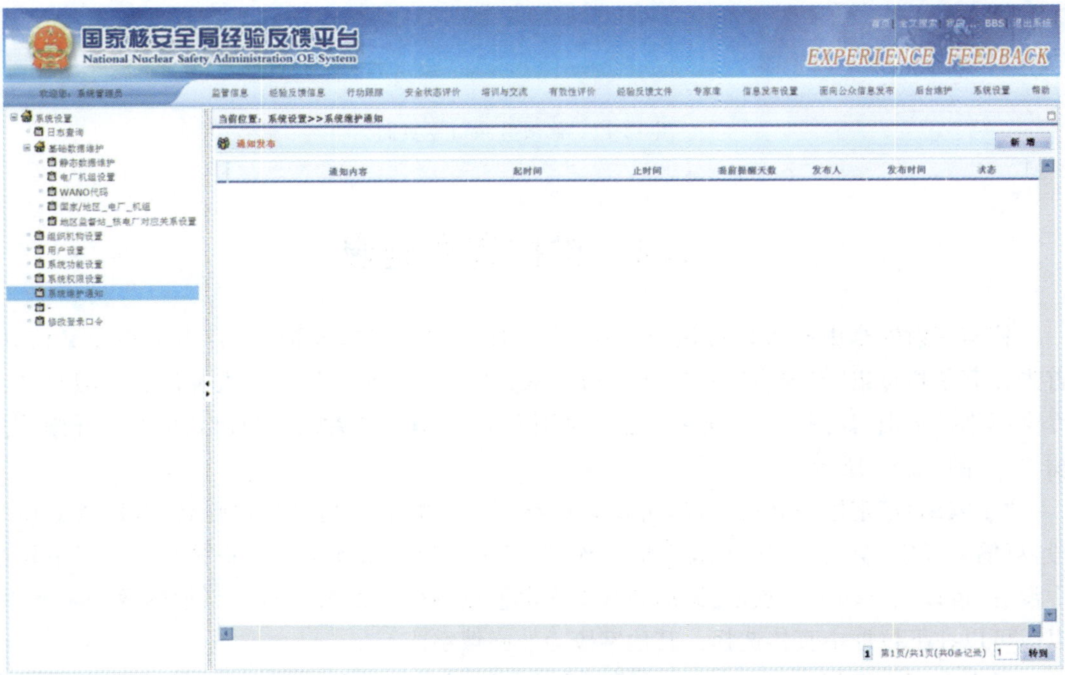

图 12-16　系统维护通知页面

12.3.8 修改登录口令

修改登录口令用于修改当前用户密码，设置页面如图 12-17 所示。输入原密码和两遍新密码点击确认便可修改密码，注意密码要满足密码设置要求。非管理员用户在系统设置里只有修改登录口令这一项，如忘记登录口令可由系统管理员在用户设置里面重置密码。

图 12-17 修改登录口令页面

12.4 维护专家信息

核与辐射安全中心管理员用户可在“专家库”—“专家库维护”栏目中维护专家信息。首先在菜单栏点击“专家库”，然后在左边栏双击“专家库维护”，在右边主信息区域打开了专家库维护页面，如图 12-14 所示。点击页面右上角的【新增】按钮，弹出新增专家详细信息窗口，如图 12-18 所示。

“专家编号”字段为必填字段，可输入汉字、英文、数字及其组合；“姓名字段”为必填字段，可输入汉字、英文；“工作单位”和“工作部门”为可以点击弹出下拉框选择。如果下拉框中没有，可以人工输入。点击【添加到数据字典】，则新输入的数据自动添加到数据字典中，以后可以在下拉框中直接选择。其他字段为非必填字段。

点击专家详细信息窗口右下角的【上传照片】按钮，可以上传照片；点击【保存】按钮，专家详细信息保存到系统中；点击【删除】按钮，该条专家信息将从系统中删除；点击【返回】按钮，本次对专家信息的任何修改将不会被保存。

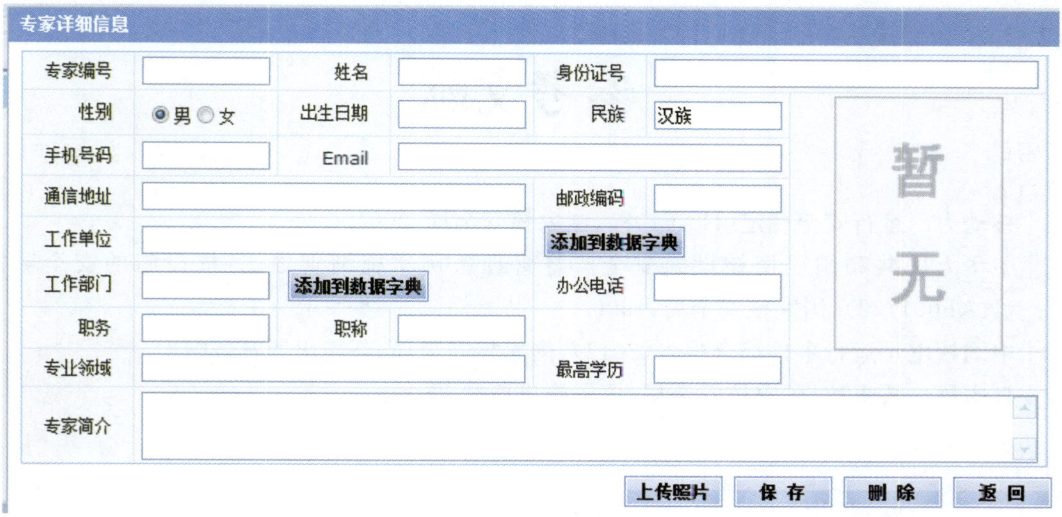

图 12-18　专家详细信息窗口

如果需要修改某位专家的信息，则可在专家库维护页面双击该专家所在的行。此时，弹出该专家详细信息窗口，可以直接修改各字段的信息。修改完成之后，点击专家详细信息窗口右下角的【保存】按钮，修改后的专家详细信息保存到系统中；点击【删除】按钮，该条专家信息将从系统中删除；点击【返回】按钮，本次对专家信息的任何修改将不会被保存。

参考文献

[1] 核动力厂运行安全规定(HAF103),国家核安全局,2004.

[2] 中华人民共和国民用核设施安全监督管理条例实施细则之二:核设施的安全监督(HAF001/02),国家核安全局,1996.

[3] 中国核电厂运行事件综合报告(2012),国家核安全局,环境出版社,2012.

[4] 日本福岛核事故,国家核安全局,原子能出版社,2014.